高等职业教育“十四五”系列教材
职业教育装配式建筑工程技术系列教材

装配式建筑构造

杨智慧　王　静　熊艺媛　主编
黎　卫　主审

中国建筑工业出版社

图书在版编目（CIP）数据

装配式建筑构造 / 杨智慧，王静，熊艺媛主编. —北京 ：中国建筑工业出版社，2021.11（2024.9 重印）
高等职业教育“十四五”系列教材 职业教育装配式建筑工程技术系列教材
ISBN 978-7-112-26824-5

Ⅰ. ①装… Ⅱ. ①杨… ②王… ③熊… Ⅲ. ①装配式混凝土结构-建筑构造-高等职业教育-教材 Ⅳ. ①TU37

中国版本图书馆 CIP 数据核字（2021）第 240187 号

本教材按照模块化组织内容，突出“以学生为中心，以问题为导向”的理念，按照教学基本要求及国家现行标准规范编写。教材分为 7 个模块，包括：绪论、梁构造、基础构造、柱构造、板构造、楼梯构造、剪力墙构造，涵盖了传统现浇钢筋混凝土建筑和装配式建筑常用的节点构造。

本教材适用于高等职业教育土建类专业教材，也可作为装配式建筑专业技术人员的岗位培训及参考教材。

为了便于本课程教学，作者自制免费课件资源，索取方式为：1. 邮箱：jckj@cabp.com.cn；2. 电话：（010）58337285；3. 建工书院：http://edu.cabplink.com；4. QQ 交流群：472187676。

QQ 交流群

责任编辑：司 汉
责任校对：赵 菲

高等职业教育“十四五”系列教材
职业教育装配式建筑工程技术系列教材
装配式建筑构造
杨智慧 王 静 熊艺媛 主编
黎 卫 主审
*
中国建筑工业出版社出版、发行（北京海淀三里河路 9 号）
各地新华书店、建筑书店经销
北京鸿文瀚海文化传媒有限公司制版
北京市密东印刷有限公司印刷
*
开本：787 毫米×1092 毫米 1/16 印张：14¾ 字数：365 千字
2021 年 11 月第一版 2024 年 9 月第四次印刷
定价：**49.00** 元（赠教师课件）
ISBN 978-7-112-26824-5
（38711）

本书编审委员会

主　　编：杨智慧　王　静　熊艺媛

主　　审：黎　卫

副 主 编：练祥宇　韦素青　李　娜
　　　　　刘　勇　刘永娟　邢耀文

技术支持：宁　尚

序　言

“培养新时代德技并修的高素质技术技能人才”（摘自《教育部关于学习宣传贯彻习近平总书记重要指示和全国职业教育大会精神的通知》）是当前国家对职业教育人才培养的根本要求。从我国当前的高等职业教育发展和建设的基本任务和目标要求出发，本系列教材围绕产业和经济社会发展，深化“岗课赛证融通”技术技能人才培养体系，建设出版一套新时期基于“岗课赛证”融通的（装配式建筑工程技术专业类）高职新形态教材，使高职院校土建类相关专业能更好地推进“三教改革”，提高教学质量和人才培养质量。

本系列教材由国家“双高计划”高水平专业群教学团队、国家级职业教育教师教学创新团队及企业共同建设。由国家“双高计划”建筑室内设计高水平专业群教学团队、国家级职业教育教师教学创新团队牵头，联合浙江建设职业技术学院、黄冈职业技术学院、威海职业学院等院校的国家级职业教育教师教学创新团队，与企业深入合作和探讨，研究基于“岗课赛证”融通的模块化课程开发、模块化教材编写，探索实施适用于装配式建筑工程技术专业（群）的高职新形态教材的建设方法与途径，实践应用效果良好。

本系列教材的出版，希望能为新时代高职教育土木建筑大类相关专业的“三教改革”提供示范案例，为我国当前正在开展的“岗课赛证融通”综合育人研究提供一些研究与实践借鉴。

二级教授
国家级高等学校教学名师
国家“万人计划”教学名师
享受国务院政府特殊津贴专家

前　言

建筑业面临着新的发展机遇与挑战，为构建现代化基础设施体系，国家大力推广应用装配式建筑。本书编写团队在传统现浇钢筋混凝土结构平法的基础上，增加装配式建筑平法构造内容，按照《混凝土结构施工图平面整体表示方法制图规则和构造详图》22G101系列图集、装配式建筑《15G107-1》《15G310》《15G367-1》等系列图集及相关国家标准规范、行业标准等文件进行编写。注重落实立德树人根本任务，促进学生成为德智体美劳全面发展的社会主义建设者和接班人。

本书主要有以下特点：

1. 模块化结构，围绕“岗课赛证”融通进行内容设计。每个模块设置学习目标、育人目标、思维导图和预习视频，思政元素融入课前、课中、课后环节，推进中华民族文化自信自强。

2. 活页式教材，栏目设计考究，以传统现浇钢筋混凝土结构平法为基础，增加装配式建筑平法构造内容。模块化教学设置，分模块前测思考题、模块中测知识点和模块后测练习题。每个模块后设置学生任务单（含课程评价），需要实训的模块设置单个构件钢筋放样下料计算书和单个构件钢筋下料长度汇总表。

3. “互联网＋”数字化创新教材，引入“云学习”在线教育创新理念，增加装配式构件 VR 三维节点的数字资源，通过手机扫描二维码，学生可以反复自主学习，帮助理解难懂的二维图集，使学习更有效，为学习装配式施工技术课程打好基础。

4. 符合“1＋X”建筑工程识图职业技能等级证书的土建施工（结构）类相关要求，设置交互式测验题。扫二维码即可参加测试，方便考查学生对知识点掌握情况，测试题目配有答案和解析，方便学生识记考点。

本教材由国家“双高计划”建筑室内设计高水平专业群建设单位南宁职业技术学院、国家级职业教育教师教学创新团队及相关企业共同建设。由杨智慧、王静和熊艺媛担任主编，黎卫主审，练祥宇、韦素青、李娜、刘勇、刘永娟、邢耀文担任副主编。具体分工为：杨智慧（南宁职业技术学院）编写模块 1 和模块 2、王静（南宁职业技术学院建筑工程学院）编写模块 3 和模块 4、熊艺媛（南宁职业技术学院）编写模块 6、练祥宇（南宁职业技术学院）编写模块 5、韦素青（南宁职业技术学院）编写模块 7.1、李娜和刘勇（南宁职业技术学院）编写模块 7.2、刘永娟（威海职业学院）和邢耀文（广西珠委南宁勘测设计院）编写模块 7.3。杨智慧负责本教材编写的组织协调工作，包括教材目录的确定、章节内容的梳理、教材内容的校核以及全书整体统稿工作等。教材中的部分模型和截图来自山东百库教育科技有限公司的 VR 节点软件，对山东百库教育科技有限公司宁尚老师团队提供技术支持表示衷心的感谢。

由于编者水平和经验有限，加之编写时间仓促，难免存有缺漏和不妥之处，敬请广大读者和同行批评指正。

目　录

模块1 Modular 01

绪论

学习目标

(1) 了解平法图集和钢筋混凝土基本知识。

(2) 掌握装配式混凝土结构体系和相关钢筋混凝土知识。

(3) 熟悉装配式混凝土结构施工图特点。

育人目标

引入思政元素，体现建筑人不畏困难、精益求精、爱岗敬业的工匠精神，要求同学们要有扎实的专业知识，良好的职业素养。

装配式建筑革命性的进展深刻改变和影响到建筑行业。培养学生们践行绿色发展理念，为实现行业转型升级添砖加瓦。

建议课时：8课时+课余时间。

建议教学形式：配套使用《22G101-1～3》《15G107-1～2》图集和教材提供的数字资源。

思维导图

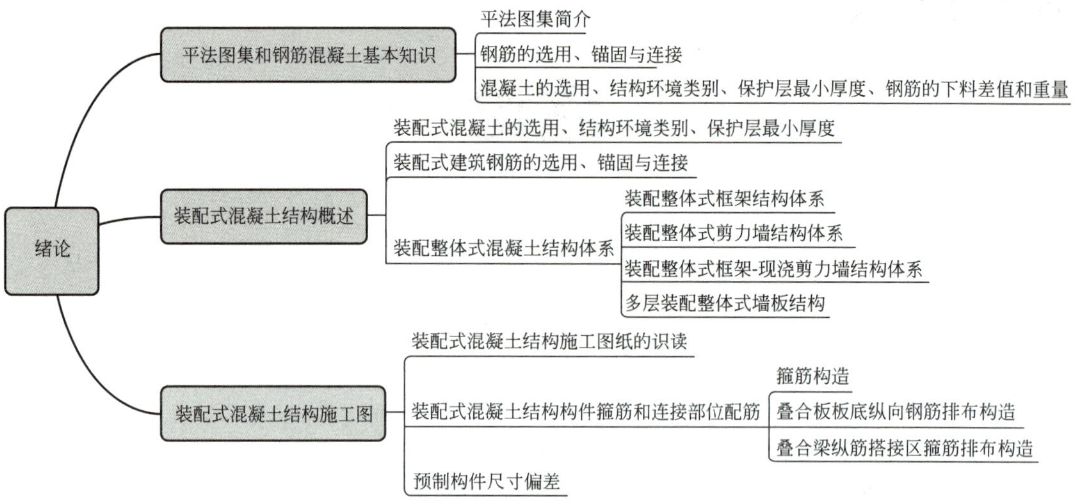

任务点

1. 平法图集和钢筋混凝土基本知识。
2. 装配式混凝土结构概述。
3. 装配式混凝土结构施工图。

装配式结构体系

模块前测：思考

1. 什么是平法？可参考的图集有哪些？
2. 钢筋的锚固长度查表相关因素有哪些？
3. 什么是混凝土保护层厚度？
4. 装配式混凝土结构体系有哪些？

预习笔记（思政微课）

模块中测

1.1　平法图集和钢筋混凝土基本知识

1.1.1　平法图集简介

平法是“混凝土结构施工图平面整体表示方法”的简称。平法是按照平面整体表示方法的制图规则，将构件的结构尺寸、标高、构造、配筋等信息直接表达在各类构件的结构平面布置图上，再与标准构造详图相配合，形成一套完整的结构设计施工图纸。

陈青来教授是我国平法的创始人，1995 年 7 月“混凝土结构平面整体表示方法”通过原建设部科技成果鉴定，1997 年被国家科委列为“九五”国家级科技成果重点推广计划项目，也是国家重点推广的科技成果。由中国建筑标准设计研究院组织编制的《混凝土结构施工图平面整体表示方法制图规则和构造详图》系列图集，至今已经经历了 6 个版本，现用版本为 22G101 系列图集。

平法图集的产生，改变了传统的将构件从结构平面布置图中索引出来再逐个绘制配筋详图的烦琐办法，是我国结构施工图设计方法的重大创新。

参考图集如下：

《混凝土结构施工图平面整体表示方法制图规则和构造详图（现浇混凝土框架、剪力墙、梁、板）》22G101-1；

《混凝土结构施工图平面整体表示方法制图规则和构造详图（现浇混凝土板式楼梯）》22G101-2；

《混凝土结构施工图平面整体表示方法制图规则和构造详图（独立基础、条形基础、筏形基础、桩基础）》22G101-3；

《装配式混凝土结构表示方法及示例（剪力墙结构）》15G107-1；

《装配式混凝土结构连接节点构造（楼盖结构和楼梯）》15G310-1；

《装配式混凝土结构连接节点构造（剪力墙结构）》15G310-2；

《预制混凝土剪力墙外墙板》15G365-1；

《预制混凝土剪力墙内墙板》15G365-2；

《桁架钢筋混凝土叠合板（60mm 厚底板）》15G366-1；

《预制钢筋混凝土板式楼梯》15G367-1；

《预制钢筋混凝土阳台板、空调板及女儿墙》15G368-1；

1.1.2　钢筋的选用、锚固与连接

1. 钢筋的选用

《混凝土结构设计规范（2015 年版）》GB 50010—2010 中规定混凝土结构的钢筋应按下列规定选用：

（1）纵向受力普通钢筋宜采用 HRB400、HRB500、HRBF400、HRBF500 钢筋，也可采用 HRB335、HRBF335、HPB300、RRB400 钢筋；

（2）箍筋宜采用 HRB400、HRBF400、HPB300、HRB500、HRBF500 钢筋，也可采

用 HRB335、HRBF335 钢筋；

（3）预应力筋宜采用预应力钢丝、钢绞丝和预应力螺纹钢筋。

钢筋的强度标准值应具有不小于 95%的保证率。

2. 钢筋的锚固

（1）钢筋的锚固长度

为保证钢筋混凝土构件可靠地工作，防止纵向受力钢筋从混凝土中拔出，导致构件破坏，钢筋在混凝土中必须有可靠地锚固。

钢筋的锚固长度是指受力钢筋通过混凝土与钢筋的粘结作用，将所受力传递给混凝土所需的长度。

1）受拉钢筋的基本锚固长度

当计算中充分利用钢筋的强度时，混凝土结构中纵向受拉钢筋的锚固长度应按式（1-1）计算：

$$\text{普通钢筋}\ l_{ab}=\alpha\frac{f_y}{f_t}d \tag{1-1}$$

式中 l_{ab}——受拉钢筋的锚固长度；

f_y——普通钢筋、预应力钢筋的抗拉强度设计值；

f_t——混凝土轴心抗拉强度设计值，当混凝土强度大于 C60 时，按 C60 取值；

d——锚固钢筋的直径；

α——锚固钢筋的外形系数，按表 1-1 取值。

钢筋的外形系数　　表 1-1

钢筋类型	光面钢筋	带肋钢筋	螺旋肋钢丝	三股钢绞线	七股钢绞线
α	0.16	0.14	0.13	0.16	0.17

注：光面钢筋其末端应做 180°弯钩，弯后平直段长度不应小于 3d，但作受压钢筋时可不做弯钩。

为方便工程应用，《22G101》系列图集给出了受拉钢筋基本锚固长度，见表 1-2 和表 1-3。

受拉钢筋基本锚固长度 l_{ab}　　表 1-2

钢筋类型	混凝土强度等级							
	C25	C30	C35	C40	C45	C50	C55	≥C60
HPB300	34d	30d	28d	25d	24d	23d	22d	21d
HRB400、HRBF400、RRB400	40d	35d	32d	29d	28d	27d	26d	25d
HRB500、HRBF500	48d	43d	39d	36d	34d	32d	31d	30d

抗震设计时受拉钢筋基本锚固长度 l_{abE}　　表 1-3

钢筋类型		混凝土强度等级							
		C25	C30	C35	C40	C45	C50	C55	≥C60
HPB300	一、二级	39d	35d	32d	29d	28d	26d	25d	24d
	三级	36d	32d	29d	26d	25d	24d	23d	22d

续表

钢筋类型		混凝土强度等级							
		C25	C30	C35	C40	C45	C50	C55	>C60
HRB400、HRBF400	一、二级	46d	40d	37d	33d	32d	31d	30d	29d
	三级	42d	37d	34d	30d	29d	28d	27d	26d
HRB500、HRBF500	一、二级	55d	49d	45d	41d	39d	37d	36d	35d
	三级	50d	45d	41d	38d	36d	34d	33d	32d

注：1. 四级抗震时，$l_{abE}=l_{ab}$；
2. 当锚固钢筋的保护层厚度不大于 5d，锚固钢筋长度范围内应设置横向构造钢筋，其直径不应小于 $d/4$；对梁、柱等构件间距不应大于 5d，对板、墙等平面构件间距不应大于 10d，且均不应大于 100mm（d 为锚固钢筋的直径）。

2）受拉钢筋的锚固长度

受拉钢筋的锚固长度应根据具体锚固条件，按照式（1-2）进行修正，且不应小于 200mm。

$$l_a=\zeta_a l_{ab} \tag{1-2}$$

式中　l_a——受拉钢筋的锚固长度；

ζ_a——锚固长度修正系数，按表 1-4 取值。当多于一项时，可按连乘计算，但不应小于 0.6。

受拉钢筋锚固长度修正系数　　**表 1-4**

锚固条件		ζ_a	备注
带肋钢筋的公称直径大于 25mm		1.10	
环氧树脂涂层钢筋带肋钢筋		1.25	
施工过程中易受扰动的钢筋		1.10	
锚固区保护层厚度为	3d	0.8	中间按内插取值
	5d	0.7	

3）受拉钢筋的抗震锚固长度 l_{aE}

$$l_{aE}=\zeta_{aE} l_{ab} \tag{1-3}$$

式中　l_{aE}——受拉钢筋抗震锚固长度，计算值不应小于 200mm；

ζ_{aE}——抗震锚固长度修正系数，对一、二级抗震等级取 1.15，对三级抗震等级取 1.05，对四级抗震等级取 1.00。

（2）钢筋锚固的构造

当纵向受拉普通钢筋末端采用钢筋弯钩或机械锚固措施时，包括弯钩或锚固端头在内的锚固长度（投影长度）可取为基本锚固长度 l_{ab} 的 0.6 倍。钢筋弯钩和机械锚固的形式和技术要求应符合表 1-5 和图 1-1 的规定。

钢筋弯钩和机械锚固的形式和技术要求　　表 1-5

锚固形式	技术要求
90°弯钩	末端 90°弯钩，弯后直段长度 12*d*
135°弯钩	末端 135°弯钩，弯后直段长度 5*d*
一侧贴焊锚筋	末端一侧贴焊长 5*d* 同直径钢筋，焊缝满足强度要求
两侧贴焊锚筋	末端两侧贴焊长 3*d* 同直径钢筋，焊缝满足强度要求
焊端锚板	末端与厚度 *d* 的锚板穿孔塞焊，焊缝满足强度要求
螺栓锚头	末端旋入螺栓锚头，螺纹长度满足强度要求

注：1. 锚板或锚头的承压净面积应不小于锚固钢筋计算截面积的 4 倍；
2. 螺栓锚头产品的规格、尺寸应满足螺纹连接的要求，并应符合相关标准的要求；
3. 螺栓锚头和焊接锚板的间距不大于 3*d* 时，宜考虑群锚效应对锚固的不利影响；
4. 截面角部的弯钩和一侧贴焊锚筋的布筋方向宜向内偏置。

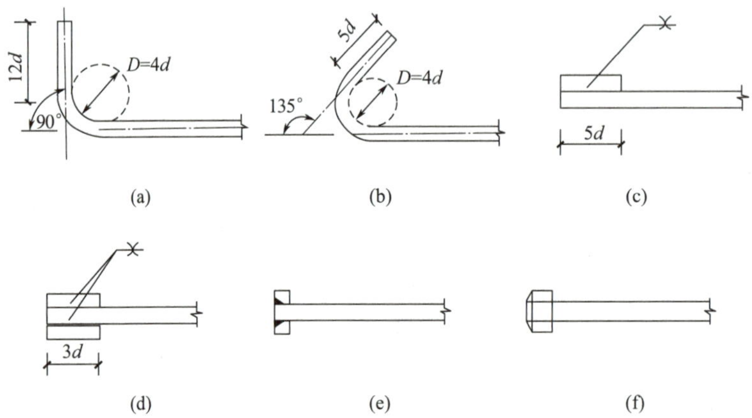

图 1-1　钢筋弯钩和机械锚固的形式和技术要求

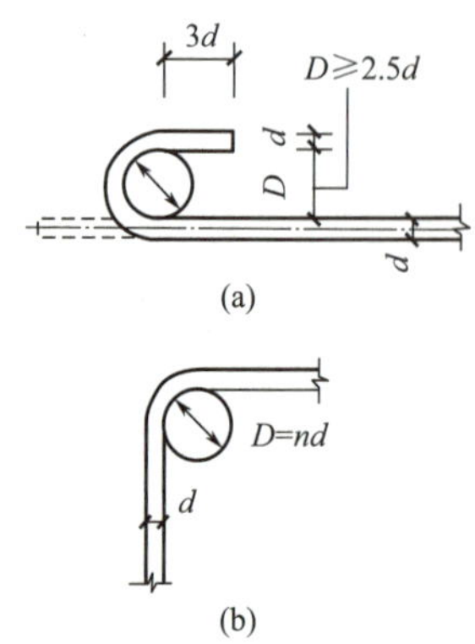

图 1-2　钢筋弯折的弯弧内直

(3) 纵向钢筋弯折的最小弯弧内径 D_{min} 的要求

纵向钢筋弯折和弯钩的构造要求如图 1-2 所示，具体弯折尺寸见表 1-6。

纵向钢筋弯折的最小弯弧内径 D_{min} (mm)　　表 1-6

<table>
<tr><th colspan="3">钢筋类别</th><th>D_{min}</th></tr>
<tr><td colspan="3">光圆钢筋</td><td>2.5d</td></tr>
<tr><td colspan="2" rowspan="2">框架结构顶层端部节点处梁上部纵筋、柱外侧纵筋节点角部</td><td>d≤25</td><td>12d</td></tr>
<tr><td>d>25</td><td>16d</td></tr>
<tr><td rowspan="3">其他</td><td colspan="2">335MPa 级、400MPa 级带肋钢筋</td><td>4d</td></tr>
<tr><td rowspan="2">500MPa 级带肋钢筋</td><td>d≤25</td><td>6d</td></tr>
<tr><td>d>25</td><td>7d</td></tr>
</table>

3. 钢筋的连接

当钢筋长度不能满足混凝土构件的要求时，钢筋需要连接。常用的钢筋连接方式有绑扎搭接、机械连接和焊接三种。为保证工程质量，机械连接接头及焊接接头的类型及质量应满足以下要求：混凝土结构中受力钢筋的连接接头宜设置在受力较小处；在同一根受力钢筋上宜少设接头；在结构的重要构件和关键传力部位，纵向受力钢筋不宜设置连接接头。

（1）绑扎搭接

《混凝土结构设计规范（2015 年版）》GB 50010—2010 中规定：

1）轴心受拉及小偏心受拉杆件的纵向受力钢筋不得采用绑扎搭接；其他构件中的钢筋采用绑扎搭接时，受拉钢筋直径不宜大于 25mm，受压钢筋直径不宜大于 28mm。

2）同一构件中相邻纵向受力钢筋的绑扎搭接接头宜相互错开。

钢筋绑扎搭接接头连接区段的长度为 1.3 倍搭接长度，凡搭接接头中点位于该连接区段长度内的搭接接头均属于同一连接区段，如图 1-3 所示。同一连接区段内纵向受力钢筋搭接接头面积百分率为该区段内有搭接接头的纵向受力钢筋与全部纵向受力钢筋截面面积的比值。当直径不同的钢筋搭接时，按直径较小的钢筋计算。

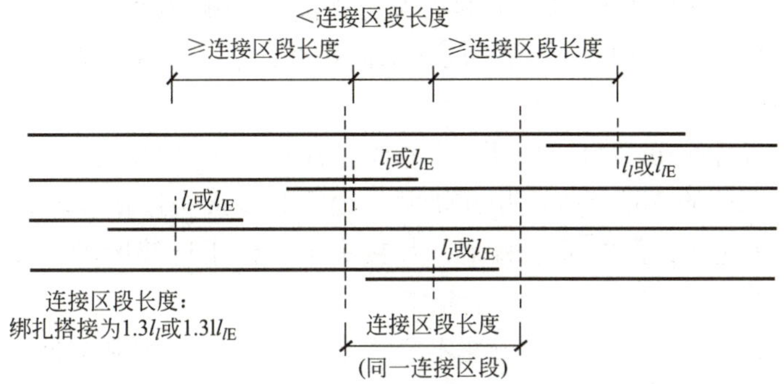

图 1-3　同一连接区段内纵向受拉钢筋的绑扎搭接接头

注：图中所示同一连接区段内的搭接接头钢筋为两根，当钢筋直径相同时，钢筋搭接接头面积百分率为 50%。

3）位于同一连接区段内的受拉钢筋搭接接头面积百分率：对梁类、板类及墙类构件，不宜大于 25%；对柱类构件，不宜大于 50%。当工程中确有必要增大受拉钢筋搭接接头面积百分率时，对梁内构件，不宜大于 50%；对板、墙、柱及预制构件的拼接处，可根据实际情况放宽。

4）并筋采用绑扎搭接连接时，应按每根单筋错开搭接的方式连接，接头面积百分率应按同一连接区段内所有的单根钢筋计算，并筋中钢筋的搭接长度应按单筋分别计算。

纵向受拉钢筋绑扎搭接接头的搭接长度，应按式（1-4）计算，且不应小于 300mm。

$$l_l = \zeta_l l_a \tag{1-4}$$

式中　ζ_l——纵向受拉钢筋搭接长度的修正系数，按表 1-7；

l_l——纵向受拉钢筋的搭接长度。

纵向受拉钢筋搭接长度的修正系数　　**表 1-7**

纵向搭接钢筋接头面积百分率(%)	≤25	50	100
ζ_l	1.2	1.4	1.6

注：钢筋接头面积百分率为表的中间值时，修正系数可按内插取值。

5）构件中的纵向受压钢筋当采用搭接连接时，其受压搭接长度不应小于纵向受拉钢筋搭接长度的 0.7 倍，且不应小于 200mm。

6）当受压钢筋直径大于 25mm 时，应在搭接接头两个端面外 100mm 的范围内各设置两道箍筋。

（2）机械连接

《混凝土结构设计规范（2015 年版）》GB 50010—2010 中规定：

1）纵向受力钢筋的机械连接接头宜相互错开。钢筋机械连接区段的长度为 35d，d 为连接钢筋的最小直径。凡接头中点位于该连接区段长度内的机械连接接头均属于同一连接区段。

2）位于同一连接区段内的纵向受拉钢筋接头面积百分率不宜大于 50%；但对板、墙、柱及预制构件的拼接处，可根据实际情况放宽。纵向受压钢筋的接头百分率可不受限制。

3）机械连接套筒的保护层厚度宜满足有关钢筋最小保护层厚度的规定。机械连接套筒的横向净间距不宜小于 25mm；套筒处箍筋的间距应满足构造要求。

4）直接承受动力荷载结构构件中的机械连接接头，除应满足设计要求的抗疲劳性能外，位于同一连接区段内的纵向受力钢筋接头面积百分率不应大于 50%。

（3）焊接连接

《混凝土结构设计规范（2015 年版）》GB 50010—2010 中规定：

1）纵向受力钢筋的焊接接头应相互错开。钢筋焊接接头连接区段的长度为 35d 且不小于 500mm，d 为连接钢筋的最小直径，凡接头中点位于连接区段长度内的焊接接头均属于同一连接区段。

2）纵向受拉钢筋的接头面积百分率不宜大于 50%。但对预制构件的拼接处，可根据实际情况放宽。纵向受压钢筋的接头百分率可不受限制。

1.1.3 混凝土的选用、结构环境类别、保护层最小厚度、钢筋的下料差值和重量

1. 混凝土的选用

《混凝土结构设计规范（2015 年版）》GB 50010—2010 中规定混凝土的选用应按下列规定：

（1）素混凝土结构的混凝土强度等级不应低于 C15；钢筋混凝土结构的混凝土强度等级不应低于 C20；采用强度等级 400MPa 及以上钢筋时，混凝土强度等级不应低于 C25；

（2）承受重复荷载的钢筋混凝土构件，混凝土强度等级不应低于 C30。

2. 结构环境类别

环境类别是指混凝土结构暴露表面所处的环境条件，设计时可根据实际情况确定适当的环境类别。混凝土结构的环境类别见表 1-8。

混凝土结构的环境类别　　表 1-8

环境类别	条件
一	室内干燥环境； 无侵蚀性静水浸没环境

续表

环境类别	条件
二 a	室内潮湿环境； 非严寒和非寒冷地区的露天环境； 非严寒和非寒冷地区与无侵蚀性的水或土壤直接接触的环境； 严寒和寒冷地区冰冻线以下与无侵蚀性的水或土壤直接接触的环境
二 b	干湿交替环境； 水位频繁变动环境； 严寒和寒冷地区的露天环境； 严寒和寒冷地区冰冻线以上与无侵蚀性的水或土壤直接接触的环境
三 a	严寒和寒冷地区冬季水位变动区环境； 受除冰盐影响环境； 海风环境
三 b	盐渍土环境； 受除冰盐作用环境； 海岸环境
四	海水环境
五	受人为或自然侵蚀性物质影响的环境

注：1. 室内潮湿环境是指构件表面经常处于结露或湿润状态的环境；
2. 严寒和寒冷地区的划分应符合国家现行标准《民用建筑热工设计规范》GB 50176 的有关规定；
3. 海岸环境和海风环境宜根据当地情况，考虑主导风向及结构所处迎风、背风部位等因素的影响，由调查研究和工程经验确定；
4. 受除冰盐影响环境为受到除冰盐盐雾影响的环境；受除冰盐作用环境指被除冰盐溶液溅射的环境以及使用除冰盐地区的洗车房、停车楼等建筑；
5. 暴露的环境是指混凝土结构表面所处的环境。

3. 保护层最小厚度

为了保护钢筋在混凝土内部不被侵蚀，并保证钢筋与混凝土之间的粘合力，钢筋混凝土构件都必须设置保护层。最外层钢筋外边缘至混凝土表面的距离称为混凝土保护层。

混凝土保护层的最小厚度应根据混凝土结构的环境类别、构件类别和混凝土强度等级来选取，见表 1-9。

混凝土保护层最小厚度（单位：mm）　　表 1-9

环境类别	板、墙、壳	梁、柱、杆
一	15	20
二 a	20	25
二 b	25	35
三 a	30	40
三 b	40	50

注：1. 混凝土强度等级不大于 C25 时，表中保护层最小厚度数值应增加 5mm；
2. 钢筋混凝土基础设置混凝土垫层，基础中钢筋的混凝土保护层厚度应从垫层顶面算起，且不应小于 40mm。

4. 钢筋的下料差值

钢筋弯曲后，在弯曲点两侧外包尺寸与中心线之间有一个长度差值，称为钢筋弯曲调整值，也叫钢筋量度差值。钢筋在弯曲过程中，外侧表面受到张拉而伸长，内侧表面受到压缩而缩短，而钢筋加工变形以后，钢筋中心线的长度是不改变的。钢筋外皮尺寸量度差值可以用式（1-5）计算，也可通过表 1-10 查得。

$$钢筋量度差值=钢筋外皮尺寸之和-钢筋中心线长度 \tag{1-5}$$

钢筋弯曲量度差值　　表 1-10

弯曲角度	箍筋	HPB300 级钢筋	平法框架主筋		
	$R=2.5d$	$R=1.25d$	$R=4d$	$R=6d$	$R=8d$
30°	0.305d	0.29d	0.323d	0.348d	0.373d
45°	0.543d	0.49d	0.608d	0.694d	0.78d
60°	0.9d	0.765d	1.061d	1.276d	1.491d
90°	2.288d	1.751d	2.931d	3.79d	4.648d
135°	2.831d	2.24d	3.539d	4.484d	5.428d
180°	4.576d	3.502d			

钢筋弯曲内径与平直部分长度应符合以下规定：

（1）HPB300 钢筋为受拉时，末端应做 180°弯钩，其弯弧内直径应不小于钢筋直径的 2.5 倍，弯钩弯折后平直部分长度不应小于钢筋直径的 3 倍，但作为受压钢筋时，可不做弯钩。

（2）钢筋末端为 135°弯钩时，HRB335 级、HRB400 级钢筋的弯弧内直径应不小于钢筋直径的 4 倍，弯钩的平直部分长度应符合设计要求。

（3）钢筋做不大于 90°弯折时，弯折处的弯弧内直径应不小于钢筋直径的 5 倍。

（4）框架顶层端节点处，梁上部纵筋与柱外侧纵向钢筋在节点角部弯折处，当钢筋直径 $d \leqslant 25$mm 时，不应小于 $12d$；当钢筋直径 $d>25$mm 时，不应小于 $16d$。

5. 钢筋的重量

在钢筋工程量的计算中，最终是要计算出钢筋的总重量，当算出了钢筋的长度后，乘以钢筋每米的重量就可以得出钢筋的总重量。钢筋每米重量见表 1-11。

钢筋的计算截面面积及理论重量　　表 1-11

公称直径(mm)	不同根数钢筋的计算截面面积(mm^2)									单根钢筋理论重量(kg/m)
	1	2	3	4	5	6	7	8	9	
6	28.3	57	85	113	142	170	198	226	255	0.222
8	50.3	101	151	201	252	302	352	402	453	0.395
10	78.5	157	236	314	393	471	550	628	707	0.617
12	113.1	226	339	452	565	678	791	904	1017	0.888
14	153.9	308	461	615	769	923	1077	1231	1385	1.21
16	201.1	402	603	804	1005	1206	1407	1608	1809	1.58
18	254.5	509	763	1017	1272	1527	1781	2036	2290	2.00(2.11)
20	314.2	628	942	1256	1570	1884	2199	2513	2827	2.47
22	380.1	760	1140	1520	1900	2281	2661	3041	3421	2.98
25	490.9	982	1473	1964	2454	2945	3436	3927	4418	3.85(4.10)

续表

公称直径(mm)	不同根数钢筋的计算截面面积(mm^2)									单根钢筋理论重量(kg/m)
	1	2	3	4	5	6	7	8	9	
28	615.8	1232	1847	2463	3079	3695	4310	4926	5542	4.83
32	804.2	1609	2413	3217	4021	4826	5630	6434	7238	6.31(6.65)
36	1017.9	2036	3054	4072	5089	6107	7125	8143	9161	7.99
40	1256.6	2513	3770	5027	6283	7540	8796	10053	11310	9.87(10.34)
50	1963.5	3928	5892	7856	9820	11784	13748	15712	17676	15.42(16.28)

注：括号内为预应力螺纹钢筋的数值。

1.2 装配式混凝土结构概述

装配式建筑是指“结构系统、外围护系统、设备与管线系统、内装系统的主要部分采用预制部品部件集成的建筑”。装配式建筑是一个系统工程，是将预制构件和部品部件通过模数协调、模块组合、接口连接、节点构造和施工工法等用装配式的集成方法，在工地高效、可靠装配并做到建筑围护、主体结构、机电装修一体化的建筑。

按照结构材料的不同，装配式建筑可分为装配式钢结构建筑、装配式混凝土建筑、装配式木结构建筑、装配式复合材料建筑等。其中，建筑物的结构系统由混凝土部件（预制构件）构成的装配式建筑称为装配式混凝土建筑。在结构工程中，这类建筑被称为装配式混凝土结构，简称装配式结构。

装配式混凝土结构是我国建筑结构发展的重要方向之一，是以预制构件为主要受力构件经装配、连接而成的混凝土结构。

装配式混凝土结构从受力模型方面可以分为：

（1）装配整体式混凝土结构

装配整体式混凝土结构是由预制混凝土构件通过可靠的方式进行连接并与现场后浇混凝土、水泥基灌浆料形成整体的装配式混凝土结构。装配整体式混凝土结构的结构性能与现浇混凝土基本等同。该结构适用于各级规范规定的混凝土结构。

（2）全装配式结构

全装配式结构是不满足装配整体式要求的装配式混凝土结构。全装配式结构没有或较少地采用现浇混凝土，其结构性能与现浇混凝土结构不能等同，计算分析方法和构造措施与现浇混凝土差异较大。该结构适用于低层、多层等高宽比较小，以竖向荷载为主的结构。

1.2.1 装配式混凝土的选用、结构环境类别、保护层最小厚度

1. 混凝土的选用

混凝土的力学性能指标和耐久性要求等应符合现行国家标准《混凝土结构设计规范（2015 年版）》GB 50010—2010 的规定。在装配式混凝土结构中，预制构件的混凝土强度等级不宜低于 C30；预应力混凝土结构的混凝土强度等级不宜低于 C40，且不应低于 C30；现浇混凝土的强度等级不应低于 C25。普通钢筋采用套筒灌浆连接和浆锚搭接连接时，钢

筋应采用热轧带肋钢筋。

混凝土强度等级应满足“结构设计总说明”的规定，预制剪力墙板的混凝土轴心抗压强度标准值不得高于设计值的20%。同条件养护的混凝土立方体试件抗压强度达到设计混凝土强度等级值的75%，且不应小于15N/mm^{2}时，方可脱模；吊装时应达到设计强度值。

2. 结构环境类别

同普通钢筋混凝土结构的一般构造要求。

3. 保护层最小厚度

装配式混凝土结构的保护层厚度同普通钢筋混凝土结构的一般构造要求，一些结构构件的保护层示意如图1-4～图1-8所示。

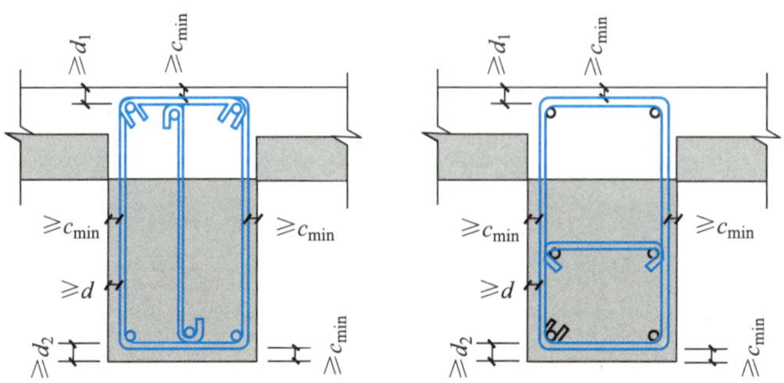

图1-4　叠合梁混凝土保护层厚度

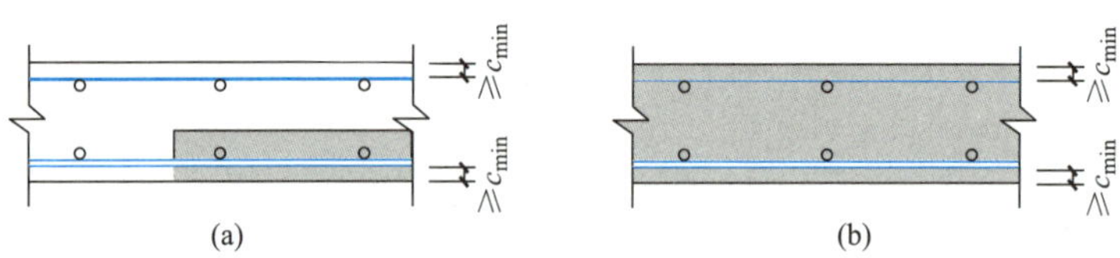

图1-5　板混凝土保护层厚度

(a) 叠合板；(b) 预制板

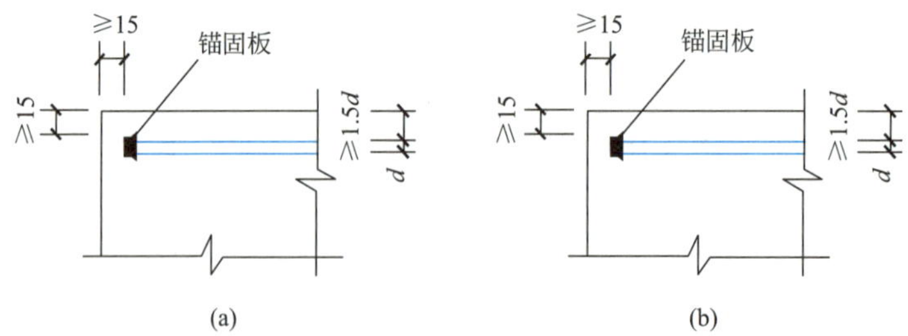

图1-6　钢筋锚固板混凝土保护层厚度

(a) 正放；(b) 反放

锚固板混凝土保护层厚度的规定适用于环境类别为一类中设计使用年限为50年的结构，更长使用年限结构或其他环境类别时，按照现行国家标准《混凝土结构设计规范（2015年版）》GB 50010—2010的相关规定增加保护层厚度，或对锚固板进行防腐处理。

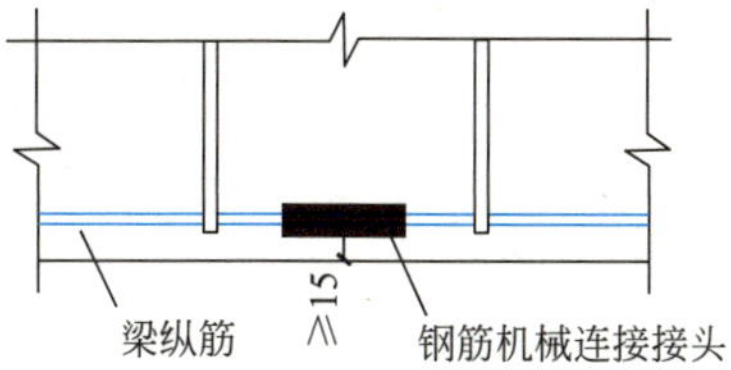

图 1-7　梁纵筋机械连接接头处混凝土保护层厚度

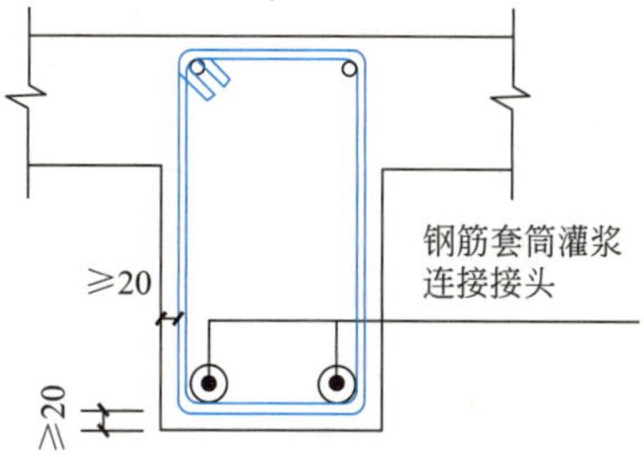

图 1-8　梁纵筋套筒灌浆连接接头处钢筋的混凝土保护层厚度

1.2.2　装配式建筑钢筋的选用、锚固与连接

1. 钢筋的选用

钢筋和钢材的力学性能指标和耐久性要求等应符合现行国家标准《混凝土结构设计规范（2015 年版）》GB 50010—2010 和《钢结构设计标准》GB 50017—2017 的规定。

普通钢筋采用套筒灌浆连接和浆锚搭接连接时，钢筋应采用热轧带肋钢筋。钢筋焊接网应符合现行行业标准《钢筋焊接网混凝土结构技术规程》JGJ 114—2014 的规定。预制构件的吊环应采用未经冷加工的 HPB300 级钢筋制作。吊装用内埋式螺母或吊杆的材料应符合国家现行相关标准的规定。

2. 钢筋的锚固

(1) 钢筋的锚固长度

1) 受拉钢筋的基本锚固长度

当计算中充分利用钢筋的强度时，混凝土结构中纵向受拉钢筋的锚固长度应按式（1-6）计算：

$$预应力钢筋\ l_{ab}=\alpha\frac{f_{py}}{f_t}d、\tag{1-6}$$

式中　l_{ab}——受拉钢筋的锚固长度；

f_{py}——预应力钢筋的抗拉强度设计值；

f_t——混凝土轴心抗拉强度设计值，当混凝土强度大于 C60 时，按 C60 取值；

d——锚固钢筋的直径；

α——锚固钢筋的外形系数，按表 1-1 取值。

预应力受拉钢筋基本锚固长度，见表 1-2、表 1-3。

2) 受拉钢筋锚固长度 l_a、受拉钢筋抗震锚固长度 l_{aE} 同普通钢筋混凝土结构的受拉钢筋锚固长度和受拉钢筋抗震锚固长度的要求。

(2) 钢筋锚固的构造

预制构件纵向钢筋宜在后浇混凝土内直线锚固；当直线锚固长度不足时，可采用弯折、机械锚固方式，并应符合现行国家标准《混凝土结构设计规范（2015 年版）》GB 50010—2010 和《钢筋锚固板应用技术规程》JGJ 256—2011 的规定。

当纵向受拉钢筋末端采用钢筋弯钩或机械锚固措施时，包括弯钩或锚固端头在内的锚固长度（投影长度）可取为基本锚固长度 l_{ab} 的 0.6 倍。螺纹长度应满足承载力的要求；

锚固板的规格应符合相关标准的要求。锚固板和焊接钢板的承压面积不应小于锚固钢筋截面面积的 4 倍。

钢筋弯钩和机械锚固的形式和技术要求应符合表 1-5 和图 1-9 的规定。

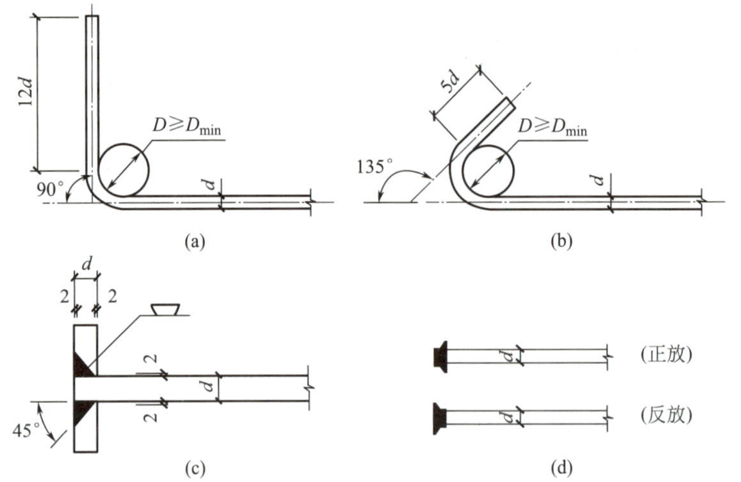

图 1-9 纵向钢筋末端弯钩锚固与机械锚固

（a）末端带 90°弯钩；（b）末端带 135°弯钩；（c）末端与钢板穿孔塞焊；（d）锚固板

当锚固钢筋的保护层厚度不大于 $5d$ 时，锚固钢筋长度范围内应设置横向构造钢筋，其直径不应小于 $d/4$（d 为锚固钢筋的最大直径）；对梁、柱等构件间距不应大于 $5d$，对板、墙等构件间距不应大于 $10d$（d 为锚固钢筋的最小直径），且均不应大于 100mm。

（3）纵向钢筋弯折的最小弯弧内径 D_{min} 的要求

纵向钢筋弯折和弯钩的构造要求如图 1-10 所示，具体弯折尺寸见表 1-12。

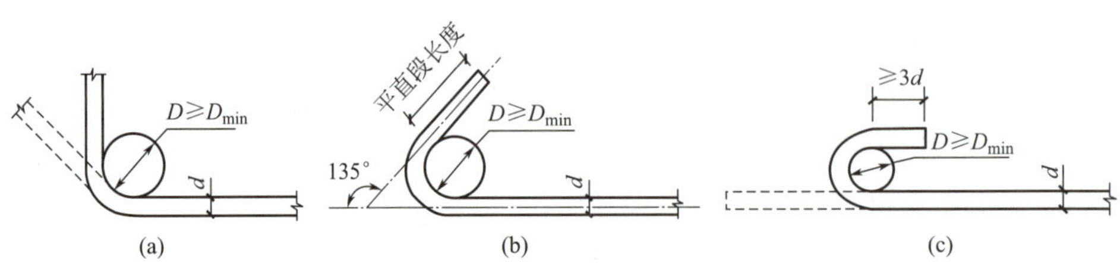

图 1-10 纵向钢筋的弯折和弯钩

（a）纵向钢筋弯折；（b）135°弯钩；（c）光圆钢筋半圆弯钩

纵向钢筋弯折的最小弯弧内径 D_{min}（单位：mm） **表 1-12**

<table>
<tr><th colspan="3">钢筋类别</th><th>D_{min}</th></tr>
<tr><td colspan="3">光圆钢筋</td><td>$2.5d$</td></tr>
<tr><td colspan="2" rowspan="2">梁上部纵筋</td><td>$d \leqslant 25$</td><td>$12d$</td></tr>
<tr><td>$d > 25$</td><td>$16d$</td></tr>
<tr><td rowspan="4">其他</td><td rowspan="2">335MPa 级、400MPa 级带肋钢筋</td><td>$d \leqslant 25$</td><td>$4d$</td></tr>
<tr><td>$d > 25$</td><td>$6d$</td></tr>
<tr><td rowspan="2">500MPa 级带肋钢筋</td><td>$d \leqslant 25$</td><td>$6d$</td></tr>
<tr><td>$d > 25$</td><td>$7d$</td></tr>
</table>

(4) 锚固区带锚固板钢筋净距

锚固区带锚固板钢筋净距如图1-11所示，d 取 d_1 和 d_2 的较大值，钢筋净距应不小于1.5d，当钢筋净距小于4d 时应考虑群锚效应。

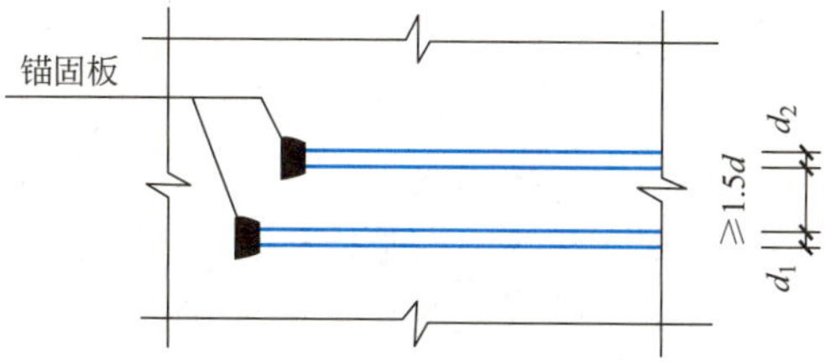

图1-11 锚固区带锚固板钢筋净距

3. 钢筋和混凝土结构的连接

钢筋的连接方式有：绑扎搭接连接、机械连接和焊接连接，其连接要求同普通钢筋混凝土结构的一般构造要求。

装配式混凝土结构连接方式包括套筒灌浆连接、浆锚搭接连接、后浇混凝土连接、螺栓连接、焊接连接。

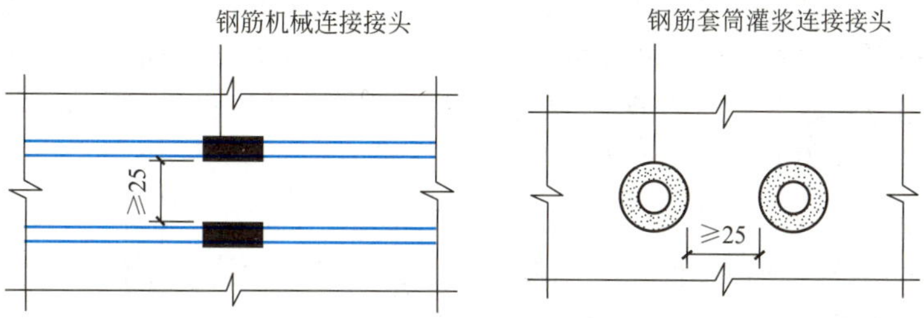

图1-12 钢筋的连接接头

(1) 套筒灌浆连接

套筒灌浆连接是装配式混凝土结构中最主要的连接方式。在《装配式混凝土结构技术规程》JGJ 1—2014中，采用套筒灌浆连接时应满足以下规定：

1) 接头应满足《钢筋机械连接技术规程》JGJ 107—2016中Ⅰ级接头的性能要求，并符合国家现行有关标准的规定；

2) 预制剪力墙中钢筋接头处套筒外侧钢筋的混凝土保护层厚度不应小于15mm，预制柱中钢筋接头处套筒外侧箍筋的混凝土保护层厚度不应小于20mm；

3) 套筒之间的净距不应小于25mm；

4) 预制结构构件采用钢筋套筒灌浆连接时，应在构件生产前进行钢筋套筒灌浆连接接头的抗拉强度试验，每种规格的连接接头试件数量不应少于3个；

5) 当预制构件中钢筋的混凝土保护层厚度大于50mm时，宜对钢筋的混凝土保护层采取有效的构造措施（如铺设钢筋网片等）。

(2) 浆锚搭接连接

在《装配式混凝土结构技术规程》JGJ 1—2014中，采用浆锚搭接连接时应满足以下规定：

纵向钢筋采用浆锚搭接连接时，对预留孔成孔工艺、孔道形状和长度、构造要求、灌浆材料和被连接钢筋，应进行力学性能以及适用性的试验验证。直径大于20mm的钢筋不宜采用浆锚搭接连接，直接承受动力荷载构件的纵向钢筋不应采用锚浆搭接连接。

装配整体式框架结构中，预制柱的纵向钢筋连接应符合下列规定：

1) 当房屋高度不大于12m或层数不超过3层时，可采用套筒灌浆、浆锚搭接、焊接等连接方式；

2）当房屋高度大于12m或层数超过3层时，宜采用套筒灌浆连接。

（3）后浇混凝土连接

在装配式建筑中，基础、首层、顶层等部位的现浇混凝土，称为“现浇混凝土”；连接和叠合部位的现浇混凝土称为“后浇混凝土”，即预制构件安装后在预制构件连接区或叠合层现场浇筑的混凝土。

后浇混凝土连接是装配整体式混凝土结构中非常重要的连接方式。其应用范围包括：柱连接；柱、梁连接；梁连接；剪力墙边缘构件；剪力墙横向连接；叠合梁等，钢筋连接是后浇混凝土连接节点最重要的环节。后浇区钢筋连接方式包括：机械（螺纹）套筒连接、注胶套筒连接、钢筋搭接、钢筋焊接等。

在《装配式混凝土结构技术规程》JGJ 1—2014中规定，后浇混凝土连接需满足以下规定：“预制构件纵向钢筋宜在后浇混凝土内直线锚固；当直线锚固长度不足时，可采用弯折、机械锚固方式，并应符合现行国家标准《混凝土结构设计规范》GB 50010和《钢筋锚固板应用技术规程》JGJ 256的规定。”

（4）螺栓连接

螺栓连接是用螺栓和预埋件将预制构件与预制构件之间或预制构件与主体结构进行连接。在装配整体式混凝土结构中，螺栓连接仅用于外挂墙板和楼梯等非主体结构构件的连接。

（5）焊接连接

焊接连接是在预制混凝土构件中预埋钢板、构件之间用焊接方式连接。焊接方式在装配整体式混凝土结构中，仅用于非结构构件的连接。

（6）预制混凝土构件与后浇混凝土连接面的粗糙面和键面

预制混凝土构件与后浇混凝土的接触面须做成粗糙面或键面，以提高抗剪能力。

预制构件与后浇混凝土、灌浆料、坐浆材料的结合面应设置粗糙面、键面，并应满足以下规定：

1）预制板与后浇混凝土叠合层之间的结合面应设置粗糙面。

2）预制梁与后浇混凝土叠合层之间的结合面应设置粗糙面；预制梁端面应设置键槽（图1-13）且宜设置粗糙面。键槽的深度不宜小于30mm，宽度不宜小于深度的3倍且不宜大于深度的10倍；键槽可贯通截面，当不贯通时槽口距离截面边缘不宜小于50mm；键槽间距宜等于键槽宽度；键槽端部斜面倾角不宜大于30°。

3）预制剪力墙的顶部和底部与后浇混凝土的结合面应设置粗糙面；侧面与后浇混凝土的结合面应设置粗糙面，也可设置键槽；键槽的深度不宜小于20mm，宽度不宜小于深度的3倍且不宜大于深度的10倍；键槽间距宜等于键槽宽度；键槽端部斜面倾角不宜大于30°。

4）预制柱的底部应设置键槽且宜设置粗糙面，键槽应均匀布置，键槽的深度不宜小于30mm，键槽端部斜面倾角不宜大于30°。柱顶应设置粗糙面。

5）粗糙面的面积不宜小于结合面的80%，预制板的粗糙面凹凸深度不应小于4mm，预制梁端、预制柱端、预制墙端的粗糙面凹凸深度不应小于6mm。

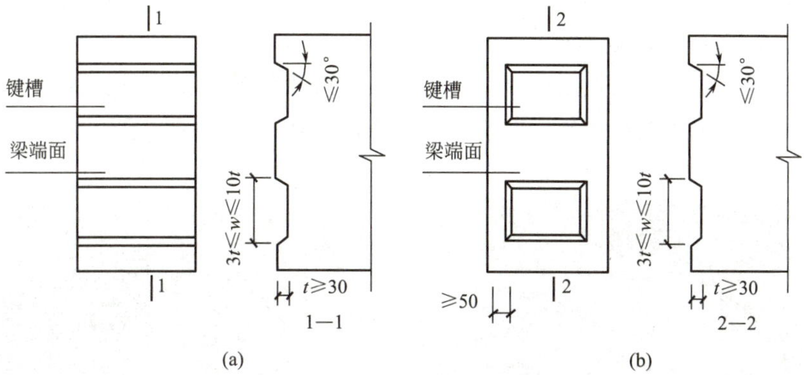

图 1-13 梁端键槽构造示意
（a）键槽贯通截面；（b）键槽不贯通截面

1.2.3 装配整体式混凝土结构体系

装配整体式混凝土建筑按结构体系划分，可分为装配整体式框架结构、装配整体式剪力墙结构、装配整体式框架-现浇剪力墙结构、装配整体式框架-现浇核心筒结构、装配整体式无梁板结构以及多层装配整体式墙板结构。

1. 装配整体式框架结构体系

装配整体式框架结构是装配式混凝土结构中结构整体性能、抗震性能较好且研究与应用较多的一种结构体系。装配整体式框架结构的主要受力体系是叠合板、预制梁和柱，适用于大跨度、空间规则的公共建筑，如图 1-14 所示。

2. 装配整体式剪力墙结构体系

装配式剪力墙结构的主要受力体系是叠合板和剪力墙，适用于小尺度空间的多样性组合住宅建筑，如图 1-15 所示。

图 1-14 装配整体式框架结构体系

图 1-15 装配整体式剪力墙结构体系

3. 装配整体式框架-现浇剪力墙结构体系

该结构是将框架-现浇剪力墙结构中的部分受力构件采用工厂预制，关键节点和重要受力构件采用现浇的结构形式。此结构中布置一定数量的剪力墙，构成灵活自由的使用空间，满足不同建筑功能的要求，同时又有足够的剪力墙，有相当大的侧向刚度，因此可广泛地用于高层建筑中，如图 1-16 所示。

4. 多层装配整体式墙板结构

多层装配整体式墙板结构由墙板与楼板组成，墙既作为承重构件又作为房间隔断，构造简单施工方便，主要在城镇地区多层住宅中推广使用，如图 1-17 所示。

图 1-16 装配整体式框架-剪力墙结构体系

图 1-17 多层装配整体式墙板结构

1.3 装配式混凝土结构施工图

从国家建筑标准设计图集《装配式混凝土结构住宅建筑设计示例（剪力墙结构）》15J939-1 和《装配式混凝土结构表示方法及示例（剪力墙结构）》15G107-1 中给出的图纸样例，可以看出装配式混凝土剪力墙结构施工图纸的基本组成，以及其与传统现浇结构施工图纸的差异。

1.3.1 装配式混凝土结构施工图纸的识读

和传统现浇结构施工图组成相同，装配式混凝土结构施工图纸也是由建筑施工图、结构施工图和设备施工图（图集中未详细给出）组成。除传统现浇结构的基本图纸组成外，装配式混凝土结构施工图纸还增加了与装配化施工相关的各种图示与说明。

在建筑设计总说明中，添加了装配式建筑设计专项说明。在进行装配施工的楼层平面图和相关详图中，需要分别表示出预制构件和后浇混凝土部分。对各类预制构件给出尺寸控制图。根据项目需要，提供 BIM 模型图。

在结构设计总说明中添加装配式结构专项说明，对构件预制生产和现场装配施工的相关要求进行专项说明。对各类预制构件给出模板图和配筋图。

1.3.2 装配式混凝土结构构件箍筋和连接部位配筋

1. 箍筋构造

装配式混凝土结构中箍筋的构造如图 1-18 和图 1-19 所示。

图中 L_d 为箍筋弯钩的平直段长度，非抗震设计时其取值不应小于 $5d$；对受扭构件的箍筋及拉筋弯钩的平直段长度应取为 $10d$。

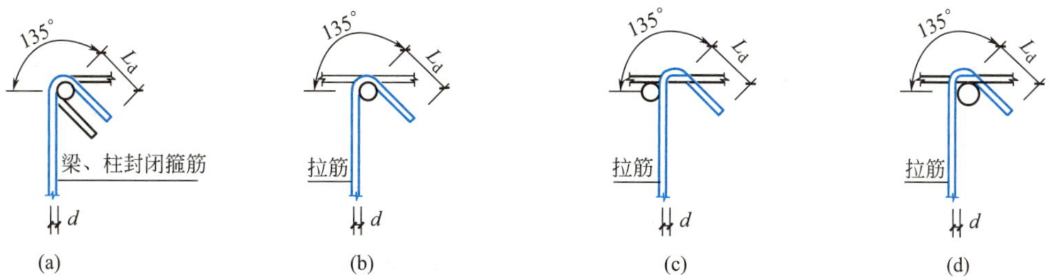

图 1-18　整体封闭箍筋及拉筋弯钩构造

（a）梁、柱封闭箍筋弯钩；（b）拉筋紧靠箍筋并勾住纵筋；
（c）拉筋紧靠纵筋并勾住箍筋；（d）拉筋同时勾住纵筋和箍筋

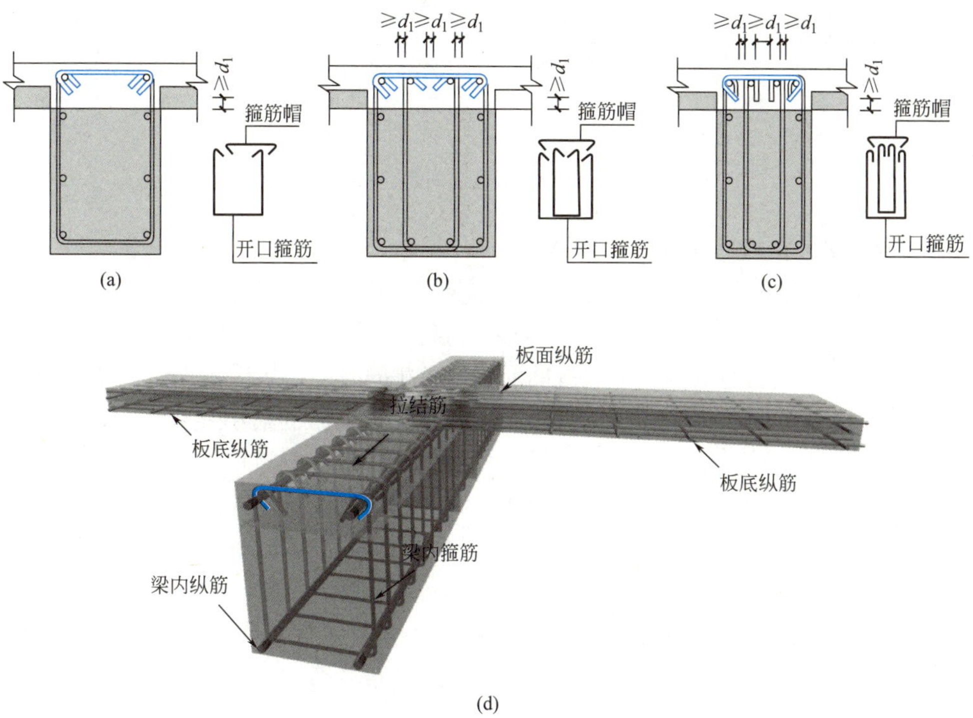

图 1-19　叠合次梁中组合封闭箍筋构造

（a）两肢箍；（b）四肢箍 135°弯钩；（c）四肢箍 180°弯钩；（d）两肢箍三维示意

图 1-20 中 d_1 为梁上部纵向钢筋直径。当叠合梁配置的箍筋为非受扭箍筋时，叠合梁中的组合封闭箍可采用两端带 135°弯钩的箍筋帽，也可采用一端带 135°弯钩，另一端带 90°弯钩的箍筋帽。当采用一端带 135°弯钩，另一端带 90°弯钩的箍筋帽时，其弯钩应交错放置。

箍筋弯折处的弯弧内径应满足表 1-12 的要求，且不应小于所勾纵向钢筋的直径。箍筋弯折处纵向钢筋为搭接钢筋或并筋时，应按钢筋实际排布情况确定箍筋弯弧内径。

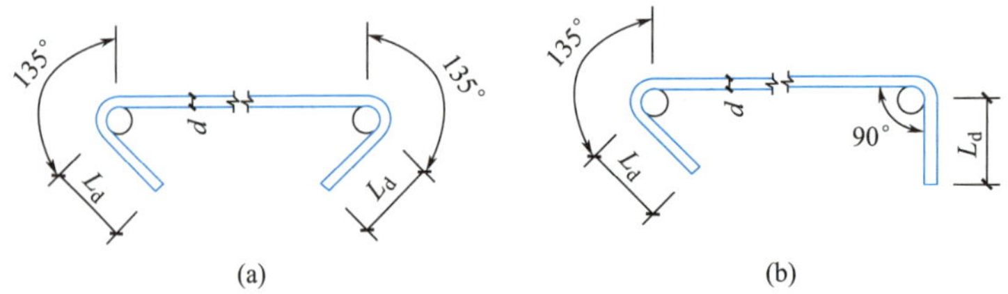

图 1-20　箍筋帽弯钩构造

（a）两端带 135°弯钩；（b）一端带 135°弯钩，另一端带 90°弯钩

2. 叠合板板底纵向钢筋排布构造（图 1-21）

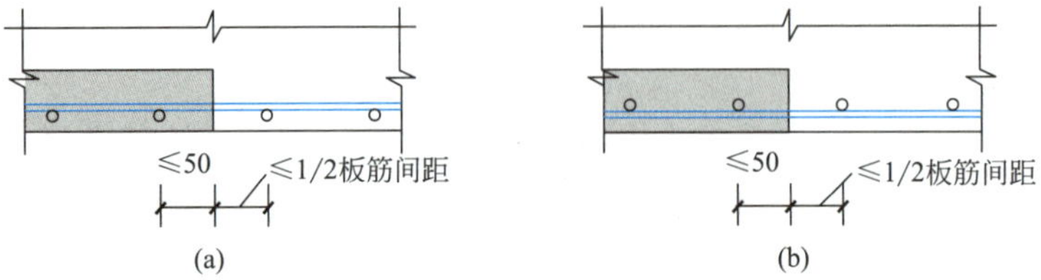

图 1-21　叠合板板底纵向钢筋排布要求

3. 叠合梁纵筋搭接区箍筋排布构造

（1）当搭接区箍筋配置要求高于相邻区箍筋配置要求时，搭接区箍筋单独分区排布；箍筋加密区的间距≤5d（d 为搭接纵筋的最小直径）且≤100mm。如图 1-22（a）所示。

（2）当搭接区箍筋与一侧相邻区箍筋配置要求相同时，搭接区箍筋可与该侧箍筋合并排布；箍筋加密区的间距≤5d 且≤100mm（d 为搭接纵筋的最小直径）。如图 1-22（b）所示。

（3）当搭接区位于箍筋配置要求相同或更高的箍筋区域时，搭接区箍筋不单独分区排布；箍筋加密区的间距≤5d 且≤100mm（d 为搭接纵筋的最小直径）。如图 1-22（c）所示。

当叠合梁后浇部分纵筋采用搭接方式连接时，预制构件制作中应注意预留加密的箍筋。当预制梁纵筋采用绑扎搭接时，也按上述要求排布箍筋。

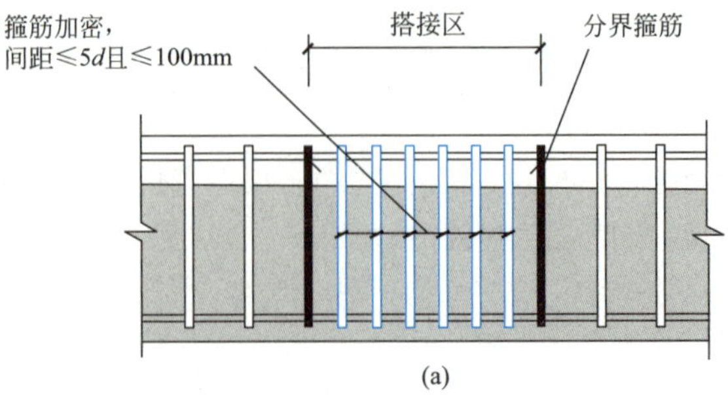

图 1-22　叠合梁纵筋搭接区箍筋排布构造（一）

（a）当搭接区箍筋配置要求高于相邻区箍筋配置要求时，搭接区箍筋单独分区排布

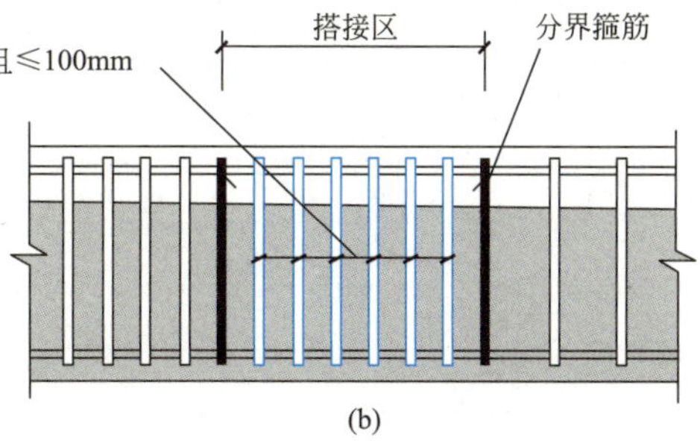

(b)

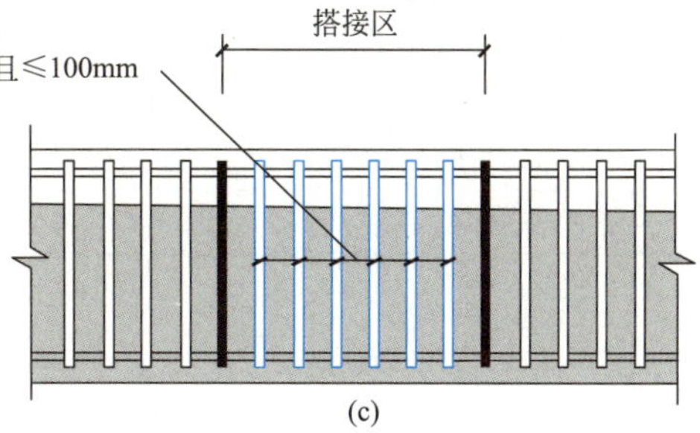

(c)

图 1-22 叠合梁纵筋搭接区箍筋排布构造（二）

（b）当搭接区箍筋与一侧相邻区箍筋配置要求相同时，搭接区箍筋可与该侧箍筋合并排布；
（c）当搭接区位于箍筋配置要求相同或更高的箍筋区域时，搭接区箍筋不单独分区排布

1.3.3 预制构件尺寸偏差

为保证工程的施工质量，钢筋尺寸偏差、预制构件尺寸偏差、预制构件安装尺寸偏差需满足表 1-13～表 1-16 的要求。

钢筋加工的允许偏差 表 1-13

项目	允许偏差(mm)
受力钢筋沿长度方向的净尺寸	±10
弯起钢筋的弯折位置	±20
箍筋外净尺寸	±5

预制构件灌浆套筒和外露钢筋的位置、尺寸允许偏差及检验方法 表 1-14

项目		允许偏差(mm)	检验方法
灌浆套筒中心位置		2	尺量
外露钢筋	中心位置	2	
	外露长度	0,+10	

现浇结构施工后外露连接钢筋的位置、尺寸允许偏差及检验方法 表 1-15

项目	允许偏差(mm)	检验方法
中心位置	3	尺量
外露长度、顶点标高	0,+15	

预制构件的尺寸和位置允许偏差及检验方法　　表 1-16

项目			允许偏差(mm)	检验方法
长度	楼板、梁、柱、桁架	<12m	±5	尺量检查
		≥12m 且<18m	±10	
		≥18m	±20	
	墙板		±4	
宽度、高(厚)度	楼板、梁、柱、桁架		±5	钢尺量一端及中部，取其中偏差绝对值较大处
	墙板		±4	
表面平整度	楼板、梁、柱、墙板内表面		5	2m 靠尺和塞尺检查
	墙板外表面		3	
侧向弯曲	楼板、梁、柱		l/750 且≤20	拉线、钢尺量最大侧向弯曲处
	墙板、桁架		l/1000 且≤20	

模块后测

模块 1-测试 1　　模块 1-测试 2　　模块 1-测试 3

练习题

一、判断题

1. 混凝土保护层厚度指最外层钢筋外边缘至混凝土表面的距离。(　　)

2. 除传统现浇结构的基本图纸组成外，装配式混凝土剪力墙结构施工图纸还增加了与装配化施工相关的各种图示与说明。(　　)

二、单项选择题

1. 某三级抗震框架梁，其下部配置 4Φ20 的受拉钢筋，混凝土为 C25，则该受拉钢筋的抗震锚固长度为（　　）mm。

A. 700　　B. 720　　C. 840　　D. 1000

2. 下列混凝土结构的环境类别，属于一类环境的是（　　）。

A. 室内干燥环境　　B. 室内潮湿环境　　C. 干湿交替环境　　D. 盐渍土环境

3. 二 a 环境梁、柱的混凝土保护层厚度为（　　）mm。

A. 15　　B. 20　　C. 25　　D. 30

4. 不属于结构施工图的是（　　）。

A. 结构详图　　B. 图纸目录　　C. 建筑效果图　　D. 结构平法施工图

三、名词解释

1. 混凝土保护层

2. 钢筋锚固长度

学生任务单（含课程评价）1.1

<table>
<tr><td rowspan="5">前期导入</td><td>任务名称</td><td colspan="6"></td></tr>
<tr><td>学生姓名</td><td colspan="3"></td><td>班级学号</td><td colspan="2"></td></tr>
<tr><td>同组成员</td><td colspan="6"></td></tr>
<tr><td>负责任务</td><td colspan="6"></td></tr>
<tr><td>完成日期</td><td colspan="3"></td><td>完成效果</td><td colspan="2">教师评价及签字</td></tr>
<tr><td rowspan="2">明确任务</td><td>任务目标</td><td colspan="6"></td></tr>
<tr><td>依据规范</td><td colspan="6">建议学生指明到条款</td></tr>
<tr><td rowspan="2">自学简述</td><td>课前布置</td><td colspan="6">主要根据老师的课前布置任务，说明自己学习了什么、浏览了什么资源、查阅了什么资料等</td></tr>
<tr><td>拓展学习</td><td colspan="6">主要说明除了老师布置的还自学了什么？查阅了什么资料等</td></tr>
<tr><td rowspan="2">任务实施</td><td rowspan="2">重点记录</td><td colspan="4" rowspan="2">主要记录完成任务过程中，用到的基本知识、公式、规范、方法和工具等</td><td colspan="2">成果提交</td></tr>
<tr><td colspan="2">可由教师提供相关二维码</td></tr>
<tr><td rowspan="3">学习反思</td><td>不足之处</td><td colspan="6"></td></tr>
<tr><td>待解问题</td><td colspan="6"></td></tr>
<tr><td>课后学习</td><td colspan="6"></td></tr>
<tr><td rowspan="5">过程评价</td><td rowspan="2">自我评价
（5 分）</td><td>课前学习</td><td>时间观念</td><td>实施方法</td><td>职业素养</td><td>成果质量</td><td>分值</td></tr>
<tr><td></td><td></td><td></td><td></td><td></td><td></td></tr>
<tr><td rowspan="2">小组评价
（5 分）</td><td>任务承担</td><td>时间观念</td><td>团队合作</td><td>能力素养</td><td>成果质量</td><td>分值</td></tr>
<tr><td></td><td></td><td></td><td></td><td></td><td></td></tr>
<tr><td>综合打分</td><td colspan="6">自我评价分值+小组评价分值：</td></tr>
</table>

模块2 Modular 02

梁构造

学习目标

（1）掌握梁平法制图规则和注写方式。

（2）掌握梁标准构造详图中的钢筋构造。

（3）掌握叠合梁的钢筋构造要求。

育人目标

引入榫卯结构，彰显了中国古代匠人的智慧，他们技艺精湛，具备敢于摸索、敢于实践、一丝不苟的工匠精神。引导并要求同学们保持对工作的专注和坚定，做到严谨、精雕细琢，确保每一工序的质量。

建议课时：20 课时＋课余时间。

建议教学形式：配套使用《22G101-1》《15G310-1～2》图集和教材提供的数字资源。

思维导图

- 梁构件
  - 梁构件基本知识
    - 梁构件知识体系
    - 梁的类型
    - 梁内钢筋类型
    - 钢筋等级类型编号
  - 梁平法施工图制图规则
    - 梁平法施工图的表示方法
    - 平面注写方式
      - 集中标注
      - 原位标注
    - 截面注写方式
  - 梁构件钢筋构造
    - 楼层框架梁纵向钢筋构造
      - 楼层框架梁上部纵向钢筋构造
        - 上部通长筋
        - 支座负筋
        - 架立筋
      - 楼层框架梁下部纵向钢筋构造
        - 下部纵向钢筋
        - 不伸入支座的梁下部纵筋
        - 下部纵向钢筋在节点外搭接
      - 楼层框架梁端支座的纵向钢筋构造
        - 端支座加锚头(锚板)锚固构造要求
        - 端支座直锚构造要求
        - 端支座弯锚构造要求
      - 楼层框架梁中间支座的纵向钢筋构造
        - 中间支座梁高不同，当$\Delta h/(h_c-50)>1/6$
        - 中间支座梁高不同，当$\Delta h/(h_c-50)\leqslant 1/6$
        - 支座两边梁宽不同或错开布置
      - 楼层框架梁梁侧面纵向构造钢筋和拉筋构造
    - 屋面框架梁钢筋构造
      - 屋面框架梁与楼面框架梁的区别
      - 屋面框架梁端支座纵筋构造
        - 顶层端节点梁下部钢筋端头加锚头(锚板)锚固构造要求
        - 顶层端支座梁下部钢筋直锚构造要求
      - 屋面框架梁中间支座的纵向钢筋构造
        - 中间支座底部梁高不同，当$\Delta h/(h_c-50)\leqslant 1/6$
        - 中间支座顶部梁高不同，当梁顶部有高差时
        - 中间支座梁宽度不同，当支座两边梁宽不同或错开布置时
        - 顶层中间节点梁下部筋在节点外搭接构造
    - 梁箍筋构造
    - 钢筋弯曲调整值
    - 钢筋的重量
  - 装配式混凝土叠合梁构造要求
    - 叠合梁的基本构造要求
      - 叠合梁的后浇混凝土叠合层厚度要求
      - 叠合梁的箍筋配置要求
      - 叠合梁采用对接连接的要求
      - 主梁与次梁采用后浇段连接要求
      - 叠合梁纵向钢筋锚固要求
    - 叠合梁后浇段对接连接构造
    - 主、次梁边节点连接构造
      - 主梁预留后浇槽口
      - 次梁端设后浇段
      - 搁置式主次梁连接边节点
    - 主、次梁中间节点连接构造
      - 主梁预留后浇槽口
      - 次梁端设后浇段
      - 次梁端设槽口

岗位技能点

1. 能读懂结构施工图中梁构件的钢筋配置。

2. 能熟练运用梁构造知识，能根据梁平法标注的平面图画出梁纵剖面图和钢筋翻样图，并进行单根钢筋的下料长度计算。

任务点

1. 平法梁制图规则。
2. 平法梁构造详图。
3. 装配式叠合梁主次梁节点连接构造。

叠合梁内的钢筋组成及构造要求

叠合主次梁连接的节点构造要求

模块前测：思考

1. 梁的类型有哪些？梁内钢筋名称有哪些？钢筋等级以及对应图纸上编号是什么？

2. 什么是梁平法？梁的集中标注内容有哪些？梁的原位标注内容有哪些？当原位标注和集中标注中的某项数值冲突时，怎么取值？

3. 抗震楼层框架梁钢筋构造要求有哪些？

4. 抗震屋面楼层框架梁钢筋构造要求有哪些？

5. 非框架梁钢筋构造要求有哪些？

6. 装配式混凝土叠合梁钢筋构造要求有哪些？

预习笔记（思政微课）

模块中测

2.1 平法梁制图规则

2.1.1 梁构件知识体系

在房屋结构中，由于梁的位置不同，所起的作用不同，其受力机理也不同，因而其构造要求也不同。梁构件知识体系可概括为三个方面：梁的分类、梁构件钢筋的分类、梁的各类情况，如图 2-1 所示。

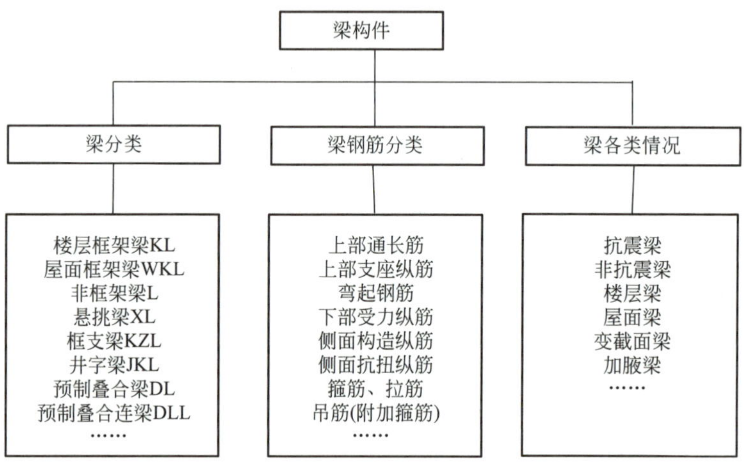

图 2-1　梁构件知识体系

2.1.2 梁内钢筋类型

梁构件钢筋有纵向钢筋、横向钢筋（箍筋或拉筋），有时还会有附加钢筋（附加箍筋或吊筋）。纵向钢筋根据位置不同可以分为上、中、下的钢筋，见表 2-1。梁内钢筋示意如图 2-2 所示。

梁构件主要钢筋种类　　**表 2-1**

梁的分类	梁构件钢筋分类		
	位置		名称
楼层框架梁 KL 屋面框架梁 WKL 非框架梁 L 悬挑梁 XL 框支梁 KZL 井字梁 JKL 预制叠合梁 DL 预制叠合连梁 DLL	纵向钢筋	上	上部通长筋
		中	侧部构造或受扭钢筋
		下	下部通长/非通长筋
		左上	左端支座钢筋(支座负筋)
		中上	跨中钢筋(架立筋)
		右上	右端支座钢筋(支座负筋)
	横向钢筋	箍筋或拉筋	
	附加钢筋	附加箍筋或吊筋	

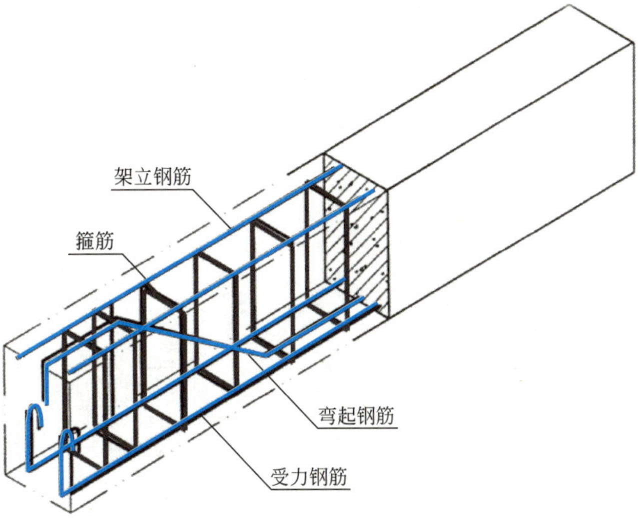

图 2-2　钢筋混凝土梁构造示意图

钢筋等级类型编号依据《混凝土结构设计规范（2015 年版）》GB 50010—2010，其中 H 代表热轧、P 代表光圆、R 代表带肋纹、F 代表通过控轧和控冷工艺形成的细晶粒。

普通钢筋牌号、符号和强度标准值　　**表 2-2**

牌号	符号	公称直径 d(mm)	屈服强度标准值(N/mm^2)	外观类型
HPB300	Φ	6～22	300	热轧光圆
HRB400 HRBF400	Φ $Φ^F$	6～50	400	热轧带肋
HRB500 HRBF500	Φ $Φ^F$	6～50	500	热轧带肋

2.1.3　梁平法施工图的表示方法

1. 平面注写方式

梁平面注写方式是在梁平面布置图上，分别在不同编号的梁中各选一根梁，相同的梁采用同一编号标注，在其上注写截面尺寸和配筋具体数值的方式来表达梁平法施工图。

平面注写包括集中标注与原位标注，集中标注表达梁的通用数值，原位标注表达梁的特殊数值。当集中标注中的某项数值不适用于梁的某部位时，则将该项数值原位标注。施工时，原位标注取值优先。具体标注方式如图 2-3 所示。

（1）集中标注

梁集中标注的内容有 5 项为必注值及 1 项为选注值。其中，梁编号、梁截面尺寸、梁箍筋、梁上部通长筋或架立筋配置和梁侧面纵向构造钢筋或受扭钢筋配置为必注值；梁顶面标高高差为选注值。

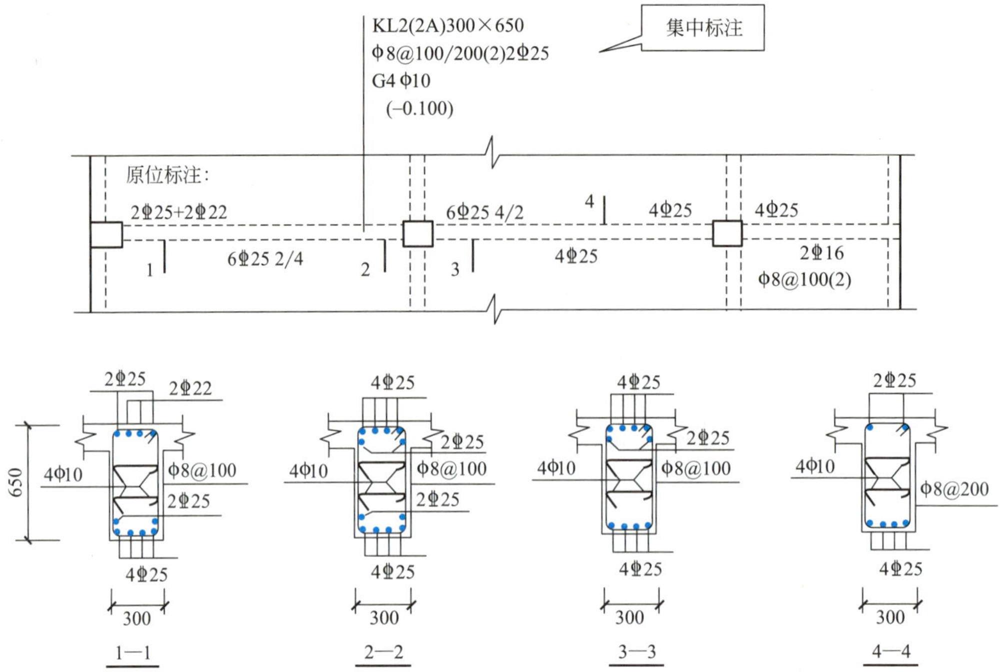

图 2-3 梁平面注写方式示例

1）梁编号

该项为必注值。梁编号由梁类型、代号、序号、跨数及有无悬挑代号几项组成，应符合表 2-3。

梁编号 **表 2-3**

梁类型	代号	序号	跨数及是否带有悬挑
楼层框架梁	KL	××	(××)、(××A)或(××B)
楼层框架扁梁	KBL	××	(××)、(××A)或(××B)
屋面框架梁	WKL	××	(××)、(××A)或(××B)
框支梁	KZL	××	(××)、(××A)或(××B)
托柱转换梁	TZL	××	(××)、(××A)或(××B)
非框架梁	L	××	(××)、(××A)或(××B)
悬挑梁	XL	××	(××)、(××A)或(××B)
井字梁	JZL	××	(××)、(××A)或(××B)
预制叠合梁	DL	××	-
预制叠合连梁	DLL	××	-

注：1.（××A）为一端有悬挑，（××B）为两端有悬挑，悬挑不计入跨数。
2. 在编号中，如若干预制混凝土叠合梁的截面尺寸和配筋均相同，仅梁与轴线的关系不同，也可将其梁为同一叠合梁编号，但应在图中注明与轴线的几何关系。

2）梁截面尺寸

该项为必注值。

① 当为等截面梁时，用 $b \times h$ 表示。

② 当为竖向加腋梁时，用 $b \times h$　$Yc_1 \times c_2$ 表示，其中，c_1 为腋长、c_2 为腋高。如图 2-4 所示。

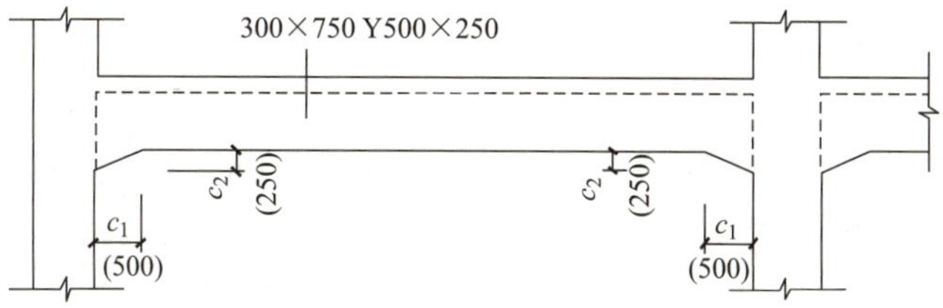

图 2-4　竖向加腋截面注写示意

③ 当为水平加腋梁时，一侧加腋用 $b \times h$　$PYc_1 \times c_2$ 表示。其中，c_1 为腋长、c_2 为腋宽，加腋部位应在平面图中绘制。如图 2-5 所示。

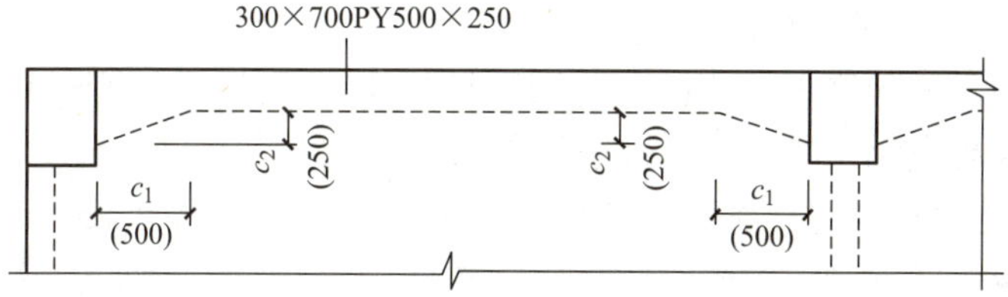

图 2-5　水平加腋截面注写示意

④ 当有悬挑梁且根部和端部的高度不同时，用斜线“/”分隔根部与端部的高度值，即为 $b \times h_1/h_2$。如图 2-6 所示。

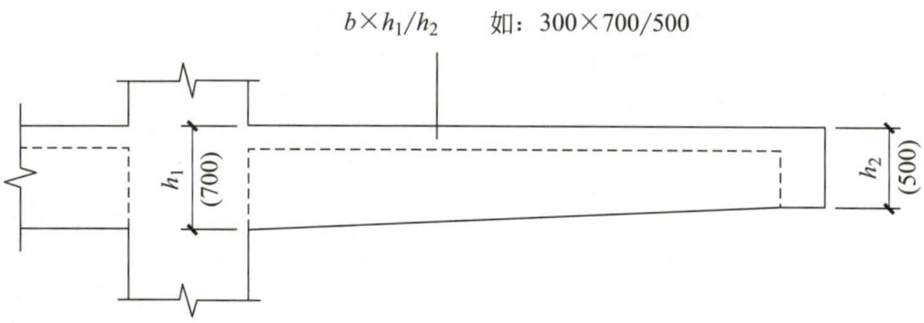

图 2-6　悬挑梁不等高截面注写示意

3）梁箍筋

该项为必注值。梁箍筋包括钢筋级别、直径、加密区与非加密区间距及肢数。

① 箍筋加密区与非加密区的不同间距及肢数需用斜线“/”分隔；当梁箍筋为同一种间距及肢数时，则不需用斜线“/”；当加密区与非加密区的箍筋肢数相同时，则将肢数注写一次；箍筋肢数应写在括号“（　　）”内。加密区范围见相应抗震等级的标准构造详图。示例见表 2-3。

② 非框架梁、悬挑梁、井字梁采用不同的箍筋间距及肢数时，用斜线“/”将其分隔开来。注写时，先注写梁支座端部的箍筋（包括箍筋的箍数、钢筋级别、直径、间距与肢数），在斜线后注写梁跨中部分的箍筋间距及肢数。示例见表 2-4。

常见梁箍筋表示形式　　表 2-4

表示形式	表达含义
φ10@100/200(4)	表示箍筋为 HPB300 级钢筋，直径为 10mm，加密区间距为 100mm，非加密区间距为 200mm，均为四肢箍
φ8@100(4)/150(2)	表示箍筋为 HPB300 级钢筋，直径为 8mm，加密区间距为 100mm，四肢箍；非加密区间距为 150mm，双肢箍
13φ10@150/200(4)	表示箍筋为 HPB300 级钢筋，直径为 10mm；梁的支座两端各有 13 个四肢箍，间距为 150mm；梁跨中部分的箍筋间距为 200mm，四肢箍
18φ12@150(4)/200(2)	表示箍筋为 HPB300 级钢筋，直径为 12mm；梁的支座两端各有 18 个四肢箍，间距为 150mm；梁跨中部分的箍筋间距为 200mm，双肢箍

4）梁上部通长筋或架立筋配置

该项为必注值。通长筋可为相同或不同直径采用搭接连接、机械连接或焊接的钢筋，所注规格与根数应根据结构受力要求及箍筋肢数等构造要求而定。

① 当同排纵筋中既有通长筋又有架立筋时，应用“+”将通长筋和架立筋相联。注写时需要将角部纵筋写在“+”的前面，架立筋写在“+”后面的括号内，以示不同直径及与通长筋的区别。当全部采用架立筋时，则将其写入括号内。示例见表 2-5。

② 当梁的上部纵筋和下部纵筋为全跨相同，且多数跨配筋相同时，此项可加注下部纵筋的配筋值，用分号“;”将上部与下部纵筋的配筋值分隔开来，少数跨不同者，按原位标注进行注写。示例见表 2-5。

常见梁上部通长筋或架立筋表示形式　　表 2-5

表示形式	表达含义
2Φ22	梁上部的通长筋(用于双肢箍)
2Φ22+(4φ12)	梁上部的钢筋(2Φ22 为通长筋，放在箍筋角部；4φ12 为架立筋)
3Φ22;3Φ20	梁的上部配置 3Φ22 的通长筋，梁的下部配置 3Φ20 的通长筋

5）梁侧面纵向构造钢筋或受扭钢筋配置

该项为必注值。

① 当梁腹板高度 $h_w \geq 450$mm 时，需配置纵向构造钢筋，此项注写值以大写字母 G 打头，注写时应标注梁两个侧面的总配筋值，且对称配置。示例见表 2-6。

② 当梁侧面需配置受扭纵向钢筋时，此项注写值以大写字母 N 打头，注写时应标注梁在两个侧面的总配筋值，且对称配置。受扭纵向钢筋应满足梁侧面纵向构造钢筋的间距要求，且不再重复配置纵向构造钢筋。示例见表 2-6。

常见梁侧面纵向构造钢筋或受扭钢筋表示形式　　表 2-6

表示形式	表达含义
G 4Φ12	表示梁的两个侧面共配置 4Φ12 的纵向构造钢筋，每侧各配置 2Φ12
N 6Φ22	表示梁的两个侧面共配置 6Φ22 的受扭纵向钢筋，每侧各配置 3Φ22

6）梁顶面标高高差

该项为选注值。梁顶面标高高差是指相对于结构层楼面标高的高差值。对于位于结构夹层的梁，则指相对于结构夹层楼面标高的高差。有高差时，需将其写入括号内，无高差时不注。当梁的顶面高于所在结构层的楼面标高时，其标高高差为正值，反之为负值。

例：某结构标准层的楼面标高分别为 14.950m 和 18.250m，当这两个标准层中某梁的梁顶面标高高差注写为（−0.050）时，即表明该梁顶面标高分别相对于 14.950m 和 18.250m 低 0.05m。

（2）原位标注

原位标注表达梁的特殊数值。当集中标注中的某项数值不适用于梁的某部位时，则将该项数值原位标注。如梁支座上部纵筋、梁下部纵筋等，施工时原位标注取值优先。梁原位标注的内容规定如下：

1）梁支座上部纵筋

梁支座上部纵筋是指标注该部位含通长筋在内的所有纵筋。

① 当上部纵筋多于一排时，用斜线“/”将各排纵筋自上而下分开。

例：梁支座上部纵筋注写为 6Φ25 4/2，表示上一排纵筋为 4Φ25，下一排纵筋为 2Φ25。

② 当同排纵筋有两种直径时，用加号“+”将两种直径的纵筋相连，注写时将角部纵筋写在前面。

例：梁支座上部有四根纵筋，2Φ25 放在角部，2Φ22 放在中部，在梁支座上部应注写为 2Φ25+2Φ22。

③ 当梁中间支座两边的上部纵筋不同时，须在支座两边分别标注；当梁中间支座两边的上部纵筋相同时，可仅在支座的一边标注配筋值，另一边省去不注。

④ 当两大跨中间为小跨，且小跨净尺寸小于左、右两大跨净尺寸之和的 1/3 时，小跨上部纵向钢筋采取贯通全跨方式，此时应将贯通小跨的钢筋注写在小跨中部。如图 2-7 所示。

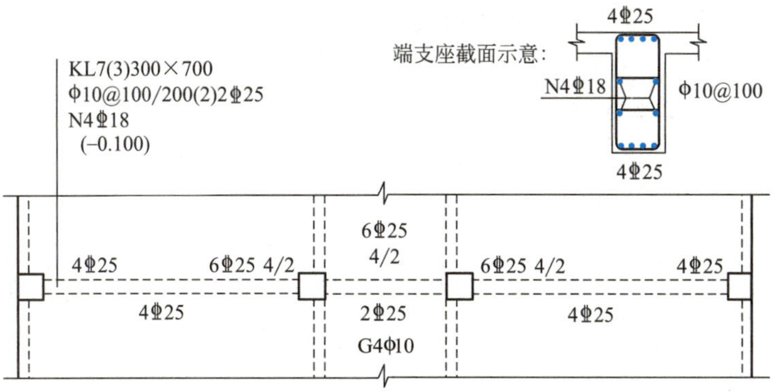

图 2-7　大小跨梁的注写示意

贯通小跨的纵向钢筋根数可等于或小于相邻大跨梁支座上部纵向钢筋，当小于时，少配置的纵向钢筋即大跨不需要贯通小跨的纵向钢筋。

2）梁下部纵筋

① 当下部纵筋多于一排时，用斜线“/”将各排纵筋自上而下分开。

例：梁下部纵筋注写为 6⌀25 2/4，表示上一排纵筋为 2⌀25，下一排纵筋为 4⌀25，全部伸入支座。

② 当同排纵筋有两种直径时，用加号“+”将两种直径的纵筋相连，注写时将角部纵筋写在前面。

③ 当梁下部纵筋不全部伸入支座时，将梁支座下部纵筋减少的数量写在括号“（　　）”内。

例：梁下部纵筋注写为 6⌀20 2（−2）/4，则表示上排纵筋为 2⌀20，且不伸入支座；下一排纵筋为 4⌀20，全部伸入支座。

例：梁下部纵筋注写为 2⌀25+3⌀22（−3）/5⌀25，表示上排纵筋为 2⌀25 和 3⌀22，其中，3⌀22 不伸入支座；下一排纵筋为 5⌀25 全部伸入支座。

④ 当梁的集中标注中已分别注写了梁上部和下部均为通长的纵筋值时，则不需要在梁下部重复做原位标注。

⑤ 当梁设置竖向加腋时，加腋部位下部斜纵筋应在支座下部以 Y 打头注写在括号内，此处框架梁竖向加腋构造（图 2-8）适用于加腋部位参与框架梁计算，其他情况设计者应另行给出构造。当梁设置水平加腋时，水平加腋内上、下部斜纵筋应在加腋支座上部以 Y 打头注写在括号内，上、下部斜纵筋之间用“/”分隔（图 2-9）。

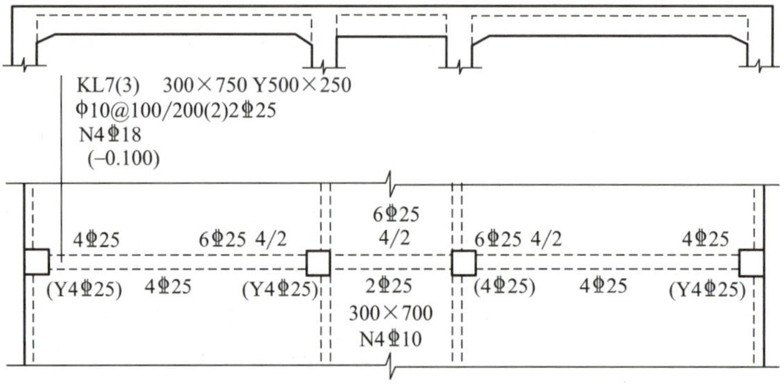

图 2-8　梁竖向加腋平面注写方式表达示例

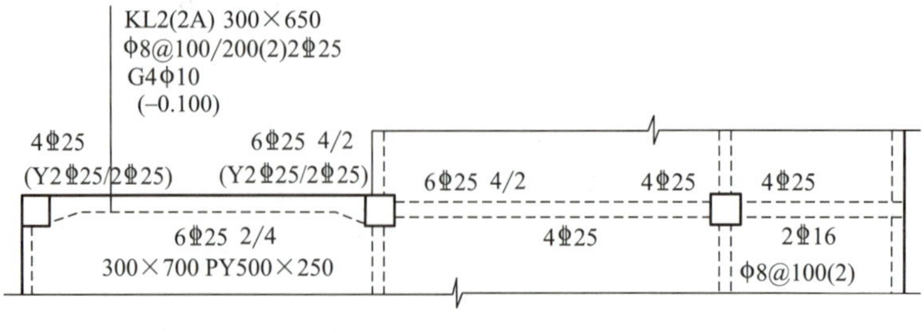

图 2-9　梁水平加腋平面注写方式表达示例

3）当在梁上集中标注的内容（即梁截面尺寸、箍筋、上部通长筋或架立筋、梁侧面纵向构造钢筋或受扭纵向钢筋、梁顶面标高高差中的某一项或几项数值）不适用于某跨或某悬挑部分时，则将其不同数值原位标注在该跨或该悬挑部位，施工时应按原位标注数值取用。

4）附加箍筋或吊筋

在主、次梁相交处，直接将附加箍筋或吊筋画在平面图中的主梁上，用线引注总配筋值（附加箍筋的肢数注在括号内）。当多数附加箍筋或吊筋相同时，可在梁平法施工图上统一注明，少数与统一注明值不同时，再原位引注。如图 2-10 所示。

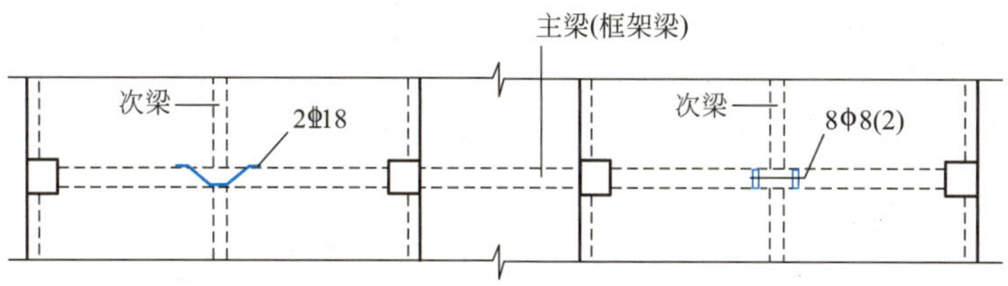

图 2-10　附加箍筋和吊筋的画法示例

施工时应注意：附加箍筋或吊筋的几何尺寸应按照标准构造详图，结合其所在位置的主梁和次梁的截面尺寸而定。如图 2-11 所示。

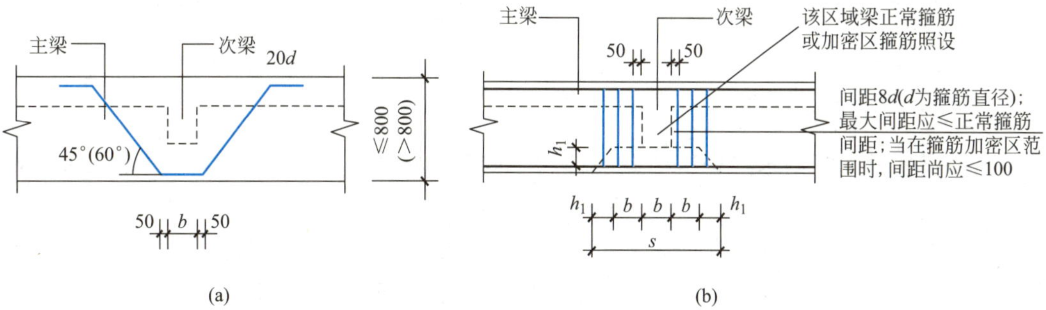

图 2-11　附加箍筋和吊筋构造要求

（a）吊筋构造；（b）附加箍筋构造

框架扁梁和井字梁注写规则详见图集《22G101-1》第 31～35 页。

2. 截面注写方式

梁的截面标注方式是在分标准层绘制的梁平面布置图上，分别在不同编号的梁中各选择一根梁用剖面号引出配筋图，并在其上注写截面尺寸和配筋具体数值的方式来表达梁平法施工图。截面注写方式既可以单独使用，也可与平面注写方式结合使用。在梁平法施工图的平面图中，当局部区域的梁布置过密时，除采用截面注写方式表达外，也可采用将过密区用虚线框出，适当放大比例后再用平面注写方式表示。当表达异形截面梁的尺寸与配筋时，用截面注写方式相对比较方便。

对标准层上的梁按照表 2-3 中梁编号的规定进行编号，从相同编号的梁中选择一根梁，用“单边截面号”引出截面配筋详图，在截面配筋详图上注写截面尺寸（$b \times h$）和配筋（上部钢筋、下部钢筋、侧面构造钢筋或受扭钢筋以及箍筋）的具体数值，其他相同编号的梁仅需标注编号。如图 2-12 所示。

屋面2	65.670	
塔层2	62.370	3.30
层高1 (塔层1)	59.070	3.30
16	55.470	3.60
15	51.870	3.60
14	48.270	3.60
13	44.670	3.60
12	41.070	3.60
11	37.470	3.60
10	33.870	3.60
9	30.270	3.60
8	26.670	3.60
7	23.070	3.60
6	19.470	3.60
5	15.870	3.60
4	12.270	3.60
3	8.670	3.60
2	4.470	4.20
1	-0.030	4.50
-1	-0.530	4.50
-2	-9.030	4.50
层号	标高(m)	层高(m)

结构层楼面标高
结构层高

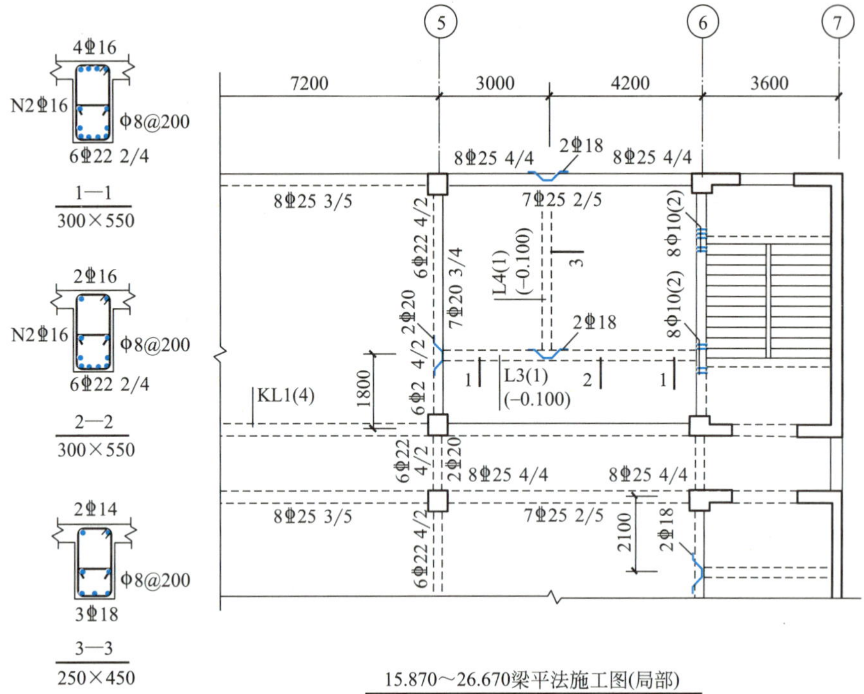

图 2-12　15.870～26.670 梁平法施工图（局部）

当某梁的顶面标高与结构层的楼面标高不同时，应在梁编号后注写梁顶面标高高差。如图 2-12 中梁 L3（1）所示。

对于框架扁梁尚需在截面详图上注写未穿过柱截面的纵向受力钢筋的根数。对于框架扁梁节点核心区附加钢筋，需采用平、剖面图表达节点核心区附加纵向钢筋、柱外核心区全部竖向拉筋以及端支座附加 U 形箍筋，注写具体数值。

2.2　平法梁构造详图

2.2.1　楼层框架梁纵向钢筋构造

1. 楼层框架梁上部纵向钢筋构造

框架梁上部纵筋包括上部通长筋、支座负筋（即支座上部纵向钢筋）和架立筋。如图 2-13 所示。

构造要求：

（1）上部通长筋

1）根据抗震规范的要求，抗震框架梁应该有两根上部通长筋。

《建筑抗震设计规范（2016 年版）》GB 50011—2010 中规定：梁端纵向受拉钢筋的配筋率不宜大于 2.5%。沿梁全长顶面、底面的配筋，一、二级不应少于 2Φ14，且分别不

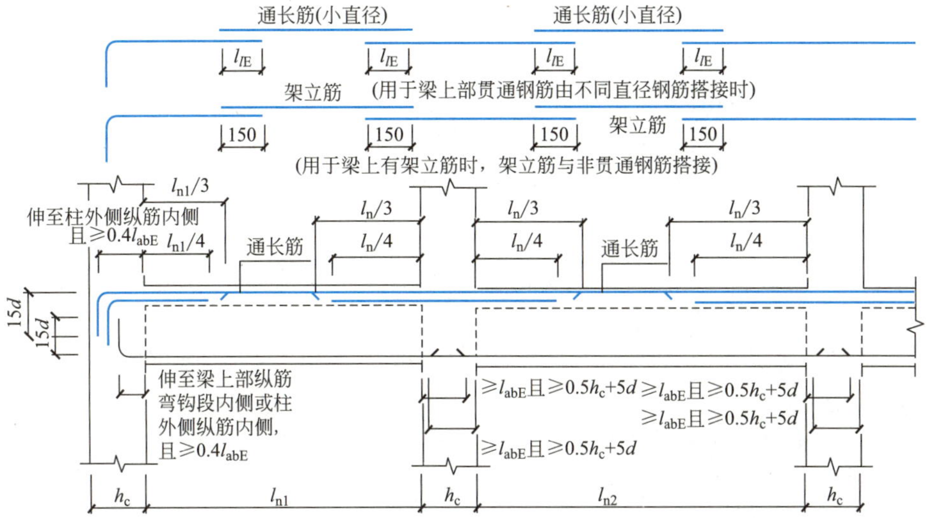

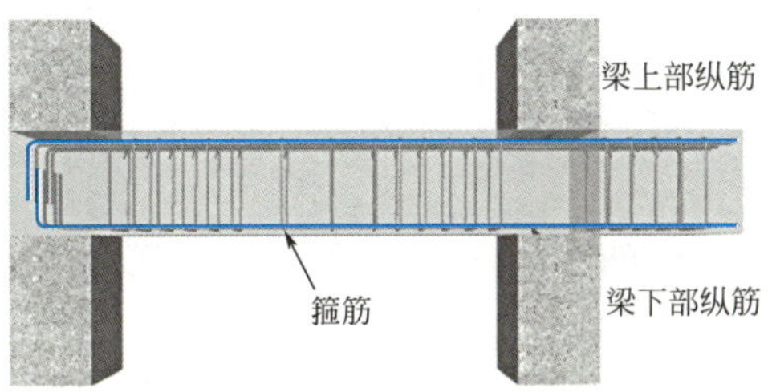

平法梁 KL 构造详图

KZ 边柱、角柱柱顶等截面伸出时构造

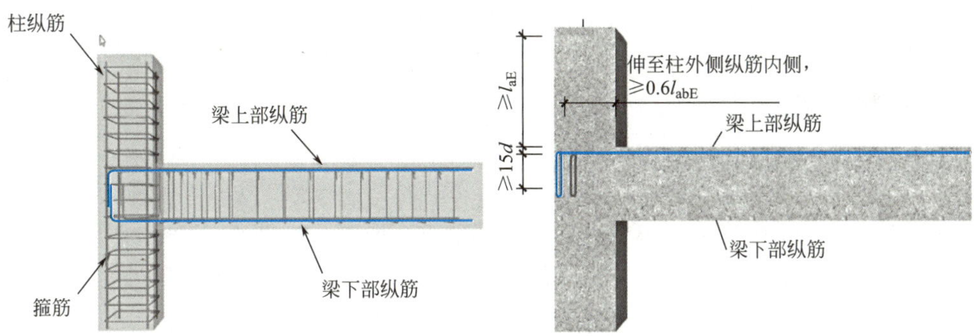

图 2-13　楼层框架梁 KL 纵向钢筋构造

应少于梁顶面、底面两端纵向配筋中较大截面面积的 1/4；三、四级不应少于 2φ12。

2）通长筋可为相同直径或不同直径采用搭接连接、机械连接或对焊连接的钢筋。

① 一级框架梁宜采用机械连接，二、三、四级可采用绑扎搭接或焊接连接。

② 当上部通长筋直径小于支座负筋直径时，上部通长筋分别与梁两端支座负筋进行连接（绑扎连接、机械连接或焊接）。

③ 梁上部通长钢筋与非贯通钢筋直径相同时，连接位置宜位于跨中 $l_{ni}/3$ 范围内；且在同一连接区段内钢筋接头面积百分率不宜大于 50%。当钢筋下料长度小于出厂时的定尺长度时，则无须接头；如果超过定尺长度，则在跨中 1/3 跨度范围内进行一次性连接。

④ 当框架梁设置多于两肢的复合箍筋，且只有两根上部通长筋时，补充设置的架立筋分别与梁两端支座负筋进行搭接，搭接长度为 150mm。

(2) 支座负筋

框架梁端支座和中间支座负筋从支座边缘算起的延伸长度统一取值为：

1) 当配置三排纵向钢筋但第一排部分为通长筋时，第一排支座负筋延伸至 $l_n/3$ 处，第二排支座负筋延伸至 $l_n/4$ 处，第三排支座负筋延伸至 $l_n/5$ 处。

2) 当配置三排纵向钢筋但第一排全跨为通长筋时，第二排支座负筋延伸至 $l_n/3$ 处，第三排支座负筋延伸至 $l_n/4$ 处。

3) l_n 取值：对于端支座，l_n 为本跨的净跨长；对于中间支座，l_n 为相邻两跨净跨长的较大值。

4) 当配置超过三排纵向钢筋时，由设计者注明各排纵向钢筋的延伸长度值。

(3) 架立筋

架立筋是梁的一种纵向构造钢筋，用来固定箍筋和形成钢筋骨架，并承受温度伸缩应力。当梁顶面箍筋转角处无纵向受力钢筋时，应设置架立筋。

当框架梁所设置的箍筋是双肢箍时，梁上部设有两根通长筋可兼做架立筋，这种情况就不需要设架立筋；当框架梁所设置的箍筋是四肢箍时，如果梁的上部设有两根通长筋，这种情况就需要再设置两根架立筋；单肢箍时，必须设有一根纵向架立钢筋。

2. 楼层框架梁下部纵向钢筋构造

框架梁下部纵向钢筋有伸入支座下部纵向钢筋和不伸入支座下部纵向钢筋两种形式。这里的下部纵向钢筋也适用于屋面梁。如图 2-13 所示。

(1) 下部纵向钢筋

梁下部通长筋基本上是按跨布置的，即在两端支座处锚固。当相邻两跨的下部纵向钢筋直径相同时，在不超过钢筋定尺长度的情况下，可以把下部纵向钢筋做成贯通筋处理。

梁下部钢筋连接位置宜位于支座 $l_{ni}/3$ 范围内，且在同一连接区段内钢筋接头面积百分率不宜大于 50%。

(2) 不伸入支座的梁下部纵筋

当梁（不包括框支梁）下部纵筋不全部伸入支座时，不伸入支座的梁下部纵筋截断点距支座边的距离，在标准构造详图中统一取为 $0.1l_{ni}$（l_{ni} 为本跨梁的净跨值）。

(3) 下部纵向钢筋在节点外搭接

当梁下部钢筋不能在柱内锚固时，可在节点外搭接；当相邻跨钢筋直径不同时，搭接位置位于较小直径一跨。如图 2-14 所示。

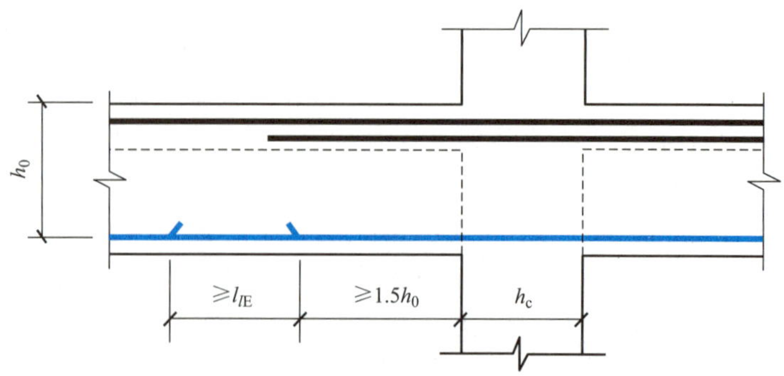

图 2-14　中间层中间节点梁下部筋在节点外搭接

3. 楼层框架梁中间支座的纵向钢筋构造

（1）当支座两边梁宽不同或错开布置时，如图 2-15 所示，将无法直通的纵筋弯锚入柱内；或当支座两边纵筋根数不同时，可将多出的纵筋弯锚入柱内，弯折 $15d$。

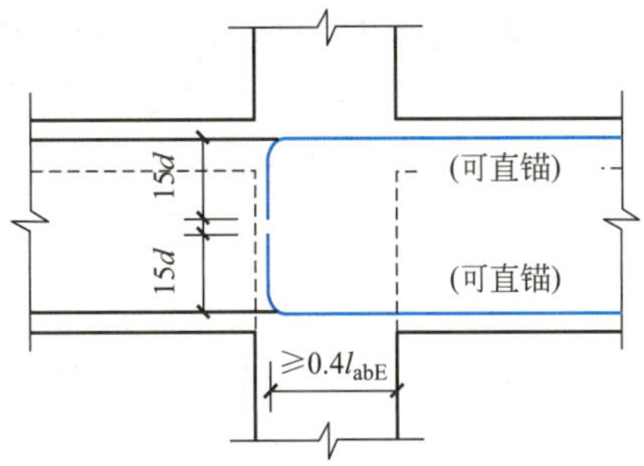

图 2-15　中间支座纵向钢筋构造
（中间支座梁宽度不同）

（2）中间支座梁高不同，当 $\Delta h/(h_c-50)>1/6$，如图 2-16 所示，可采用直锚的钢筋。顶部有高差时：上部通长筋断开，高跨上部纵向钢筋伸至柱外边（柱外侧纵向钢筋内侧）弯折 $15d$，或直锚入支座 l_{aE} 且 $\geqslant 0.5h_c+5d$，低跨上部纵向钢筋直锚入支座 l_{aE} 且 $\geqslant 0.5h_c+5d$。底部有高差时：低跨下部纵向钢筋伸至柱外边（柱外侧纵向钢筋内侧）弯折 $15d$，或直锚入支座 l_{aE} 且 $\geqslant 0.5h_c+5d$，高跨下部纵向钢筋直锚入支座 l_{aE} 且 $\geqslant 0.5h_c+5d$。

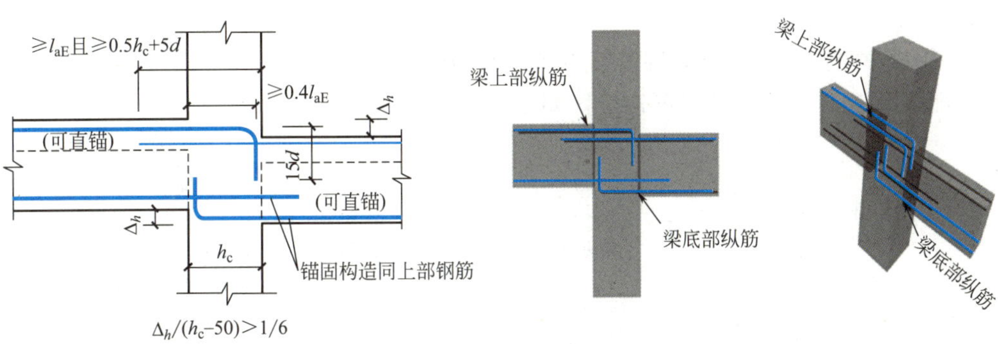

图 2-16　中间支座纵向钢筋构造
（中间支座梁高不同）

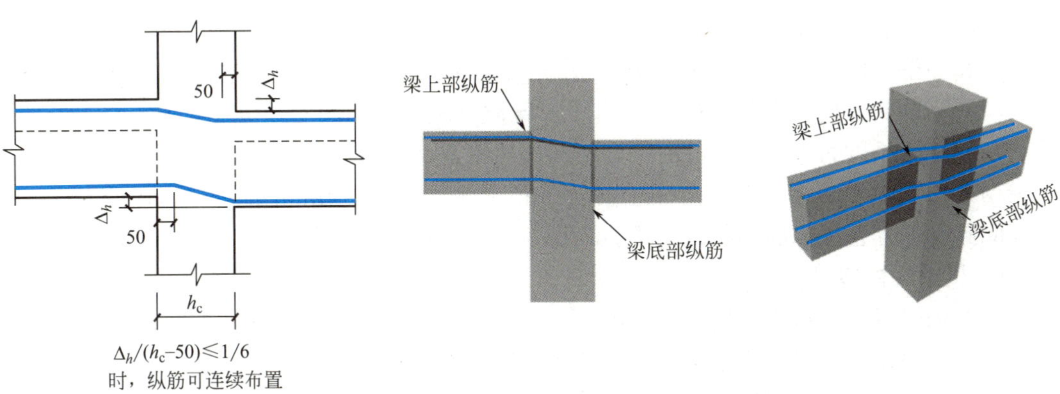

图 2-17　中间支座纵向钢筋构造
（中间支座梁高不同）

（3）中间支座梁高不同，当 $\Delta h/(h_c-50)\leqslant 1/6$，如图 2-17 所示，纵筋可连续布置。

4. 楼层框架梁端支座的纵向钢筋构造

（1）端支座加锚头（锚板）锚固构造要求，如图 2-18 所示。

（2）端支座直锚构造要求，如图 2-19 所示。

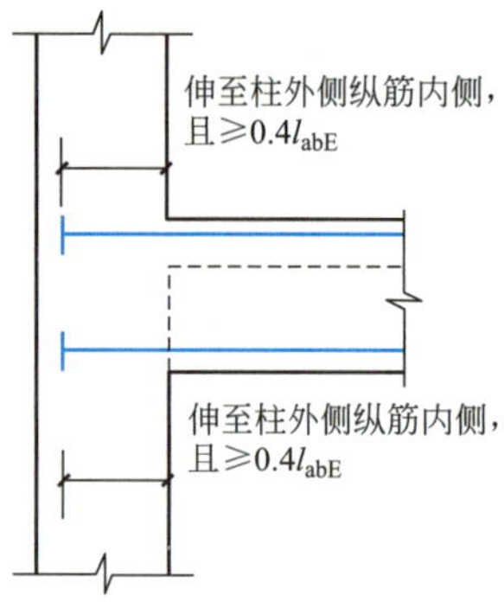

图 2-18　端支座加锚头（锚板）锚固

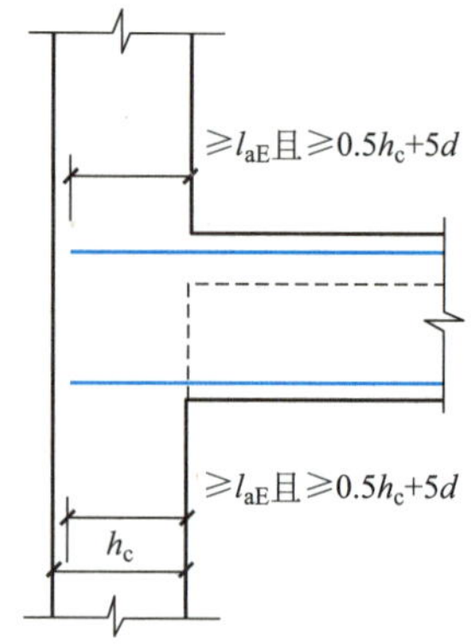

图 2-19　端支座直锚

5. 楼层框架梁梁侧面纵向构造钢筋和拉筋构造

梁侧面纵向构造钢筋和拉筋构造，如图 2-20 所示。

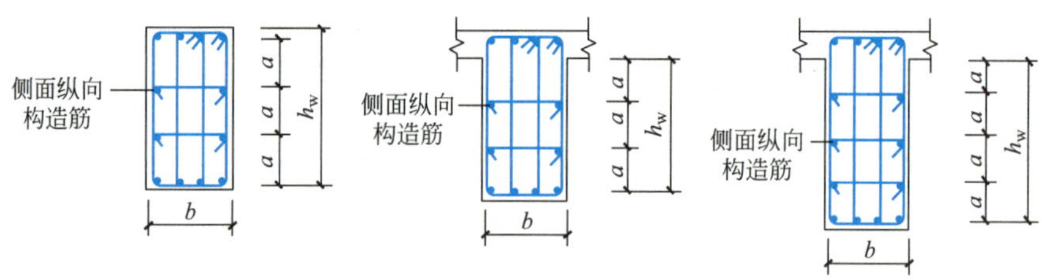

图 2-20　梁侧面纵向构造钢筋和拉筋

（1）当 $h_w \geqslant 450$mm 时，在梁的两个侧面应沿高度配置纵向构造钢筋；纵向构造钢筋间距 $a \leqslant 200$mm。

（2）当梁侧面配有直径不小于构造纵筋的受扭纵筋时，受扭钢筋可以代替构造钢筋。

（3）当梁侧面构造纵筋的搭接与锚固长度取 15d。梁侧面受扭纵筋的搭接长度为 l_{lE} 或 l_l，其锚固长度为 l_{aE} 或 l_a，锚固方式同框架梁下部纵筋。

（4）当梁宽≤350mm 时，拉筋直径为 6mm；当梁宽>350mm 时，拉筋直径为 8mm。拉筋间距为非加密区箍筋间距的 2 倍。当设有多排拉筋时，上下两排拉筋竖向错开设置。

6. 梁箍筋构造

箍筋加密区是相对于结构抗震来说的。根据抗震等级的不同，箍筋加密区设置的规定也不同。一般来说，对于钢筋混凝土框架梁的两端都需要进行加密。

框架梁箍筋加密区范围如图 2-21 和图 2-22 所示。具体构造要求如下：抗震等级为一级时，加密区长度为 $2h_b$（h_b 为梁高）与 500mm 中取大值；抗震等级为二～四级时，加密区长度为 1.5 h_b 与 500mm 中取大值。弧形梁沿梁中心线展开，箍筋间距沿凸面线量度。

两个加密区之间为箍筋的非加密区，非加密区的箍筋间距不宜大于加密区箍筋间距的 2 倍。

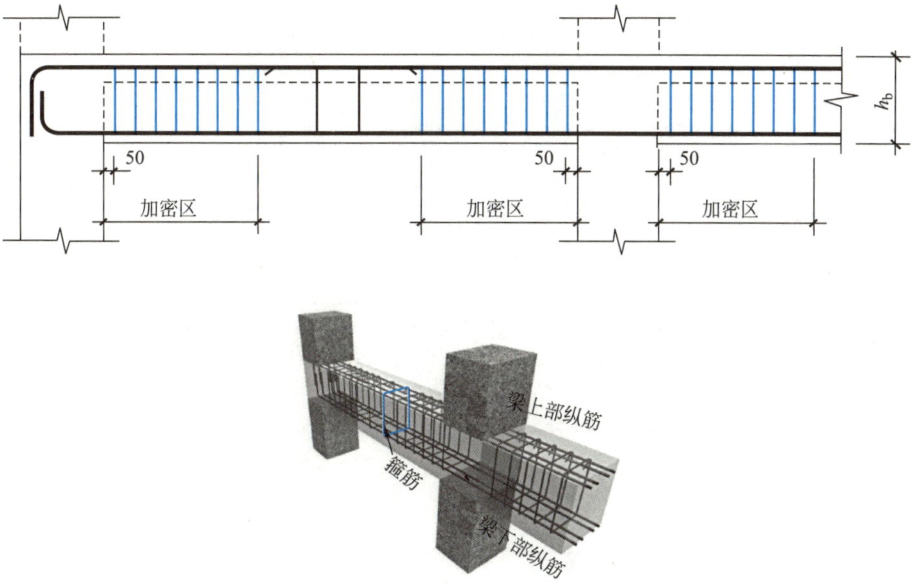

图 2-21　框架梁（KL、WKL）箍筋加密区范围（一）

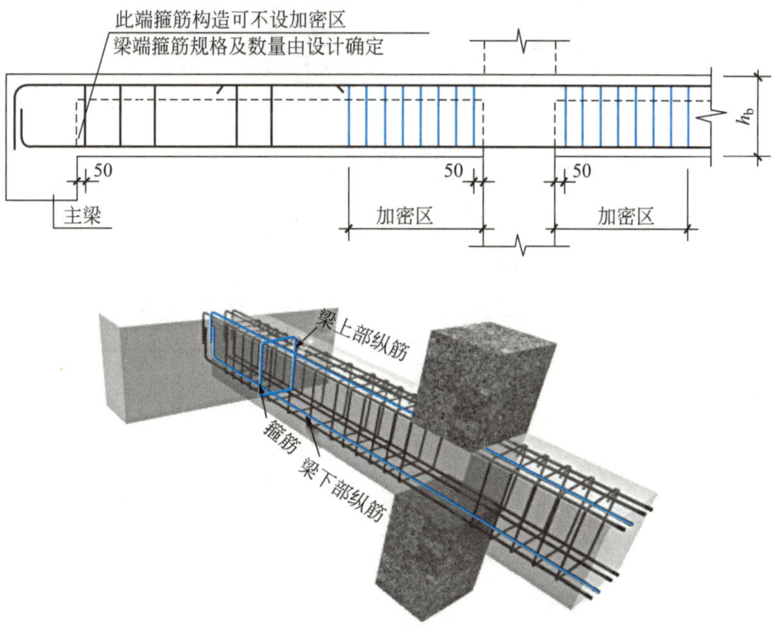

图 2-22　框架梁（KL、WKL）箍筋加密区范围（二）

当梁下部或梁截面高度范围内有集中荷载时，需要增设附加箍筋，附加箍筋的构造要求如图 2-11（b）所示。但应注意附加箍筋范围内的主梁正常箍筋或加密区箍筋照常设置。

平法梁 WKL 构造详图

2.2.2　屋面框架梁钢筋构造

屋面框架梁钢筋构造，如图 2-23 所示。

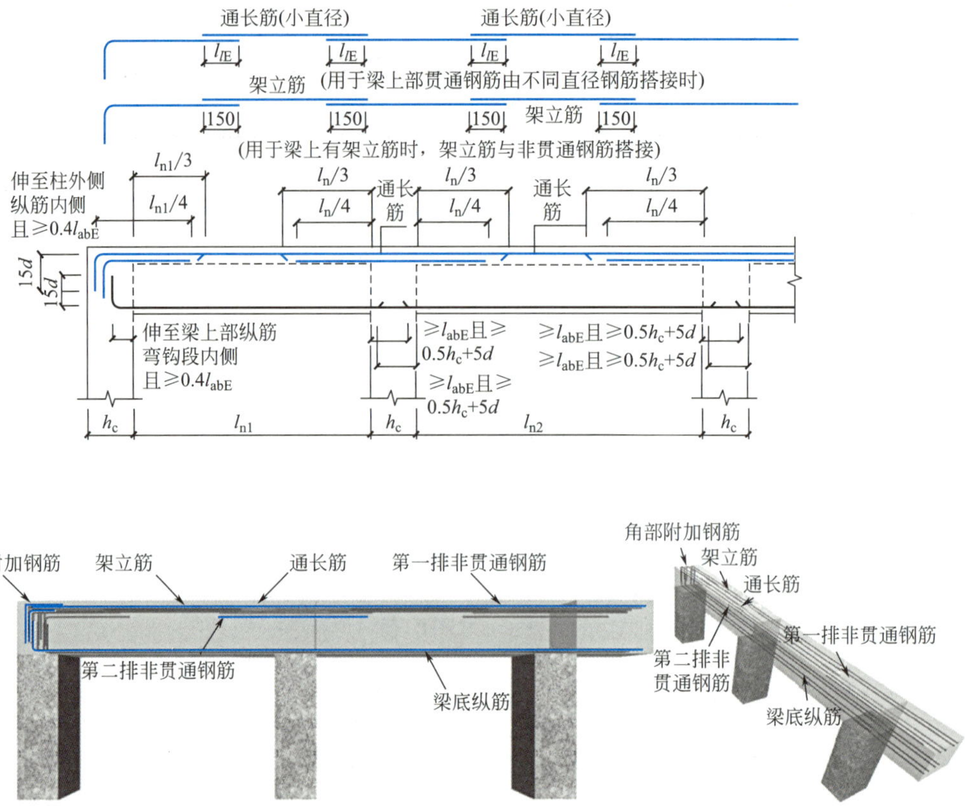

图 2-23 屋面框架梁 WKL 纵向钢筋构造

1. 屋面框架梁与楼面框架梁的区别（表 2-7）。

屋面框架梁与楼面框架梁的区别 表 2-7

区别形式	屋面框架梁	楼面框架梁
上部和下部纵向钢筋的锚固方式不同	上部纵向钢筋在端支座只有弯锚，下部纵向钢筋在端支座可直锚	有弯锚和直锚两种方式
	上部和下部纵向钢筋的锚固方式不同	上部和下部纵向钢筋的锚固方式相同
上部和下部纵向钢筋端支座具体锚固长度不同	上部纵向钢筋有弯至梁底与下弯 $1.7l_{abE}$ 两种构造	上下纵向钢筋在端支座第一排的锚固长度为：$h_c-c_c-d_c-25+15d$
变截面梁顶有高差时纵向钢筋锚固不同	直锚 l_{aE}	直锚 l_{aE}
	弯锚 $h_c-c_c-d_c-25+\Delta h+l_{aE}$（第一排）	弯锚 $h_c-c_c-d_c-25+15d$（第一排）

2. 屋面框架梁端支座纵筋构造

（1）顶层端节点梁下部钢筋端头加锚头（锚板）锚固构造要求，如图 2-24 所示。

（2）顶层端支座梁下部钢筋直锚构造要求，如图 2-25 所示。

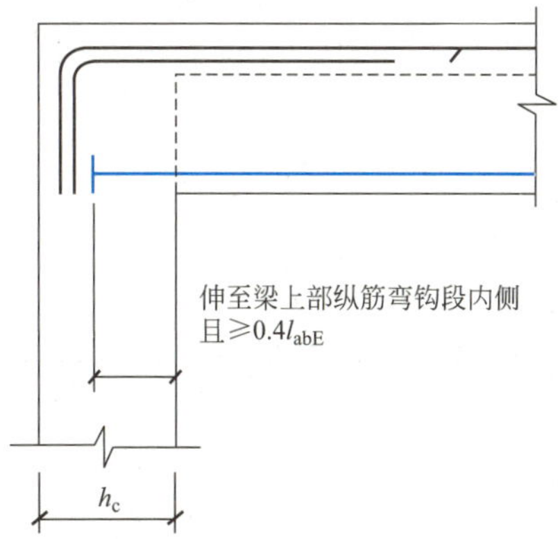

图 2-24　直锚端头加锚头（锚板）锚固图

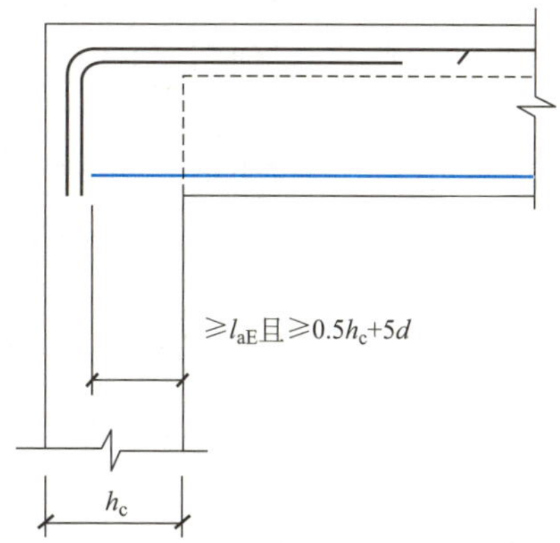

图 2-25　顶层端支座梁下部钢筋锚固图

3. 屋面框架梁中间支座的纵向钢筋构造

（1）中间支座底部梁高不同，当 $\Delta h/(h_c-50)\leqslant 1/6$ 时，如图 2-26 所示，上部纵筋可连续布置。当底部有高差时，低跨下部纵向钢筋伸至柱外边（柱外侧纵向钢筋内侧）弯折 15d 或直锚入支座≥l_{abE}；高跨下部纵向钢筋直锚入支座 l_{aE} 且≥0.5h_c+5d。

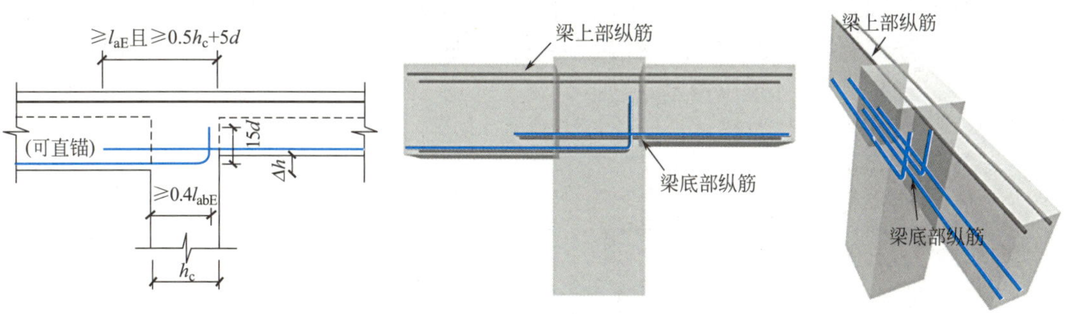

图 2-26　中间支座纵向钢筋构造
（中间支座底部梁高不同）

（2）中间支座顶部梁高不同，当梁顶部有高差时：上部通长筋断开，高跨上部纵向钢筋伸至柱外边（柱外侧纵向钢筋内侧）弯折 l_{aE}，低跨上部纵向钢筋直锚入支座 l_{aE} 且≥0.5h_c+5d。如图 2-27 所示。

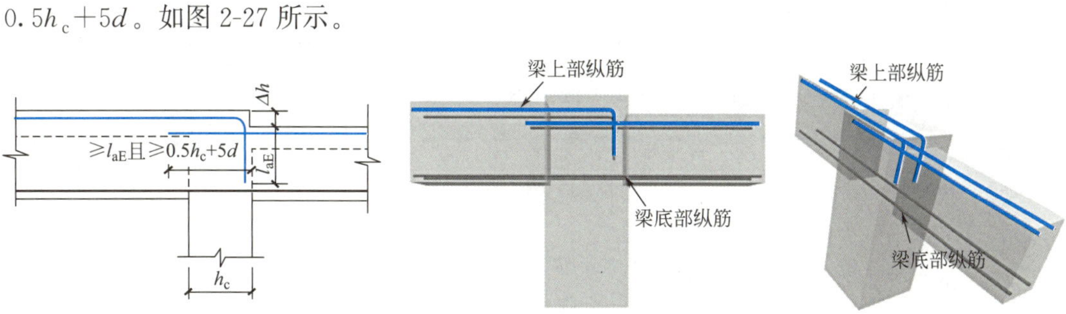

图 2-27　中间支座纵向钢筋构造
（中间支座顶部梁高不同）

（3）中间支座梁宽度不同，当支座两边梁宽不同或错开布置时，如图 2-28 所示，将无法直通的纵筋弯锚入柱内；或当支座两边纵筋根数不同时，可将多出的纵筋弯锚入柱内。

（4）顶层中间节点梁下部筋在节点外搭接构造，如图 2-29 所示。梁下部钢筋不能在柱内锚固时，可在节点外搭接；相邻跨钢筋直径不同时，搭接位置位于较小直径一跨。

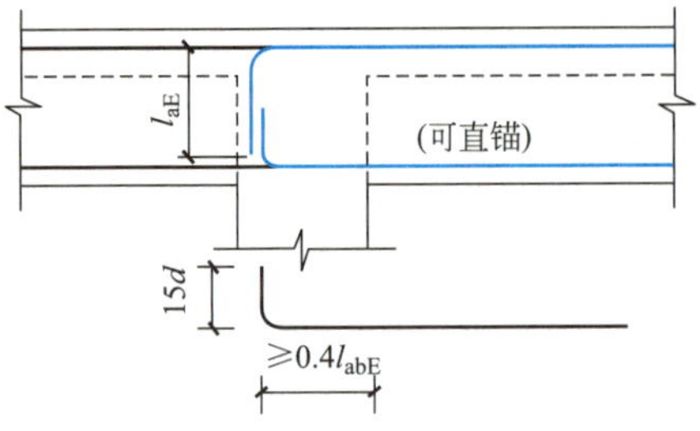

图 2-28　中间支座纵向钢筋构造

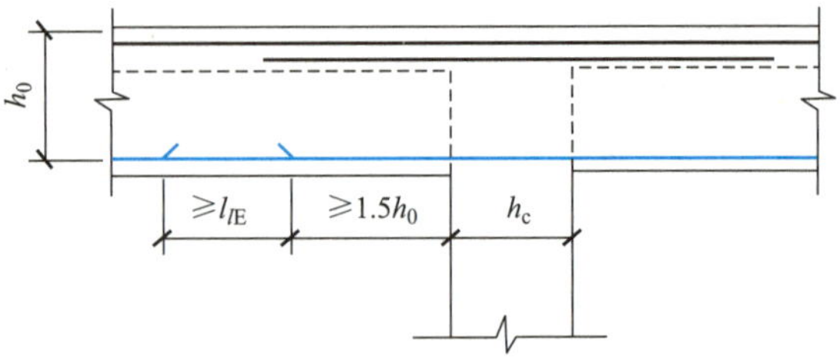

图 2-29　顶层中间节点梁下部筋在节点外搭接（中间支座梁宽度不同）

2.2.3　非框架梁钢筋构造

非框架梁钢筋构造如图 2-30 所示。图中“设计按铰接时”用于代号为 L 的非框架梁，“充分利用钢筋的抗拉强度时”用于代号为 Lg 的非框架梁。“设计按铰接时”“充分利用钢筋的抗拉强度时”由设计单位指定。

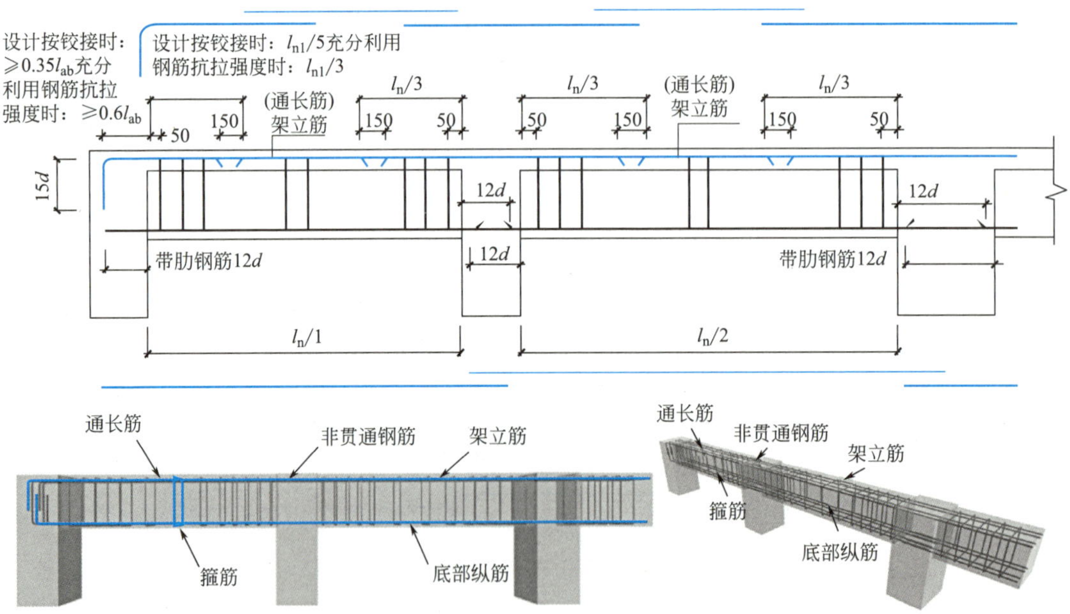

图 2-30　非框架梁 L（Lg）纵向钢筋构造

非框架梁上部钢筋伸入端支座直线段长度满足 l_a 时，可直锚。当非框架梁下部纵筋深入边支座长度不满足直锚 12d 要求时，弯锚构造如图 2-31 所示。

在框架结构中，框架梁以柱为支座，非框架梁以框架梁或非框架梁为支座。主梁一般

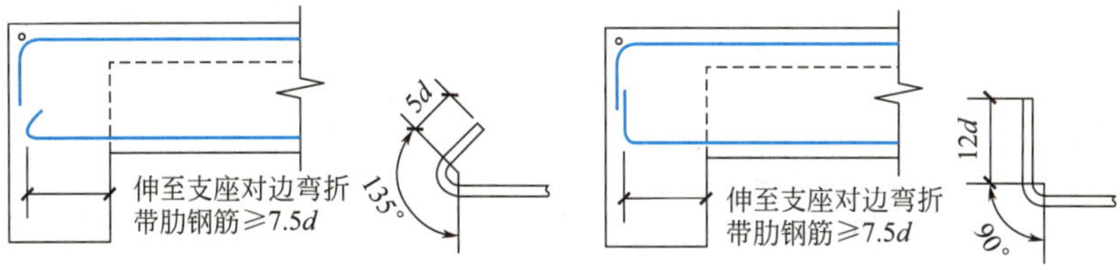

图 2-31　端支座非框架梁 L（Lg）下部纵筋弯锚构造

为框架梁，次梁一般为非框架梁，次梁有时也可为框架梁。次梁以主梁为支座，次梁也可为框架梁。非框架梁以梁为支座，不参与抗震计算。框架梁与非框架梁、主梁与次梁的关系与区别，见表 2-8。

框架梁与非框架梁、主梁与次梁的关系与区别　　表 2-8

梁名称	代号	支座情况	确定方式	一般情况
框架梁	KL	框架柱或剪力墙	梁是否以混凝土柱或剪力墙为支座	
非框架梁	L	梁		
主梁		柱或墙（混凝土、砖、砌块）	以梁的主次关系来确定	框架梁一般为主梁
次梁		梁		非框架梁一般为次梁

注：当多跨连续梁支座有柱、有剪力墙又有梁时，仍称为框架梁。

非框架梁钢筋分类，见表 2-9。

非框架梁钢筋分类　　表 2-9

钢筋名称	钢筋位置	钢筋详称
纵向钢筋	上部	上部钢筋或架立筋
	左上部	左支座负筋
	右上部	右支座负筋
	侧面中部	侧面构造钢筋及拉筋，或受扭钢筋及拉筋
	下部	下部钢筋
箍筋	构造要求没有加密区和非加密区之分，只有计算才能确定是否加密。	
附加箍筋和吊筋	当有二级次梁时，可能只设附加箍筋，或同时设附加箍筋和吊筋。	

2.3　装配式叠合梁主次梁节点连接构造

2.3.1　叠合梁的基本构造要求

1. 叠合梁的后浇混凝土叠合层厚度要求

装配整体式框架结构中，当采用叠合梁时，框架梁的后浇混凝土叠合层厚度不宜小于 150mm（图 2-32a），次梁的后浇混凝土叠合层厚度不宜小于 120mm；当采用凹口截面预制梁时（图 2-32b），凹口深度不宜小于 50mm，凹口边厚度不宜小于 60mm。

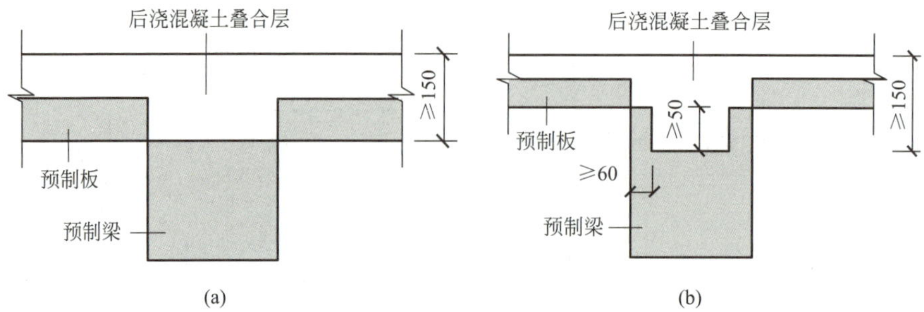

图 2-32　叠合框架梁截面示意

（a）矩形截面预制梁；（b）凹口截面预制梁

2. 叠合梁的箍筋配置要求

（1）抗震等级为一、二级的叠合框架梁的梁端箍筋加密区宜采用整体封闭箍筋，如图 2-33a 所示。

（2）“组合式封闭箍筋”是指 U 形的上开口箍筋和 Π 形的下开口箍筋，共同组合形成的组合式封闭箍筋。

采用组合封闭箍筋的形式（图 2-33b）时，开口箍筋上方应做成 135°弯钩；非抗震设计时，弯钩端头平直段长度不应小于 5d（d 为箍筋直径）；抗震设计时，平直段长度不应小于 10d。现场应采用箍筋帽封闭开口箍，箍筋帽末端应做成 135°弯钩；非抗震设计时，弯钩端头平直段长度不应小于 5d；抗震设计时，平直段长度不应小于 10d。

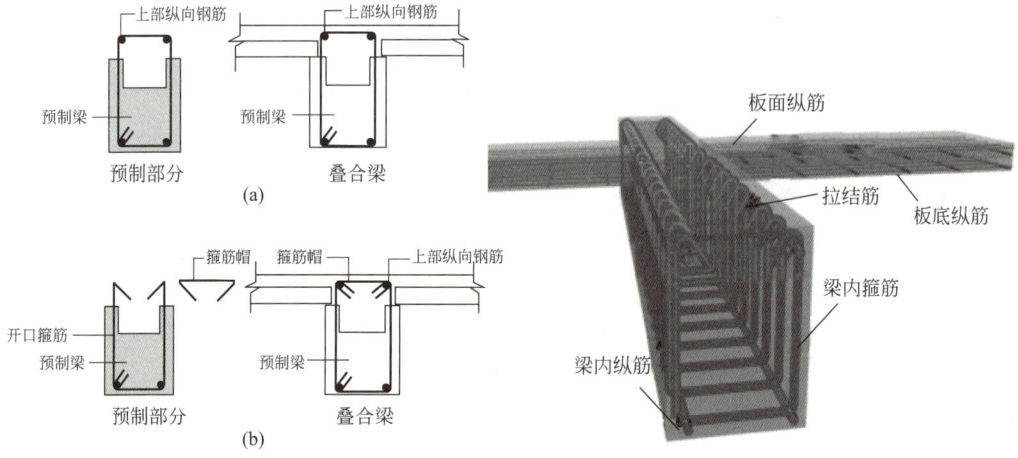

图 2-33　叠合梁箍筋构造示意

（a）采用整体封闭箍筋的叠合梁；（b）采用组合封闭箍筋的叠合梁

3. 叠合梁采用对接连接（图 2-34）时的要求

（1）连接处应设置后浇段，后浇段的长度应满足梁下部纵向钢筋连接作业的空间需求。

（2）梁下部纵向钢筋在后浇段内宜采用机械连接、套筒灌浆连接或焊接连接。

叠合梁后浇段对接连接构造

（3）后浇段内的箍筋应加密，箍筋间距不应大于 $5d$（d 为纵向钢筋直径），且不应大于100mm。

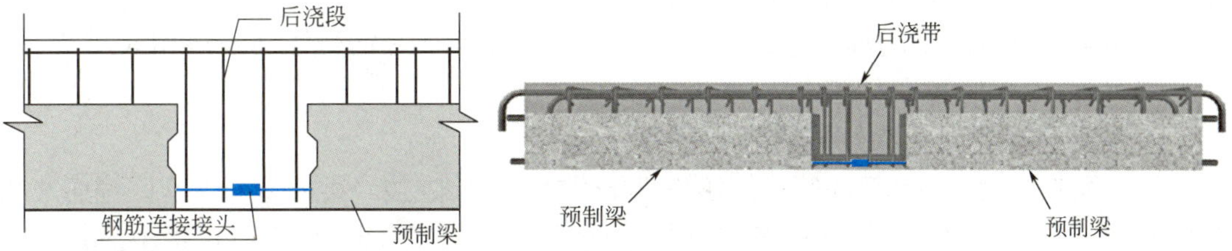

图2-34 叠合梁连接节点示意

4. 主梁与次梁采用后浇段连接时的要求

（1）在端部节点处，次梁下部纵向钢筋伸入主梁后浇段内的长度不应小于 $12d$。次梁上部纵向钢筋应在主梁后浇段内锚固。当采用弯折锚固（图2-35a）或锚固板时，锚固直段长度不应小于 $0.6l_{ab}$；当钢筋应力不大于钢筋强度设计值的50%时，锚固直段长度不应小于 $0.35l_{ab}$；弯折锚固的弯折后直段长度不应小于 $12d$（d 为纵向钢筋直径）；

（2）在中间节点处，两侧次梁的下部纵向钢筋伸入主梁后浇段内不应小于 $12d$（d 为纵向钢筋直径）；次梁上部纵向钢筋应在现浇层内贯通（图2-35b）。

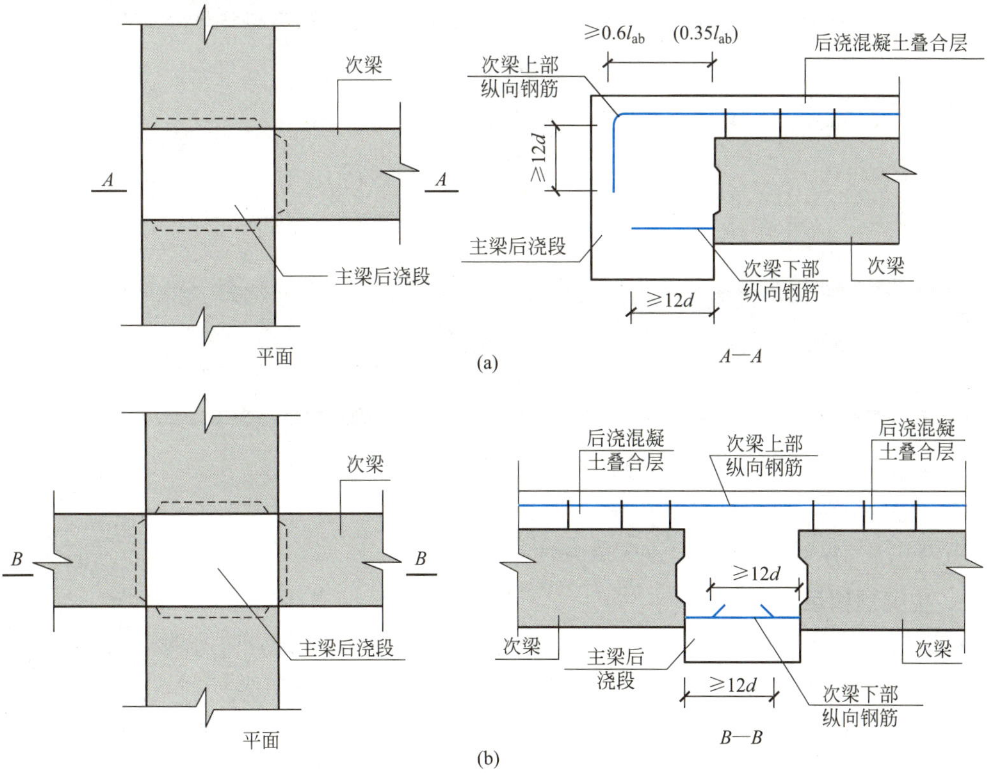

图2-35 主次梁连接节点构造示意

（a）端节点；（b）中间节点

5. 叠合梁纵向钢筋锚固要求

梁纵向钢筋在后浇节点区内采用直线锚固、弯折锚固或机械锚固的方式时，其锚固长度应符合现行国家标准《混凝土结构设计规范（2015 年版）》GB 50010—2010 中的有关规定；当梁纵向钢筋采用锚固板时，应符合现行行业标准《钢筋锚固板应用技术规程》JGJ 256—2011 中的有关规定。

6. 叠合梁后浇段对接连接构造（图 2-36）

梁底纵筋无论采用套筒灌浆连接还是机械连接或焊接连接，梁内箍筋加密区箍筋之间的间距应≤5d（d 为连接纵筋的最小直径）且≤100mm。钢筋套筒灌浆连接中灌浆套筒的长度用 l_l 表示，按钢筋套筒灌浆接头产品参数取值。机械连接采用 I 级机械连接接头。接缝位置宜设在受力较小处。

图 2-36 中叠合次梁对接后浇段的长度应满足梁下部纵向钢筋连接作业的空间要求。

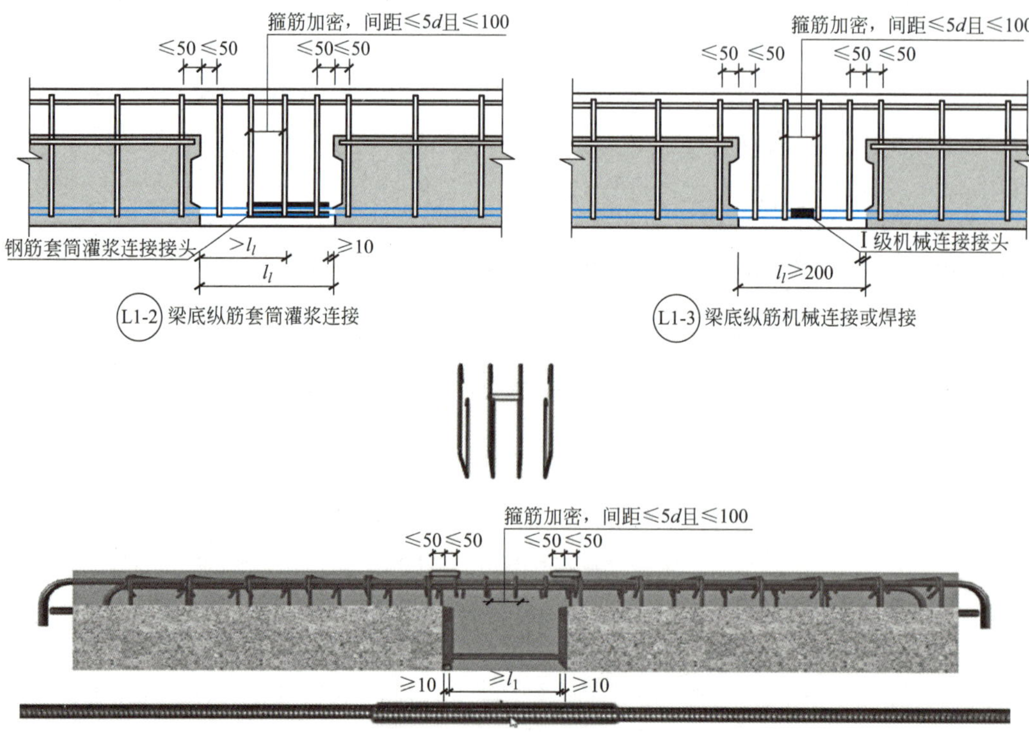

图 2-36　叠合梁的连接节点

2.3.2　主、次梁边节点连接构造

主次梁边节点连接构造

1. 主梁预留后浇槽口

构造要求：节点 L2-1、L2-2、L2-3 中主梁梁腹配置的纵筋为构造钢筋，次梁梁底预留伸入支座的纵向钢筋。当主梁梁腹配置受扭纵筋时，受扭纵筋应在主梁预留槽口处贯通，次梁底可预埋机械连接接头，连接伸入支座的纵向钢筋，如图 2-37a 所示。当采用钢筋机械连接接头时，其设置位置应考虑施工操作空间的要求。主梁也可采用留部分后浇槽口做法，如图 2-37b 所示。

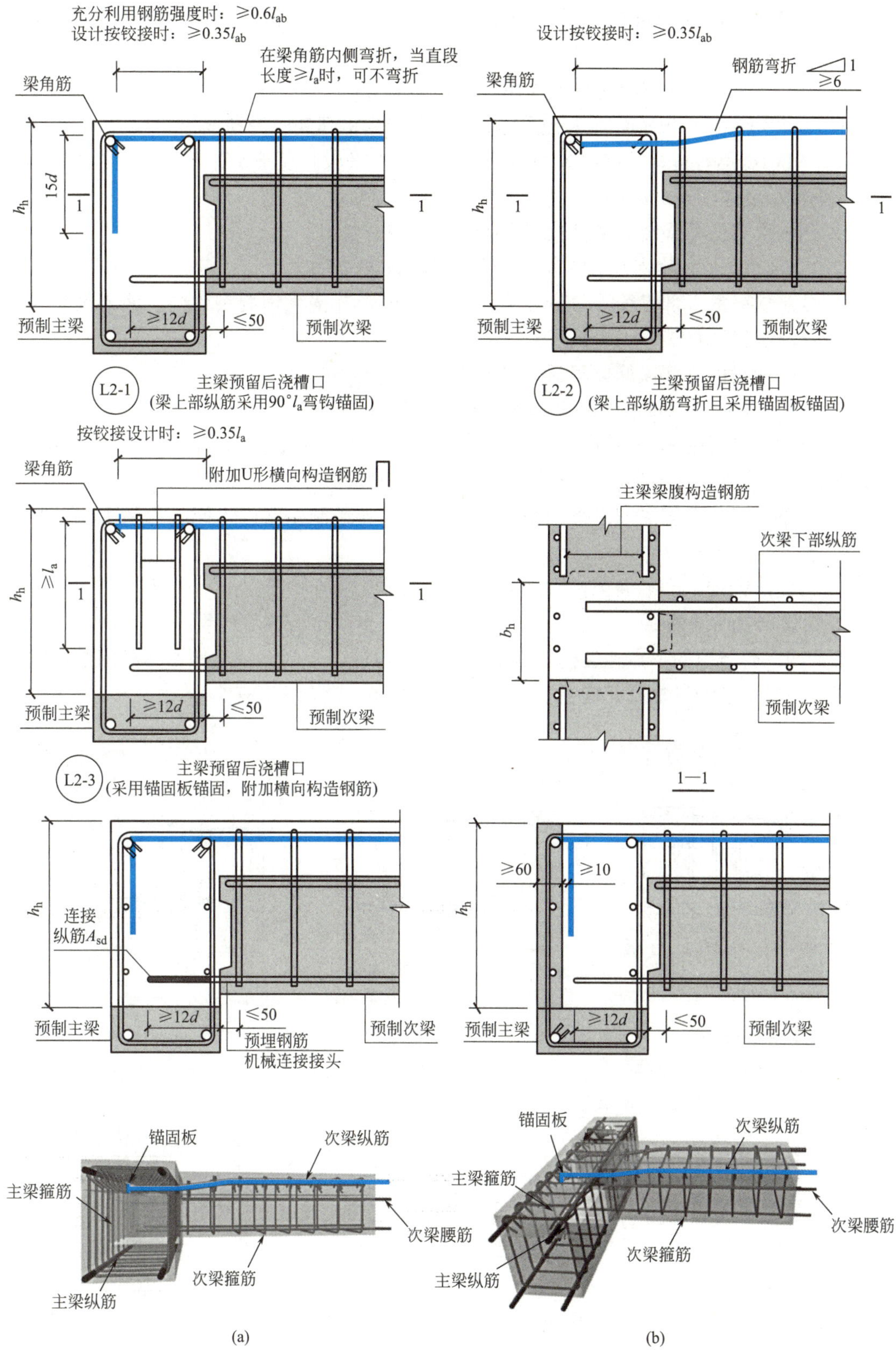

图2-37　主次梁边节点连接构造（主梁预留后浇槽口）

图 2-37 中主梁预留后浇槽口的高度和宽度由设计确定，预制主梁吊装时需采取加强措施。

（1）当节点 L2-1 为梁上部纵筋采用 90°弯钩锚固时

1）预制次梁的上部纵筋应伸至预制主梁的角筋内侧弯折（弯折长度为 15d），当直段长度≥l_a 时，可不弯折；预制次梁伸入预制主梁的水平段长度应≥0.6l_{ab}，当设计按铰接时，水平段长度应≥0.35l_{ab}。

2）预制次梁的下部纵筋伸至预制主梁的长度应≥12d。

（2）当节点 L2-2 为梁上部纵筋弯折且采用锚固板锚固时

1）预制次梁的上部纵筋需弯折后采用锚固板锚固并锚入预制主梁内，伸入预制主梁的长度按铰接设计时应≥0.35l_{ab}。

2）预制次梁的下部纵筋伸至预制主梁的长度应≥12d。

（3）当节点 L2-3 为采用锚固板锚固，附加横向构造钢筋时

1）附加 U 形横向构造钢筋，直径不小于 $d/4$，间距不大于 5d 且不大于 100mm，d 为次梁上部纵筋直径；附加 U 形横向构造钢筋的长度应≥l_a；

2）预制次梁的上部纵筋需采用锚固板锚固并锚入预制主梁内，伸入预制主梁的长度按铰接设计时应≥0.35l_{ab}。

3）预制次梁的下部纵筋伸至预制主梁的长度应≥12d。

2. 次梁端设后浇段

次梁端设后浇段的节点连接构造包括次梁底纵向钢筋采用机械连接、套筒灌浆连接和次梁端设槽口这三种做法。其构造要求如图 2-38 所示。

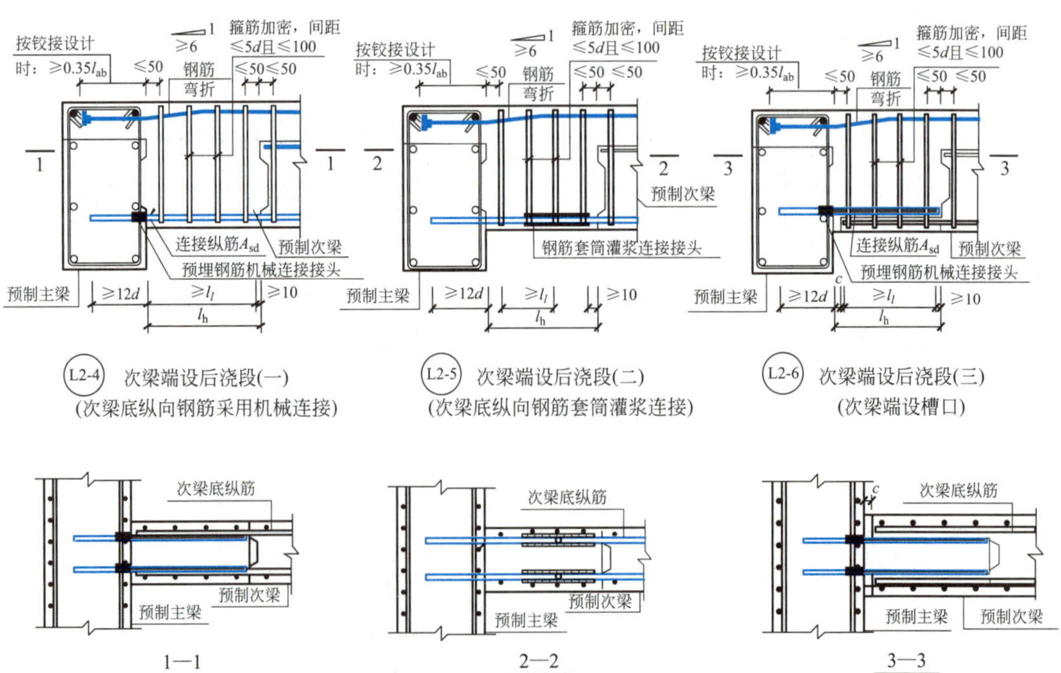

图 2-38　主次梁边节点连接构造（次梁端设后浇段）（一）

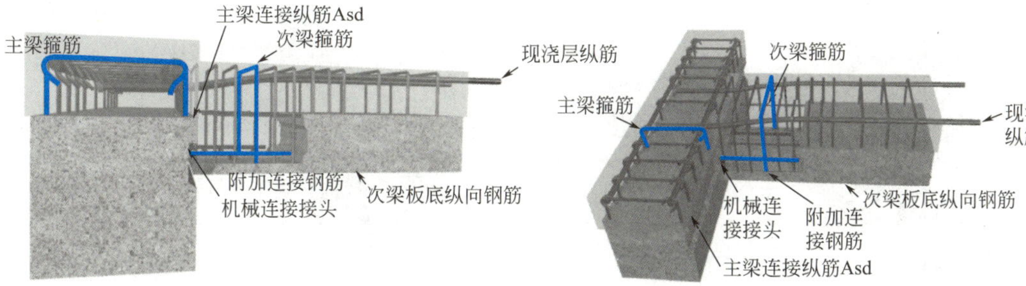

图 2-38　主次梁边节点连接构造（次梁端设后浇段）（二）

构造要求：

（1）预制次梁的上部纵筋需弯折后锚入预制主梁纵筋内侧，伸入预制主梁的长度按铰接设计时应≥$0.35l_{ab}$；

（2）预制次梁的下部纵筋可采用机械连接、套筒灌浆连接或在梁端设置槽口的连接方式，伸至预制主梁的长度应≥$12d$。当采用钢筋机械连接时，接头位置应考虑施工操作空间的要求；

（3）连接纵筋由设计确定；连接纵筋的长度应≥l_1；

（4）预制次梁箍筋加密区的箍筋间距应≤$5d$ 且≤100mm。

3. 搁置式主次梁连接边节点

搁置式主次梁连接边节点构造有主梁设钢牛腿、主梁设挑耳和主梁设挑耳，次梁为缺口梁这三种做法。其构造要求如图 2-39 所示。

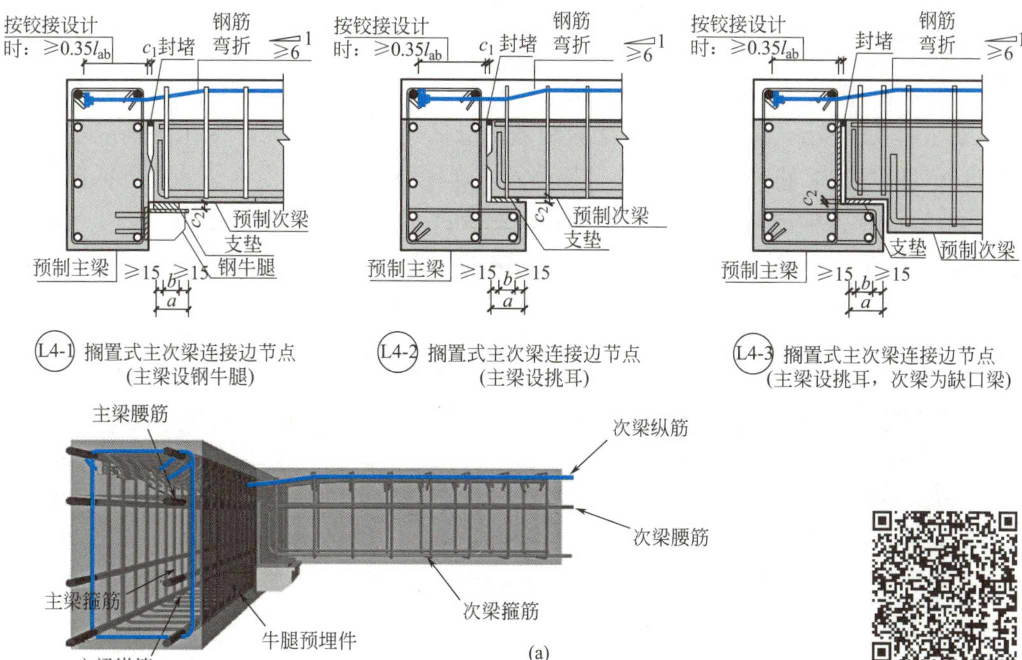

图 2-39　搁置式主次梁连接边节点构造（一）

（a）主梁设钢牛腿

搁置式主次梁
连接构造

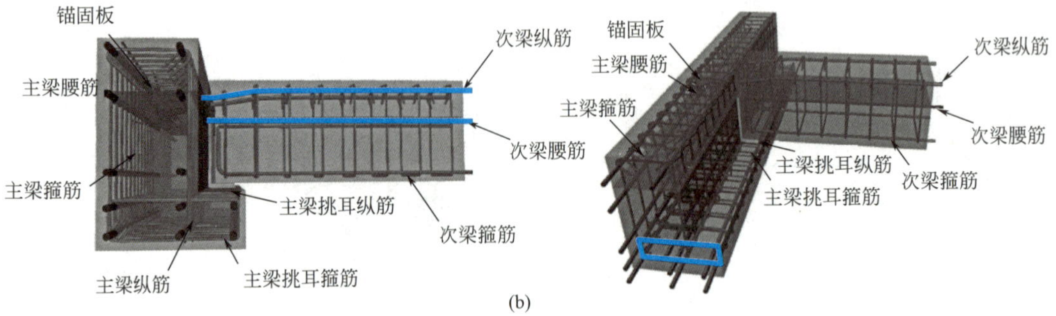

(b)

图 2-39 搁置式主次梁连接边节点构造（二）

(b) 主梁设挑耳

2.3.3 主、次梁中间节点连接构造

主、次梁中间节点连接构造有主梁预留后浇槽口、次梁端设后浇段和次梁端设槽口这 3 种做法，具体构造做法如图 2-40～图 2-43 所示。

采用主梁预留后浇槽口构造 5 种情况，分别为：一侧次梁梁端下部纵筋水平错位弯折后伸入支座锚固、一侧次梁梁端下部纵筋竖向错位弯折后伸入支座锚固、两侧次梁梁底纵筋贯通、次梁顶面和底面均有高差、次梁底面有高差。

主次梁中间节点连接构造

次梁端设后浇段的次梁底纵向钢筋可采用机械连接和套筒灌浆连接；次梁端设槽口的主梁次梁底纵向钢筋采用机械连接和间接搭接。采用钢筋机械连接时，接头位置应考虑施工操作空间的要求。

构造要求：

1. 图 2-40 中，主梁梁腹配置的纵筋为构造纵筋，次梁梁底预留伸入支座的纵向钢筋（伸入支座的长度应≥12d）。当主梁梁腹配置的纵筋为受扭纵筋时，受扭纵筋应在主梁预留槽口处贯通，次梁底可预埋机械连接接头，以连接伸入支座的纵向钢筋，具体做法如图 2-44 所示；图中主梁预留后浇槽口的高度 h_h 和宽度 b_h 由设计确定，预制主梁吊装时需采取加强措施；采用节点 L3-2 时先安装预制次梁 1，后安装预制次梁 2。

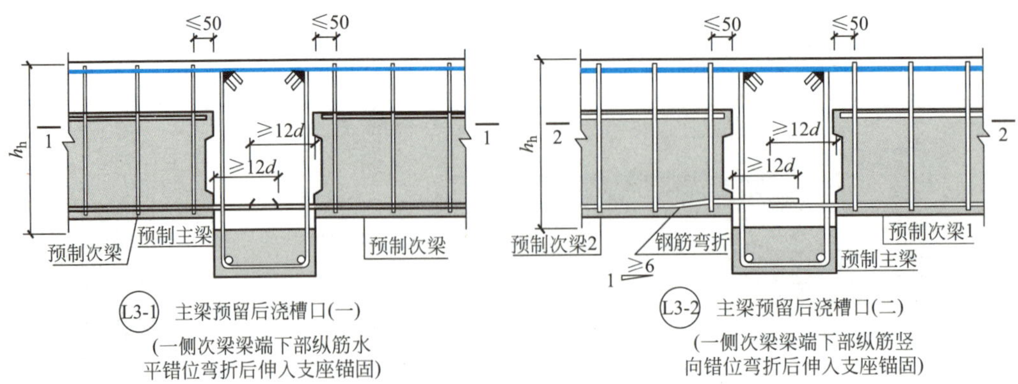

图 2-40 主梁梁中间节点连接构造（主梁预留后浇槽口）（一）

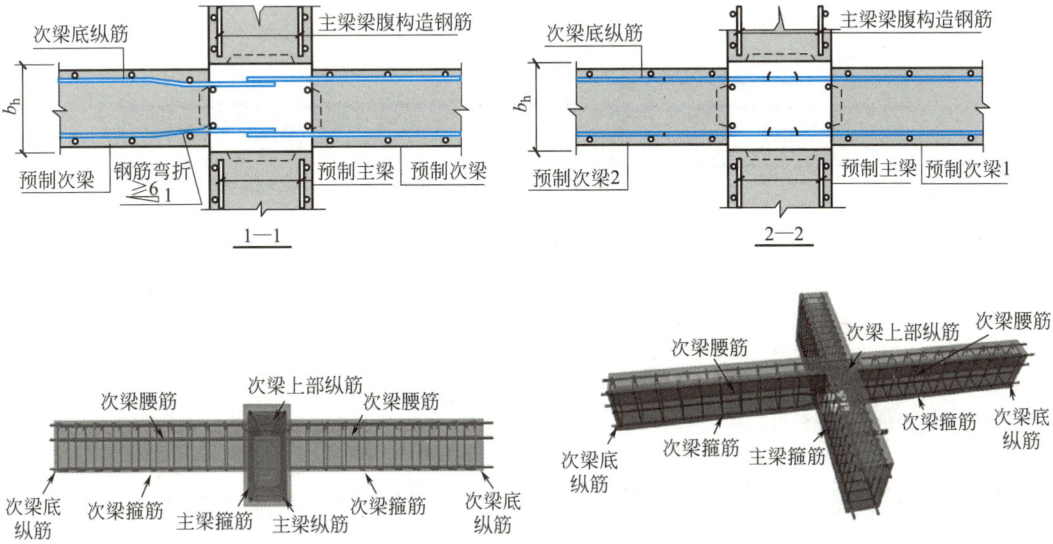

图 2-40　主梁梁中间节点连接构造（主梁预留后浇槽口）（二）

2. 图 2-41 中，节点 L3-3 适用于主梁梁腹配置的纵筋为构造钢筋，次梁梁底纵筋贯通；节点 L3-4、L3-5 的主梁梁腹配置的纵筋为构造纵筋，次梁梁底预留伸入支座的纵向钢筋。当主梁梁腹配置的纵筋为受扭纵筋时，受扭纵筋应在主梁预留槽口处贯通，次梁底可预埋机械连接接头，以连接伸入支座的纵向钢筋，具体做法如图 2-44 所示；预制次梁的下部纵筋伸至预制主梁的长度应≥12d。

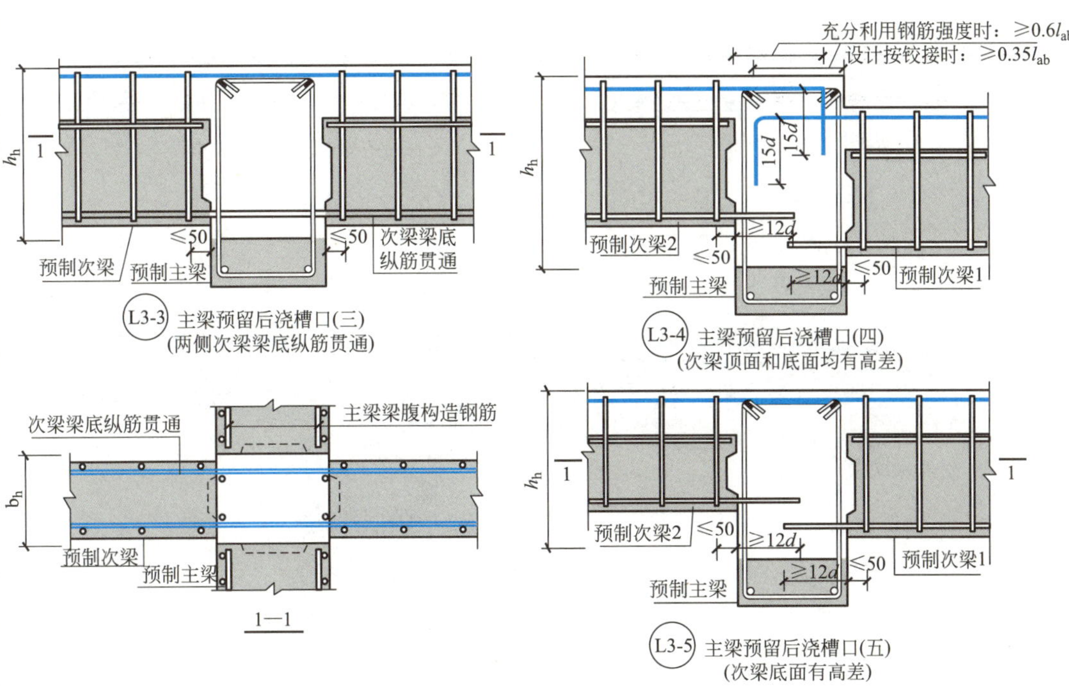

图 2-41　主梁梁中间节点连接构造（主梁预留后浇段）（一）

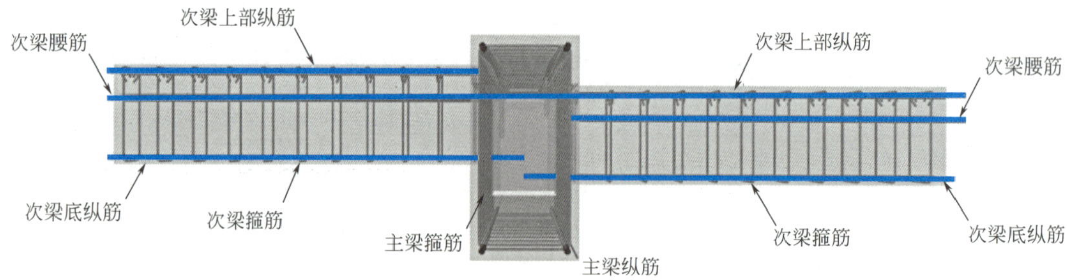

图 2-41 主梁梁中间节点连接构造（主梁预留后浇段）（二）

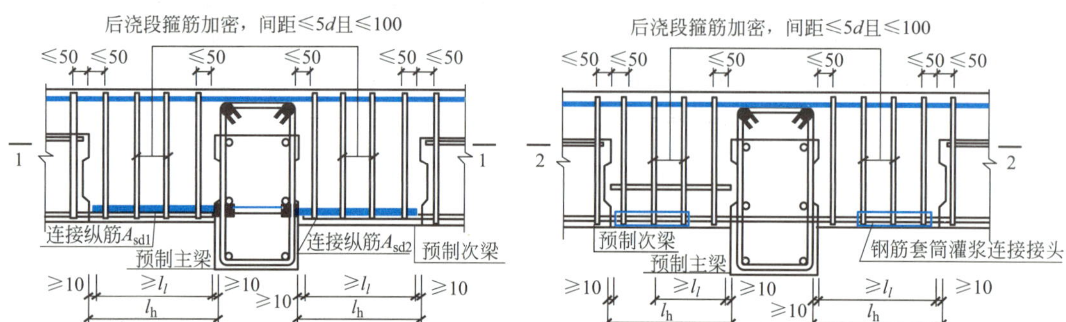

(L3-6) 次梁端设后浇段(一)

(次梁底纵向钢筋采用机械连接)

(L3-7) 次梁端设后浇段(二)

(次梁底纵向钢筋采用套筒灌浆连接)

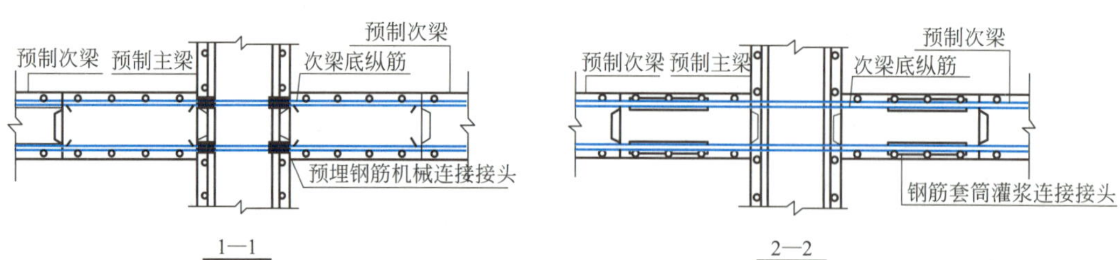

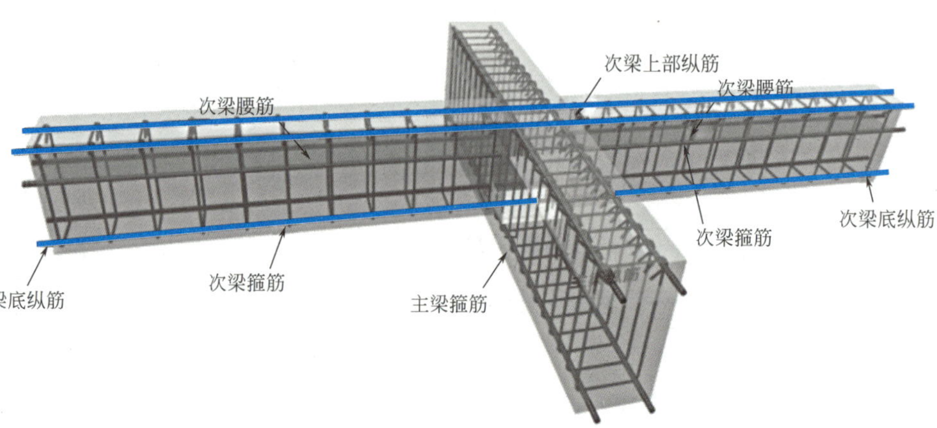

图 2-42 主梁梁中间节点连接构造（次梁端设后浇段）

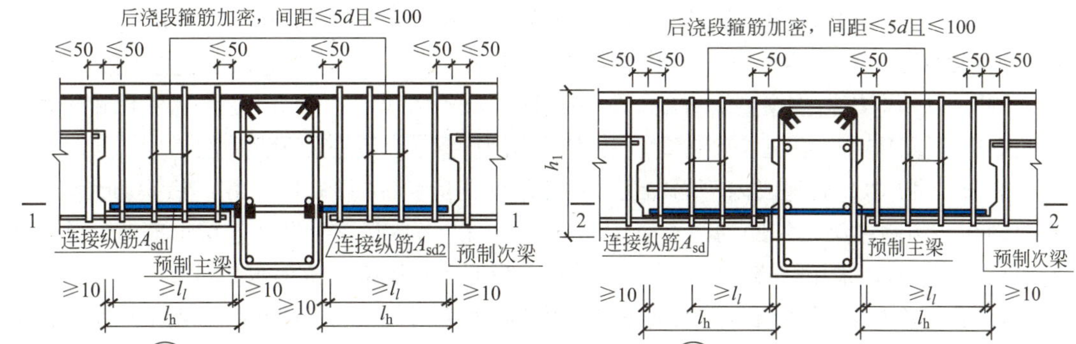

(L3-8) 次梁端设槽口(一)
(主梁次梁底纵向钢筋采用机械连接)

(L3-9) 次梁端设槽口(二)
(主梁次梁底纵向钢筋采用间接搭接)

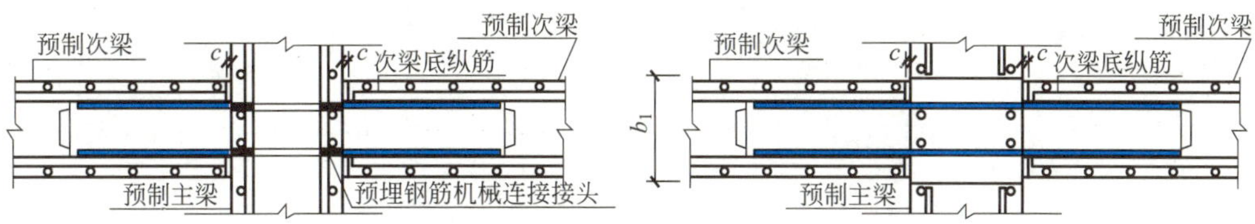

1—1　　2—2

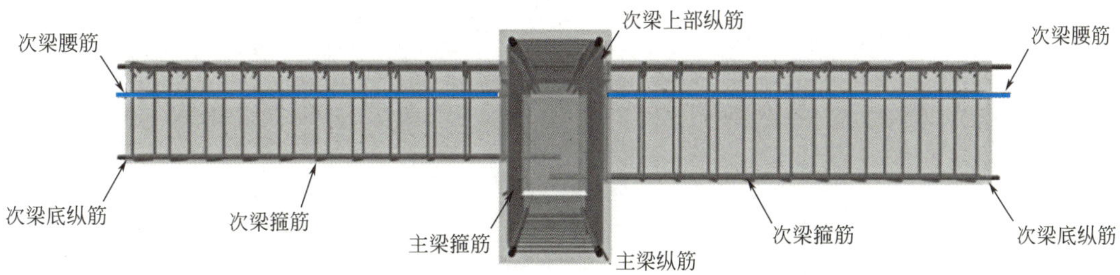

图 2-43　主梁梁中间节点连接构造（次梁端设槽口）

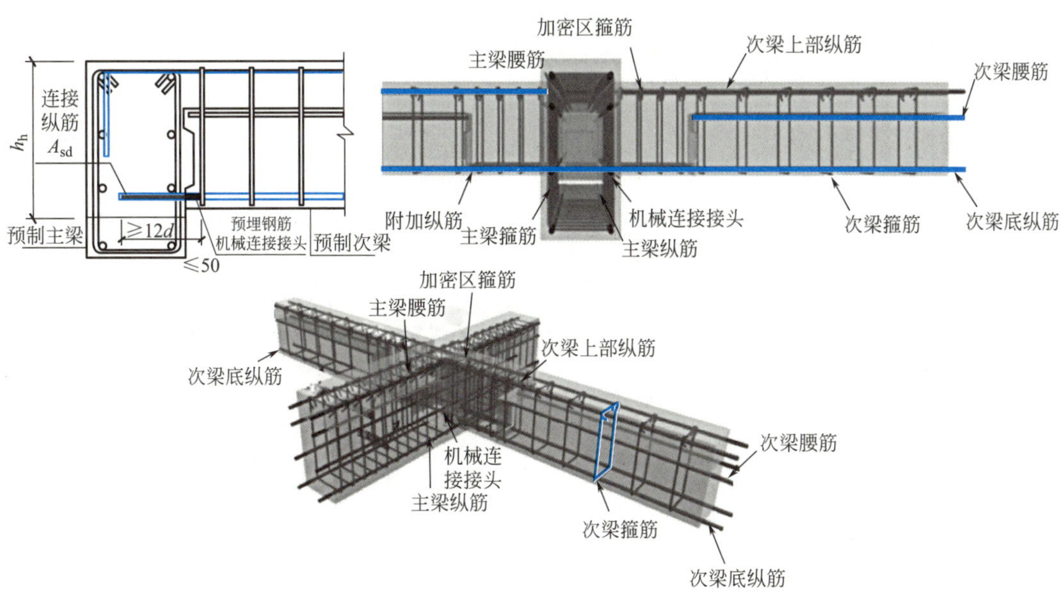

图 2-44　预埋机械连接接头

对节点 L3-4，次梁梁面纵筋在端支座应伸至主梁纵筋内侧后弯折（弯折长度为 15d，伸入预制主梁的长度应≥0.6l_{ab}，按铰接设计时应≥0.35l_{ab}），当直段长度达到其锚固长度 l_a 时，可不弯折；当梁底平齐时，可采用图 2-40 中节点 L3-1、L3-2 的做法以避免梁底纵筋碰撞。采用节点 L3-4、L3-5 时，先安装预制次梁 1，后安装预制次梁 2。

3. 图 2-42 中，后浇段内箍筋加密区的箍筋间距应≤5d 且≤100mm。箍筋加密区最外侧的钢筋距预制主梁的外侧的距离应≤50mm。按设计要求需要设计连接纵筋时，连接纵筋的长度应≥l_1。采用节点 L3-6 时，梁下部纵筋可竖向搭接，也可水平搭接。

4. 图 2-43 中，后浇段内箍筋加密区的箍筋间距应≤5d 且≤100mm。箍筋加密区最外侧的钢筋距预制主梁的外侧的距离应≤50mm。按设计要求需要设计连接纵筋时，采用机械连接时连接纵筋的长度应≥l_1，采用间接搭接时连接纵筋应贯通于预制主梁内。

模块后测

模块 2-测试 1　　模块 2-测试 2　　模块 2-测试 3

练习题

一、判断题

1. 预制梁侧面应设键槽，可不设粗糙面。(　　)

2. 装配整体式结构的预制梁的断面处不是必须设置抗剪键槽。(　　)

二、单选题

1. 如图所示，叠合主次梁边节点连接构造中，当梁上部纵筋采用 90°弯钩锚固时，钢筋的锚固长度是（　　）d。

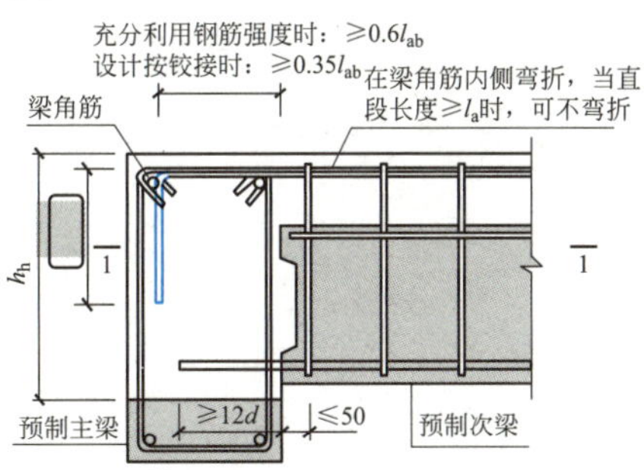

L2-1　主梁预留后浇槽口(一)

(梁上部纵筋采用90°弯钩锚固)

A. 5　　B. 10　　C. 12　　D. 15

2. 如图所示，后浇段内长度不应小于（　　）d。

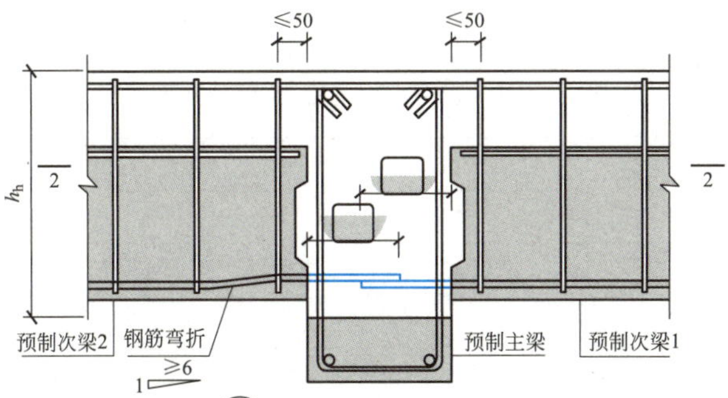

L3-2　主梁预留后浇槽口(二)

(一侧次梁梁端下部纵筋竖向错位弯折后伸入支座锚固)

A. 5　　B. 10　　C. 12　　D. 15

学生任务单（含课程评价）2.1

<table>
<tr><td rowspan="5">前期导入</td><td>任务名称</td><td colspan="6"></td></tr>
<tr><td>学生姓名</td><td colspan="3"></td><td>班级学号</td><td colspan="2"></td></tr>
<tr><td>同组成员</td><td colspan="6"></td></tr>
<tr><td>负责任务</td><td colspan="6"></td></tr>
<tr><td>完成日期</td><td colspan="3"></td><td>完成效果</td><td colspan="2">教师评价及签字</td></tr>
<tr><td rowspan="2">明确任务</td><td>任务目标</td><td colspan="6"></td></tr>
<tr><td>依据规范</td><td colspan="6">建议学生指明到条款</td></tr>
<tr><td rowspan="2">自学简述</td><td>课前布置</td><td colspan="6">主要根据老师的课前布置任务，说明自己学习了什么、浏览了什么资源、查阅了什么资料等</td></tr>
<tr><td>拓展学习</td><td colspan="6">主要说明除了老师布置的还自学了什么？查阅了什么资料等</td></tr>
<tr><td rowspan="2">任务实施</td><td rowspan="2">重点记录</td><td colspan="4" rowspan="2">主要记录完成任务过程中，用到的基本知识、公式、规范、方法和工具等</td><td colspan="2">成果提交</td></tr>
<tr><td colspan="2">可由教师提供相关二维码</td></tr>
<tr><td rowspan="3">学习反思</td><td>不足之处</td><td colspan="6"></td></tr>
<tr><td>待解问题</td><td colspan="6"></td></tr>
<tr><td>课后学习</td><td colspan="6"></td></tr>
<tr><td rowspan="5">过程评价</td><td rowspan="2">自我评价
（5分）</td><td>课前学习</td><td>时间观念</td><td>实施方法</td><td>职业素养</td><td>成果质量</td><td>分值</td></tr>
<tr><td></td><td></td><td></td><td></td><td></td><td></td></tr>
<tr><td rowspan="2">小组评价
（5分）</td><td>任务承担</td><td>时间观念</td><td>团队合作</td><td>能力素养</td><td>成果质量</td><td>分值</td></tr>
<tr><td></td><td></td><td></td><td></td><td></td><td></td></tr>
<tr><td>综合打分</td><td colspan="6">自我评价分值＋小组评价分值：</td></tr>
</table>

单个构件钢筋放样下料计算书 2.2

<table>
<tr><td>工程名称</td><td colspan="3"></td><td>构件位置</td><td colspan="2">标明在第 N 层第 X 轴或第 Y 轴</td></tr>
<tr><td>构件名称及编号</td><td></td><td>构件数量</td><td></td><td>编制人</td><td></td><td>第　页</td></tr>
<tr><td>构件配筋示意图</td><td colspan="6"></td></tr>
<tr><td>构件钢筋分析放样图</td><td colspan="6"></td></tr>
<tr><td>钢筋下料计算</td><td colspan="6"></td></tr>
</table>

构件名称及编号		第　页

续表

<table>
<tr><td>接前页
钢筋下料计算</td><td colspan="2"></td></tr>
<tr><td>构件名称及编号</td><td></td><td>第　页</td></tr>
</table>

单个构件钢筋下料长度汇总表 2.3

工程名称：								
构件位置：			构件名称及编号：		构件数量：			
钢筋编号	钢筋规格	钢筋简图	单根下料长度（mm）	钢筋根数（根）	钢筋总长度（m）	钢筋每米重（kg/m）	钢筋总重量（kg）	
①								
②								
③								
④								
⑤								
⑥								
⑦								
⑧								
⑨								
⑩								
⑪								
⑫								
⑬								
⑭								
⑮								
⑯								

编制人：　　　　　　　　　　　　　　　　　　　　编制日期：

模块 3 Modular 03

基础构造

学习目标

（1）掌握独立基础制图规则及钢筋构造要求。
（2）掌握条形基础制图规则及钢筋构造要求。
（3）掌握筏形基础制图规则及钢筋构造要求。

育人目标

“基础不牢、地动山摇”。通过引入“上海闵行区××在建 13 层住宅楼轰然倒塌”的案例，传授学生“千里之行始于足下、万丈高楼平地起”的精神，培养学生稳扎稳打、不急于求成、“路一步步走，事一项项做”的素质。

建议课时：7 课时＋课余时间。

建议教学形式：配套使用《22G101-3》图集和教材提供的数字资源。

思维导图

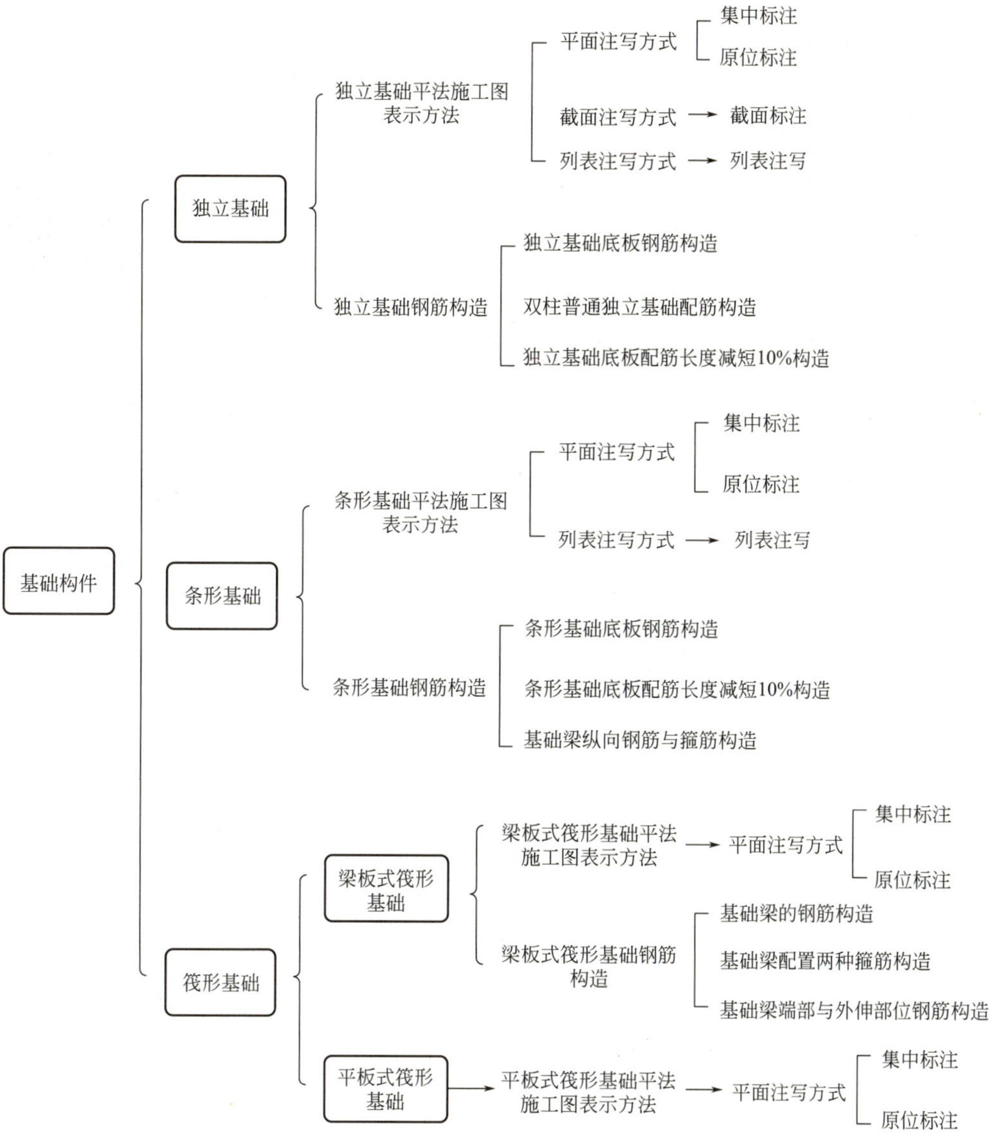
基础构件
独立基础
独立基础平法施工图表示方法
平面注写方式
集中标注
原位标注
截面注写方式
截面标注
列表注写方式
列表注写
独立基础钢筋构造
独立基础底板钢筋构造
双柱普通独立基础配筋构造
独立基础底板配筋长度减短10%构造
条形基础
条形基础平法施工图表示方法
平面注写方式
集中标注
原位标注
列表注写方式
列表注写
条形基础钢筋构造
条形基础底板钢筋构造
条形基础底板配筋长度减短10%构造
基础梁纵向钢筋与箍筋构造
筏形基础
梁板式筏形基础
梁板式筏形基础平法施工图表示方法
平面注写方式
集中标注
原位标注
梁板式筏形基础钢筋构造
基础梁的钢筋构造
基础梁配置两种箍筋构造
基础梁端部与外伸部位钢筋构造
平板式筏形基础
平板式筏形基础平法施工图表示方法
平面注写方式
集中标注
原位标注

岗位技能点

(1) 能读懂结构施工图中基础构件的钢筋配置。

(2) 能熟练运用基础构造知识，根据基础平法标注的平面图画出基础纵剖面图和钢筋翻样图，并进行单根钢筋的下料长度计算。

任务点

1. 独立基础制图规则及钢筋构造。
2. 条形基础制图规则及钢筋构造。
3. 筏形基础制图规则及钢筋构造。

独立基础的制图规则

模块前测：思考

1. 基础的类型有哪些？基础的平法注写方式包括哪几种？各类基础对应图纸上编号是什么？

2. 各类基础的集中标注内容有哪些？原位标注内容有哪些？当原位标注和集中标注中的某项数值冲突时，怎么取值？

3. 各类基础的钢筋构造要求有哪些？

预习笔记（思政微课）

模块中测

3.1 独立基础平法施工图制图规则

3.1.1 独立基础平法施工图的表示方法

独立基础平法施工图有平面注写、截面注写、列表注写三种表达方式，注写时可根据需要选用一种注写方式，或两种方式相结合进行独立基础的注写。

在独立基础平面布置图上应标注基础定位尺寸；当独立基础的柱中心线或杯口中心线与建筑轴线不重合时，应标注其定位尺寸。编号相同且定位尺寸相同的基础，可仅选择一个进行标注。

当绘制独立基础平面布置图时，应将独立基础平面与基础所支承的柱一起绘制。当设置基础连系梁时，可根据图面的疏密情况，将基础连系梁与基础平面布置图一起绘制，或将基础连系梁布置图单独绘制。

3.1.2 独立基础的平面注写方式

独立基础的平面注写方式有集中标注和原位标注两种。

1. 集中标注

普通独立基础和杯口独立基础的集中标注，是在基础平面图上集中引注：基础编号、截面竖向尺寸和配筋三项必注内容以及基础底面标高（与基础底面基准标高不同时）和必要的文字注解两项选注内容。需注意的是，素混凝土普通独立基础的集中标注无基础配筋内容。

必标内容具体如下：

（1）独立基础编号

独立基础底板的截面形状通常有阶形截面和锥形截面两种：

1）阶形截面：编号加小标“j”，如 DJj××、BJj××。

2）锥形截面：编号加小标“z”，如 DJz××、BJz××。具体示意见表 3-1。

独立基础编号　　表 3-1

类型	基础底板截面形状	代号	序号
普通独立基础	阶形	DJj	××
	锥形	DJz	××
杯口独立基础	阶形	BJj	××
	锥形	BJz	××

（2）独立基础截面竖向尺寸

1）普通独立基础

当基础为阶形截面，且为多阶时，截面竖向尺寸自下而上用斜线“/”分隔顺写，注写 $h_1/h_2/h_3$……，具体标注示意如图 3-1 所示。

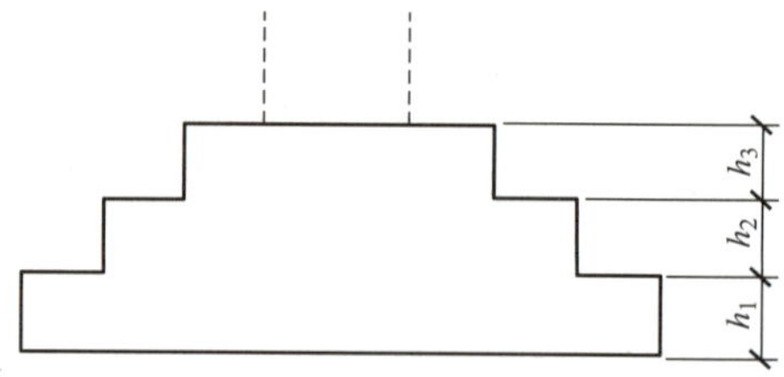

图 3-1　阶形截面普通独立基础竖向尺寸

当基础为单阶时，其截面竖向尺寸仅为一个，注写为“h_1”，h_1 即为基础总高度，具体标注示意如图 3-2 所示。

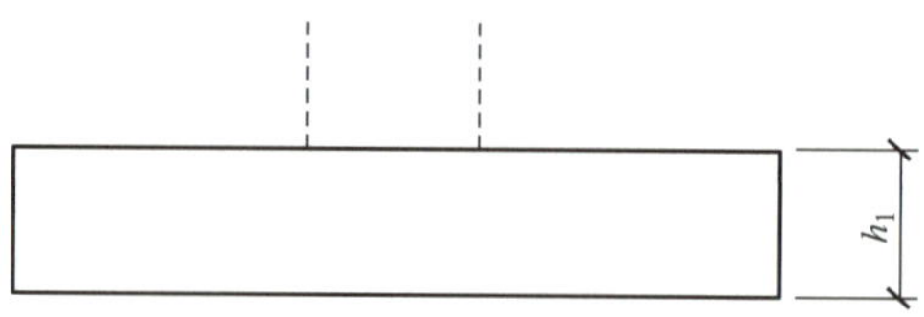

图 3-2　单阶普通独立基础竖向尺寸

当基础为锥形截面时，注写 h_1/h_2，具体标注示意如图 3-3 所示。

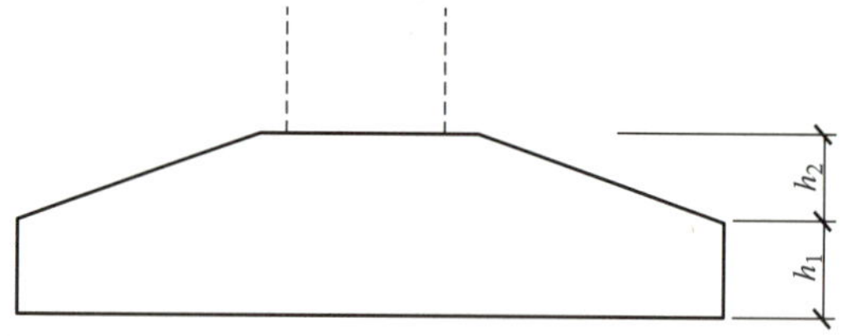

图 3-3　锥形截面普通独立基础竖向尺寸

2）杯口独立基础

当基础为阶形截面时，其竖向尺寸分为两组，一组表达杯口内，另一组表达杯口外，两组尺寸以逗号“,”分隔，注写为 α_0/α_1，h_1/h_2……，具体含义如图 3-4～图 3-7 所示。其中杯口深度 α_0 为柱插入杯口的尺寸加 50mm。

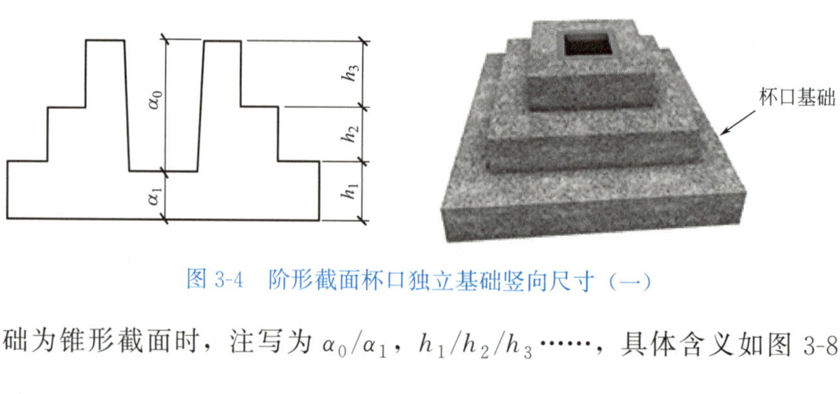

图 3-4　阶形截面杯口独立基础竖向尺寸（一）

当基础为锥形截面时，注写为 α_0/α_1，$h_1/h_2/h_3$……，具体含义如图 3-8 和图 3-9 所示。

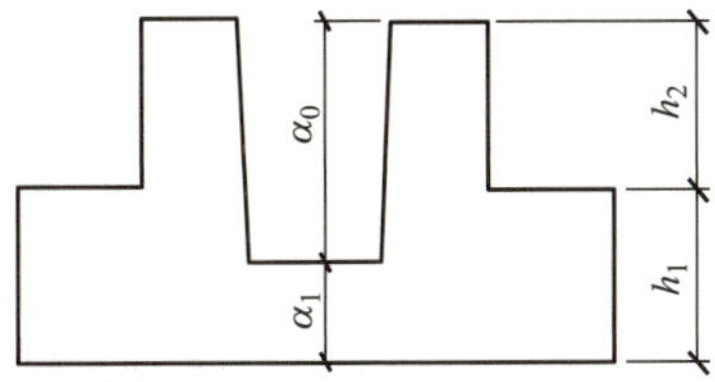

图 3-5　阶形截面杯口独立基础竖向尺寸（二）

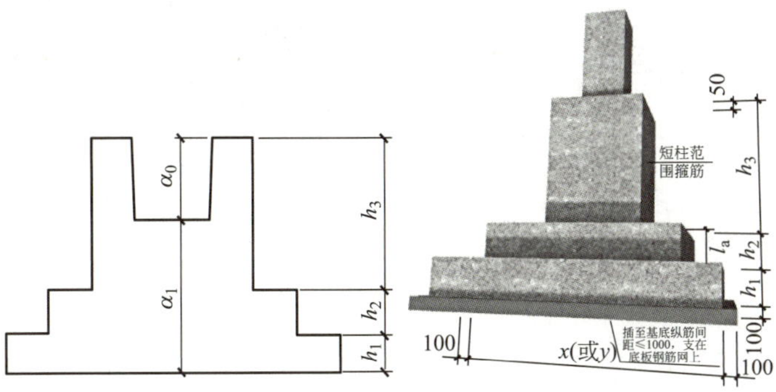

图 3-6　阶形截面高杯口独立基础竖向尺寸（一）

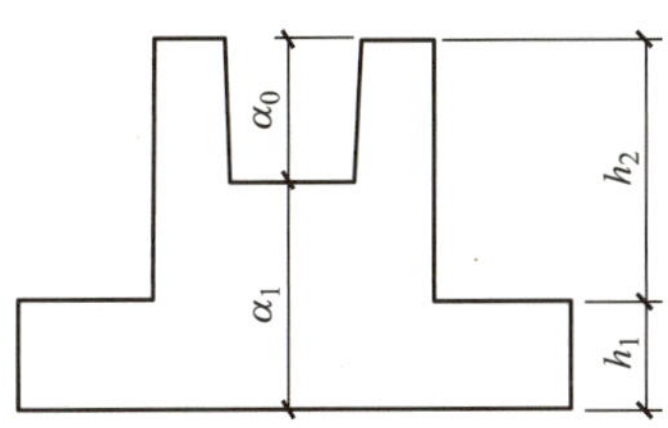

图 3-7　阶形截面高杯口独立基础竖向尺寸（二）

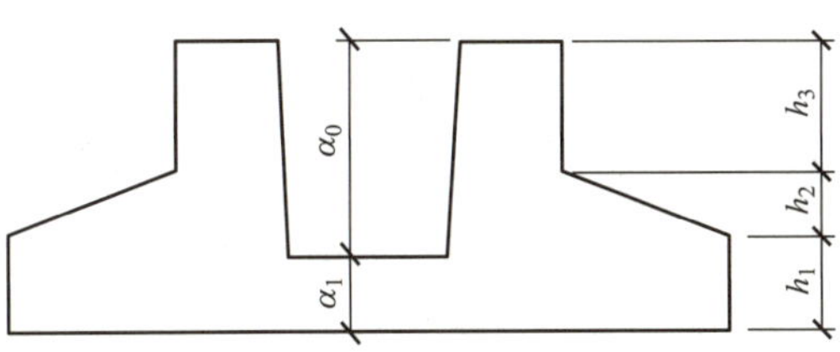

图 3-8　锥形截面杯口独立基础竖向尺寸

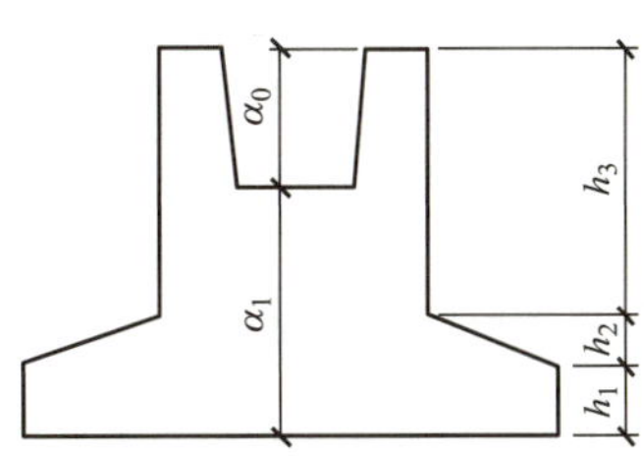

图 3-9　锥形截面高杯口独立基础竖向尺寸

（3）独立基础配筋

1）注写独立基础底板配筋。

普通独立基础和杯口独立基础的底部双向配筋注写规定如下：

① 以 B 代表独立基础底板的底部配筋。

② X 向配筋以 X 打头、Y 向配筋以 Y 打头注写；当两向配筋相同时，则以 X&Y 打头注写。如图 3-10 所示。

2）注写杯口独立基础顶部焊接钢筋网。以 Sn 打头引注杯口顶部焊接钢筋网的各边钢筋。如图 3-11 和图 3-12 所示。

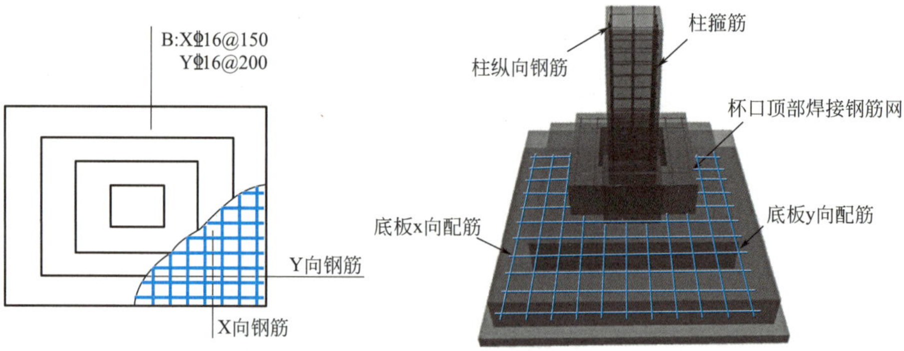

图 3-10　独立基础底部双向配筋示意

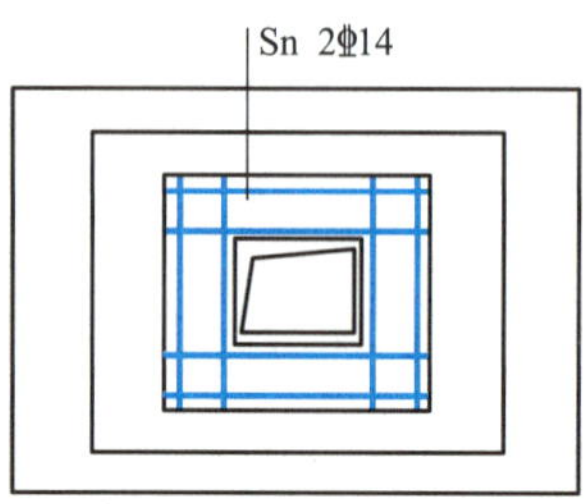

图 3-11　单杯口独立基础顶部焊接钢筋网

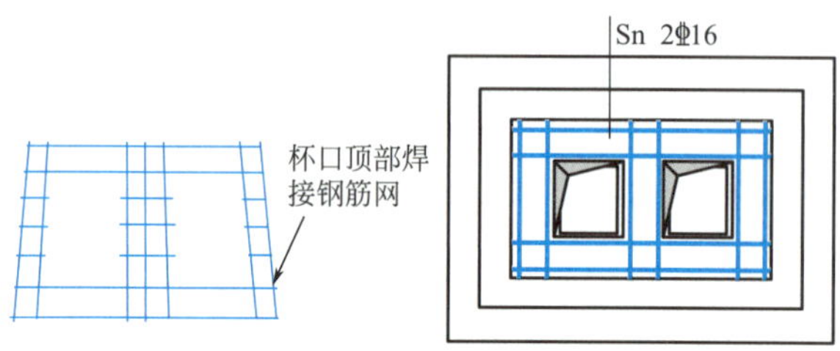

图 3-12　双杯口独立基础顶部焊接钢筋网

当双杯口独立基础中间杯壁厚度小于 400mm 时，在中间杯壁中配置构造钢筋见相应标准构造详图，设计不注。

3）注写高杯口独立基础的短柱配筋（亦适用于杯口独立基础杯壁有配筋情况），具体注写规定如下：

① 以大写字母“O”代表短柱配筋。

② 先注写短柱纵筋，再注写箍筋，注写顺序为“角筋/X 边中部筋/Y 边中部筋，箍筋（两种间距，短柱杯口壁内箍筋间距/短柱其他部位箍筋间距）”。如图 3-13 所示。

③ 对于双高杯口独立基础的短柱配筋，注写形式与单高杯口相同。如图 3-14 所示。

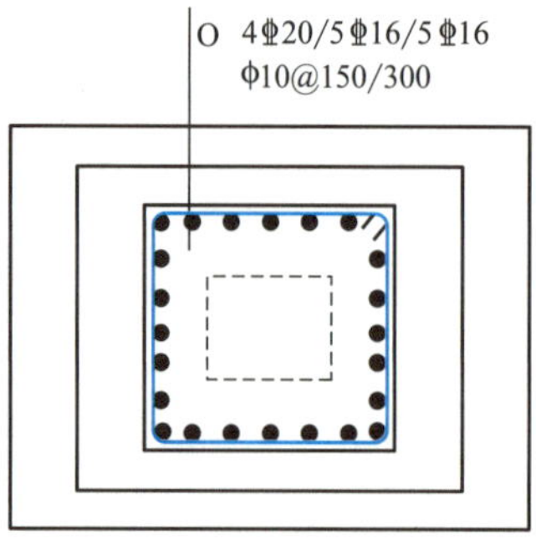

图 3-13　高杯口独立基础短柱配筋示意

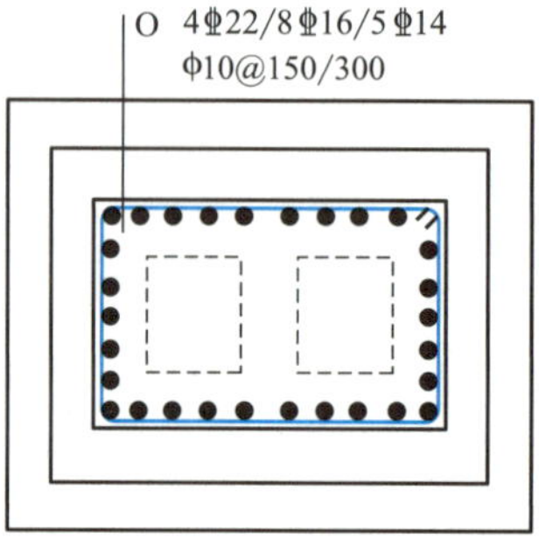

图 3-14　双高杯口独立基础短柱配筋示意

当双高杯口独立基础中间杯壁厚度小于400mm时，在中间杯壁中配置构造钢筋，见相应标准构造详图、设计不注。

4）注写普通独立基础带短柱竖向尺寸及钢筋。

当独立基础埋深较大，设置短柱时，短柱配筋应注写在独立基础中，具体注写规定如下：

① 以DZ代表普通独立基础短柱。

② 先注写短柱纵筋，再注写箍筋，最后注写短柱标高范围，注写顺序为“角筋/X边中部筋/Y边中部筋，箍筋，短柱标高范围”。如图3-15所示。

杯口基础构造

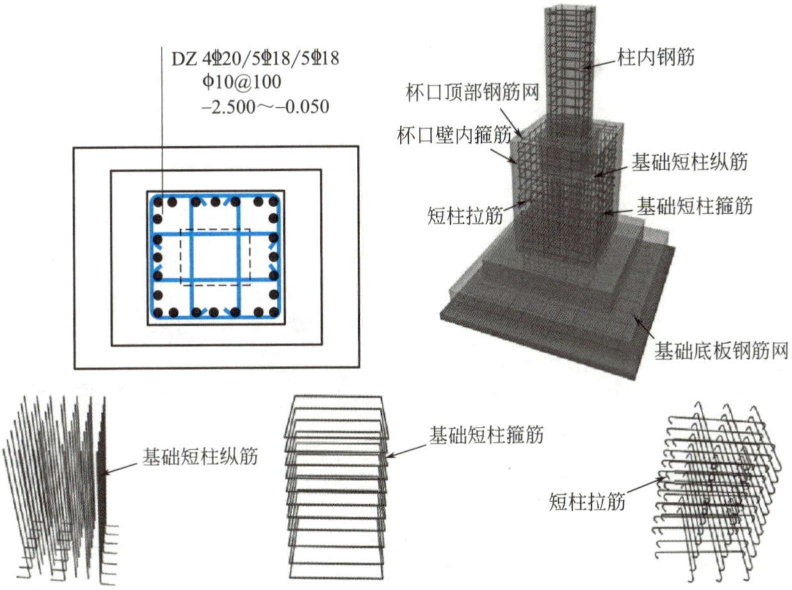

图3-15　独立基础短柱配筋示意

选标内容具体如下：

A. 基础底面标高

当独立基础的底面标高与基础底面基准标高不同时，应将独立基础底面标高直接注写在括号“（　　）”内。

B. 必要的文字注解

当独立基础的设计有特殊要求时，宜增加必要的文字注解。

2. 原位标注

独立基础的原位标注，是在基础平面布置图上标注独立基础的平面尺寸。对相同编号的基础，可选择一个进行原位标注；当平面图形较小时，可将所选定进行原位标注的基础按比例适当放大；其他相同编号基础仅注编号。

原位标注的具体内容规定如下：

（1）普通独立基础

原位标注x、y，x_i、y_i，i=1，2，3……。其中，x、y为普通独立基础两个方向的

边长，x_i、y_i 为阶宽或锥形平面尺寸（当设置短柱时，尚应标注短柱对轴线的定位情况，用 x_{DZi}、y_{DZi} 表示）。具体标注示意如图 3-16～图 3-20 所示。

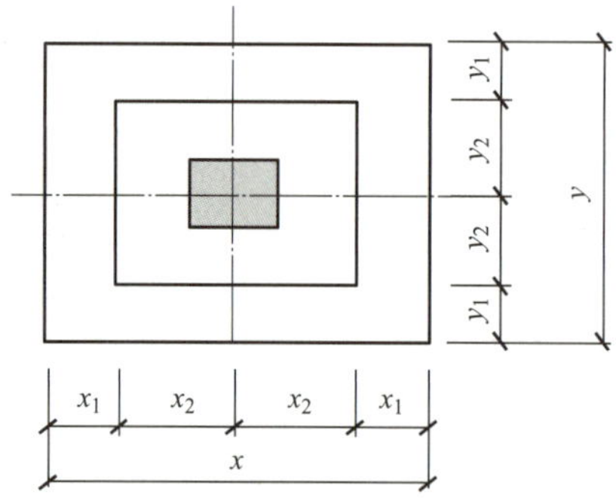

图 3-16　对称阶形截面普通独立基础原位标注

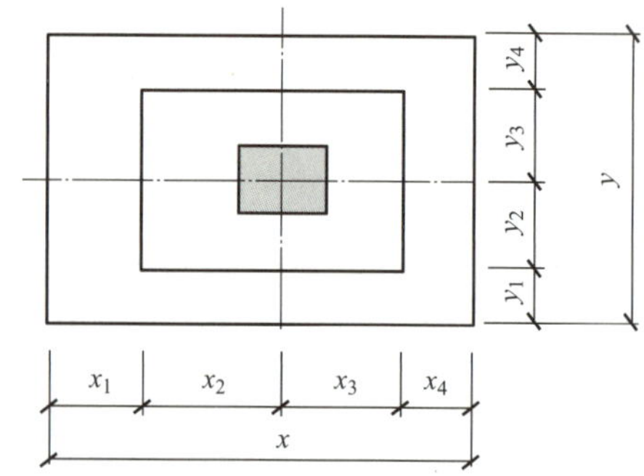

图 3-17　非对称阶形截面普通独立基础原位标注

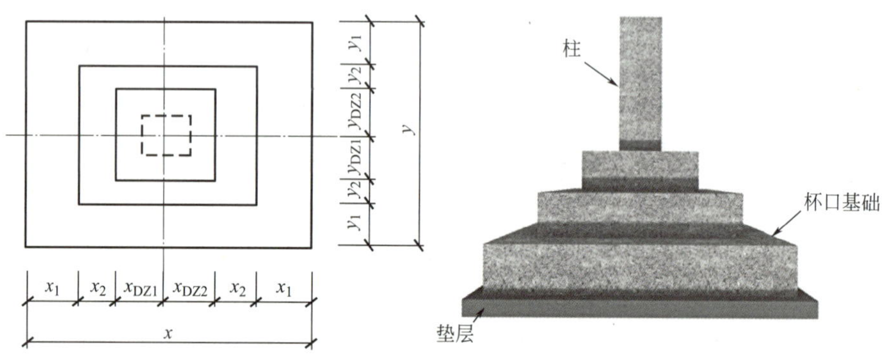

图 3-18　带短柱独立基础的原位标注

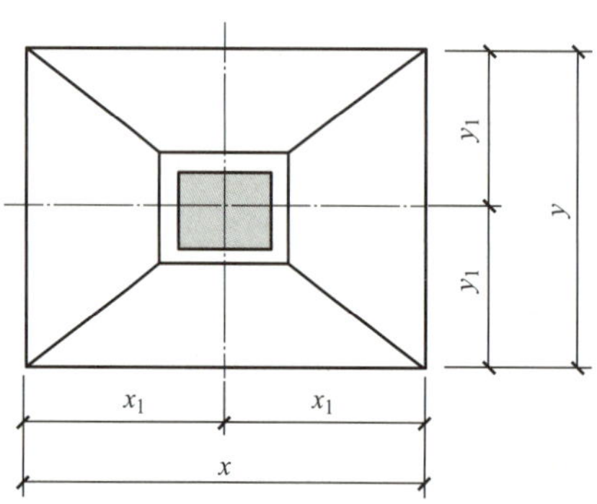

图 3-19　对称锥形截面普通独立基础原位标注

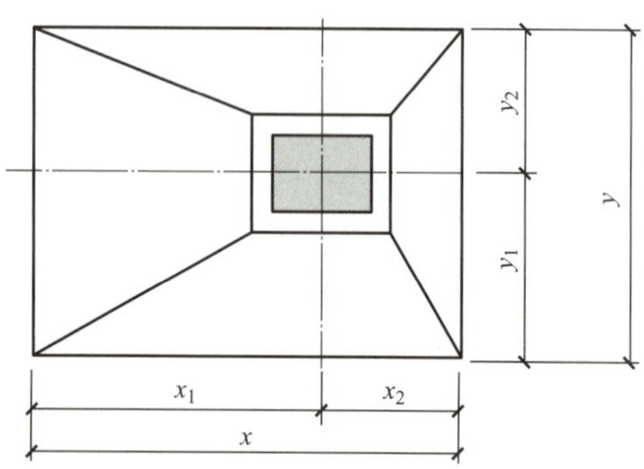

图 3-20　非对称锥形普通独立基础原位标注

（2）杯口独立基础

原位标注 x、y，x_u、y_u，x_{ui}、y_{ui}，t_i，x_i、y_i，$i=1$，2，3……。其中，x、y 为杯口独立基础两个方向的边长，x_u、y_u 为杯口上口尺寸，x_{ui}、y_{ui} 为杯口上口边到轴线的尺寸，t_i 为杯壁上口厚度，t_i+25 为下口厚度，x_i、y_i 为阶宽或锥形截面尺寸。具体标注示意如图 3-21～图 3-24 所示。

杯口上口尺寸 x_u、y_u，按柱截面边长两侧双向各加 75mm；杯口下口尺寸按标准构造详图（为插入杯口的相应柱截面边长尺寸，每边各加 50mm），设计不注。

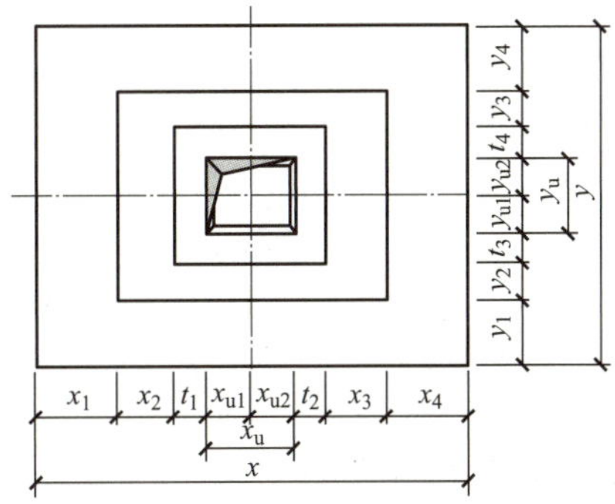

图 3-21　阶形截面杯口独立基础原位标注（一）

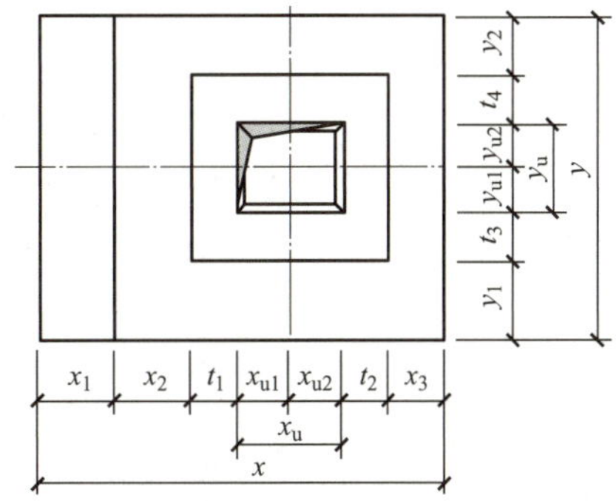

注：本图所示基础底板的一边比其他三边多一阶

图 3-22　阶形截面杯口独立基础原位标注（二）

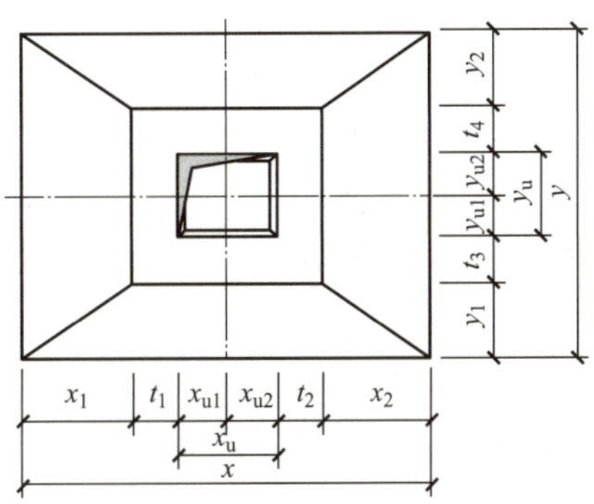

图 3-23　锥形截面杯口独立基础原位标注（一）

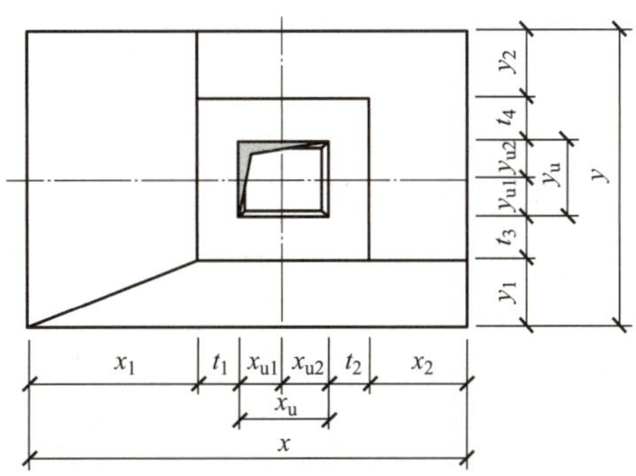

注：本图所示基础底板有两边不放坡

图 3-24　锥形截面杯口独立基础原位标注（二）

（3）独立基础采用平面注写方式的集中标注和原位标注综合设计表达方式，如图 3-25～图 3-27 所示。

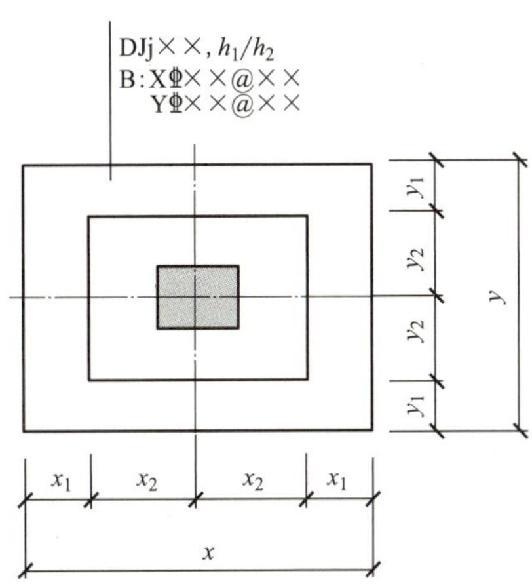

图 3-25　普通独立基础平面注写方式表达示意

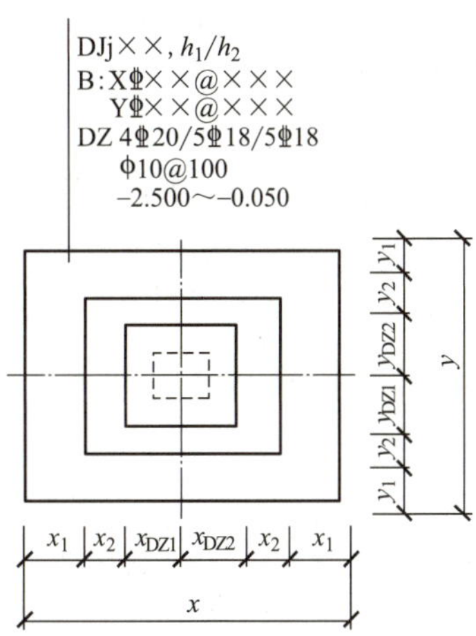

图 3-26　普通独立基础平面注写方式表达示意（带短柱的）

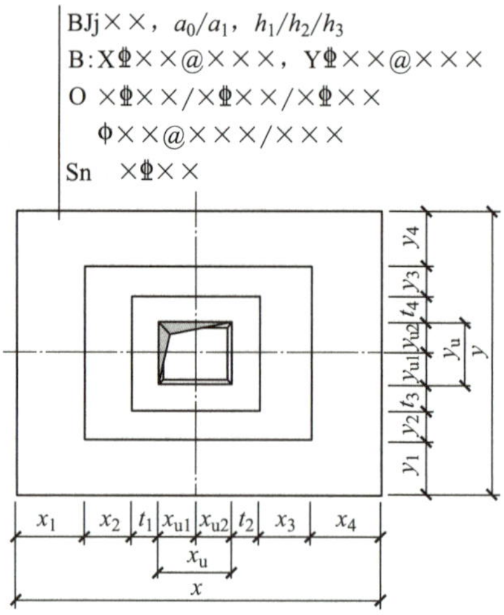

图 3-27　杯口独立基础平面注写方式设计表达示意（带短柱的）

3.1.3　独立基础的截面注写方式

采用截面注写方式，应在基础平面布置图上对所有基础进行编号，基础的编号见表 3-1。

对单个基础进行截面标注的内容和形式，与传统“单构件正投影表示方法”基本相同。对于已在基础平面布置图上原位标注清楚的基础平面几何尺寸，在截面图上可不再重复表达，具体表达内容可参照 22G101-3 相应的标准构造。

3.1.4　独立基础的列表注写方式

对多个同类基础，可采用列表注写（结合平面和截面示意图）的方式进行集中表达。表中内容为基础截面的几何数据和配筋等，在平面和截面示意图上应标注与表中栏目相对应的代号。列表的具体内容规定如下：

（1）普通独立基础

主要注写内容如下：

1）编号：应符合表 3-1 的规定。

2）几何尺寸：水平尺寸 x、y，x_i、y_i，$i=1$，2，3……；竖向尺寸 h_1/h_2……。

3）配筋：B：XΦ××@×××，YΦ××@×××。

普通独立基础列表格式见表 3-2。

普通独立基础几何尺寸和配筋表　　表 3-2

基础编号/截面号	截面几何尺寸						底部配筋(B)	
	x	y	x_i	y_i	h_1	h_2	x 向	y 向

注：表中可根据实际情况增加栏目。

(2) 杯口独立基础

主要注写内容如下：

1) 编号：应符合表 3-1 的规定。

2) 几何尺寸：水平尺寸 x、y，x_u、y_u，x_{ui}、y_{ui}，t_i，x_i、y_i，$i=1，2，3$……；竖向尺寸 α_0、α_1，$h_1/h_2/h_3$……。

3) 配筋：B：XΦ××@×××，YΦ××@×××，Sn×Φ××。

O×Φ××/×Φ××/×Φ××，Φ××@×××/×××。

杯口独立基础列表格式见表 3-3。

杯口独立基础几何尺寸和配筋表　　表 3-3

基础编号/截面号	截面几何尺寸								底部配筋(B)		杯口顶部钢筋网(Sn)	短柱配筋(O)	
	x	y	x_i	y_i	a_0	a_1	h_1	h_2	x 向	y 向		角筋/x 边中部筋/y 边中部筋	杯口壁箍筋/其他部位箍筋

注：1. 表中可根据实际情况增加栏目。如，当基础底面标高与基础底面基准标高不同时，加注基础底面标高或增加说明栏目等；

2. 短柱配筋适用于高杯口独立基础，并适用于杯口独立基础杯壁有配筋的情况。

3.1.5　独立基础的钢筋构造

(1) 独立基础底板配筋构造，如图 3-28 和图 3-29 所示。其中，独立基础底板双向交叉钢筋长向设置在下、短向设置在上。

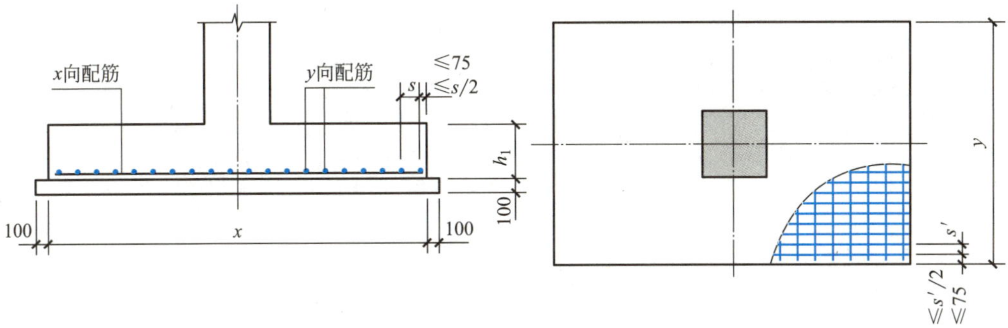

图 3-28　阶形独立基础底板配筋构造

(2) 双柱普通独立基础配筋构造，如图 3-30 所示。其中，双柱普通独立基础底部双向交叉钢筋，根据基础两个方向从柱外缘至基础外缘伸出长度 ex 和 ey 的大小，较大者方向的钢筋设置在下、较小者方向的钢筋设置在上。

(3) 独立基础底板配筋长度减短 10%构造，如图 3-31 所示。

当独立基础底板长度≥2500mm 时，除外侧钢筋，底板配筋长度可取相应方向底板长度的 0.9 倍，交错放置，四边最外侧钢筋不缩短。

当非对称独立基础底板长度≥2500mm 时，但该基础某侧从柱中心至基础底板边缘的距离<1250mm 时，钢筋在该侧不应减短。

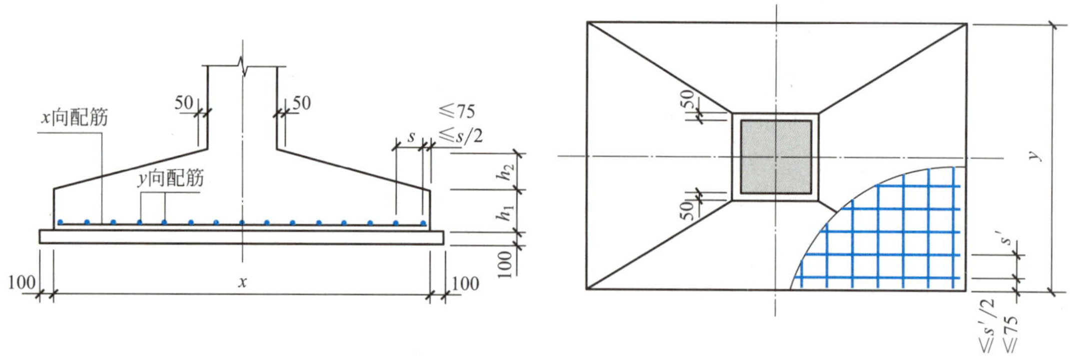

图 3-29　锥形独立基础底板配筋构造

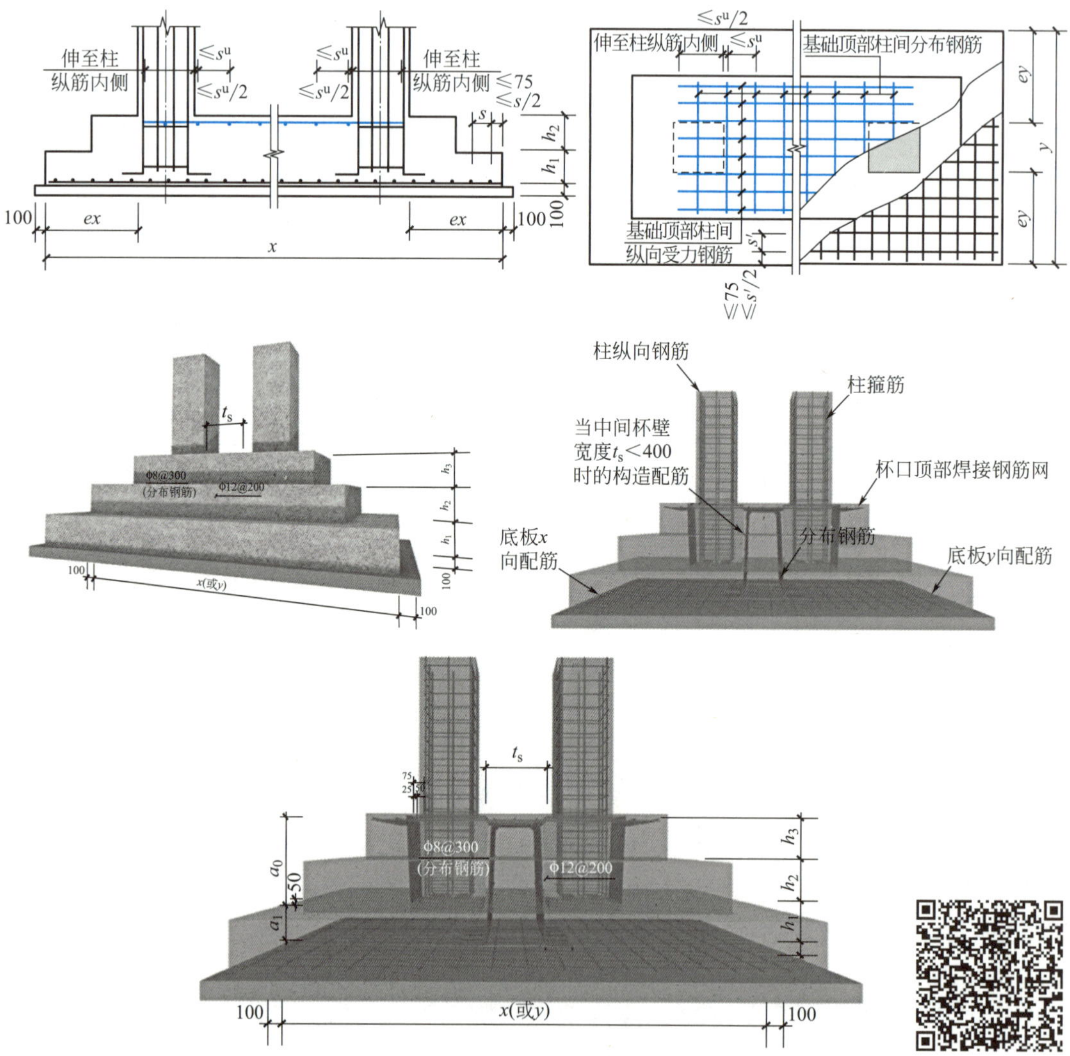

图 3-30　双柱普通独立基础配筋构造

双柱独立基础配筋构造

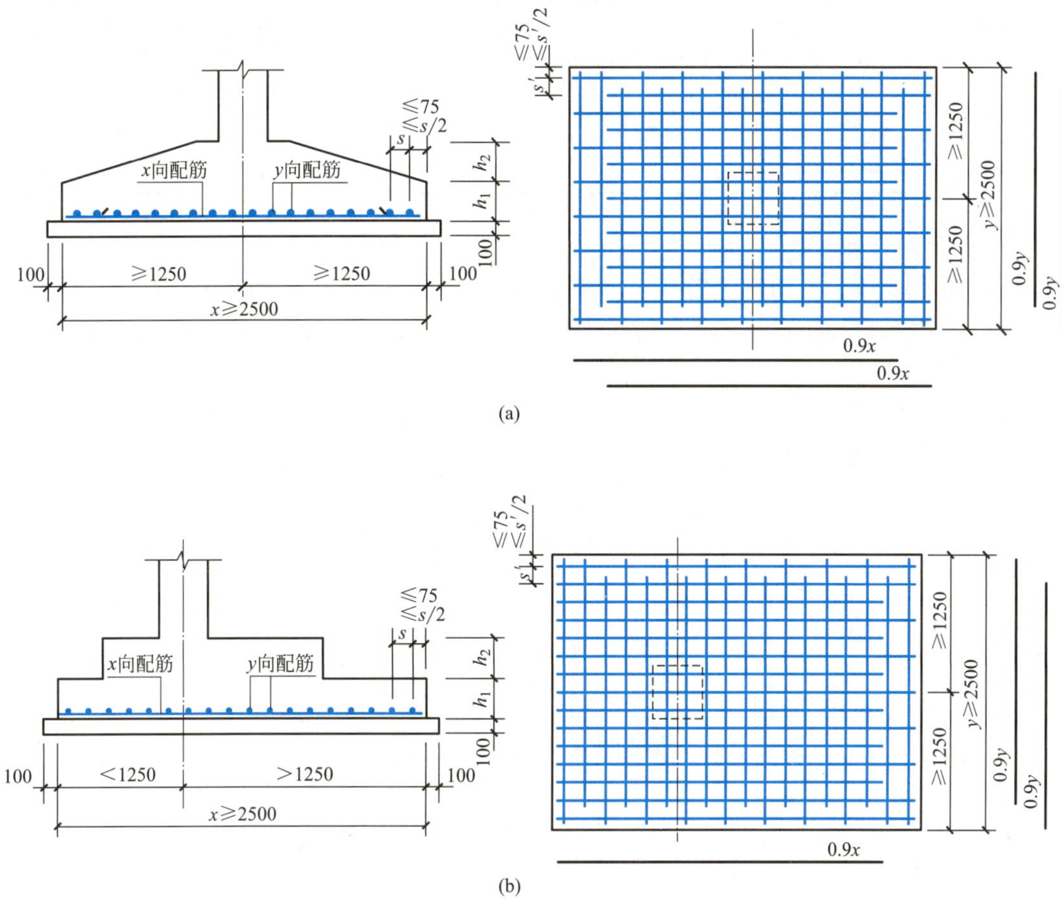

图 3-31 独立基础底板配筋长度减短 10%构造图

(a) 对称独立基础；(b) 非对称独立基础

3.2 条形基础平法施工图制图规则

3.2.1 条形基础平法施工图的表示方法

条形基础平法施工图有平面注写和列表注写两种表达方式，注写时可根据需要选用一种注写方式，或两种方式相结合进行条形基础的注写。

当绘制条形基础平面布置图时，应将条形基础平面与基础所支承的上部结构的柱、墙一起绘制。当基础底面标高不同时，需注明与基础底面基准标高不同之处的范围和标高。

当梁板式基础梁中心或板式条形基础板中心与建筑定位轴线不重合时，应标注其定位尺寸；对于编号相同的条形基础，可仅选择一个进行标注。

基础梁的平面注写方式有集中标注和原位标注两部分内容，当集中标注的某项数值不适用于基础梁的某部位时，则将该项数值采用原位标注，施工时，原位标注优先。

1. 条形基础编号

条形基础编号分为基础梁和条形基础底板编号，见表 3-4。

条形基础梁及底板编号 表 3-4

类型		代号	序号	跨数及有无外伸
基础梁		JL	××	(××)端部无外伸
条形基础底板	坡形	TJBp	××	(××A)一端有外伸
	阶形	TJBj	××	(××B)两端外伸

2. 基础梁的集中标注

基础梁的集中标注内容包括基础梁编号、截面尺寸、配筋三项必注内容以及基础梁底面标高（与基础底面基准标高不同时）和必要的文字注解两项选注内容。具体规定如下：

（1）必标内容

1）注写基础梁编号

例如：基础梁 JL××。

2）注写基础梁截面尺寸

对于一般矩形基础梁，注写方式为 $b \times h$，表示梁截面宽度与高度。当为竖向加腋梁时，用 $b \times h$ $\mathrm{Y}c_1 \times c_2$ 表示，其中，c_1 为腋长、c_2 为腋高。

3）注写基础梁配筋

该项为必注内容。

① 注写基础梁箍筋

A. 当具体设计仅采用一种箍筋间距时，注写钢筋种类、直径、间距与肢数（箍筋肢数写在括号内）。

B. 当具体设计采用两种箍筋时，用斜线“/”分隔不同箍筋，按照从基础梁两端向跨中的顺序注写。先注写第 1 段箍筋（在前面加注箍筋道数），在斜线后再注写第 2 段箍筋（不再加注箍筋道数）。

例：9⌀16@100/⌀16@200（6），表示配置两种间距的 HRB400 级箍筋，直径均为 16mm，从梁两端起向跨内按箍筋间距 100mm，每端各设置 9 道；梁其余部位的箍筋间距为 200mm，均为 6 肢箍。

② 注写基础梁底部、顶部及侧面纵向钢筋

A. 以 B 打头，注写梁底部贯通纵筋（不应少于梁底部受力钢筋总截面面积的 1/3）。当跨中所注根数少于箍筋肢数时，需要在跨中增设梁底部架立筋以固定箍筋，采用加号“+”将贯通纵筋与架立筋相联，架立筋注写在加号“+”后面的括号“（ ）”内。

B. 以 T 打头，注写梁顶部贯通纵筋。注写时用分号“;”将底部与顶部贯通纵筋分隔开。

C. 当梁底部或顶部贯通纵筋多于一排时，用斜线“/”将各排纵筋自上而下分开。

D. 当梁腹板高度 h_w 不小于 450mm 时，根据需要配置纵向构造钢筋。梁两侧面对称设置的纵向构造钢筋的总配筋值以 G 打头注写。

E. 当需要配置抗扭纵向钢筋时，梁两个侧面设置的抗扭纵向钢筋以 N 打头。

（2）选注内容

1）注写基础梁底面标高

当条形基础的底面标高与基础底面基准标高不同时，将条形基础底面标高注写在括号

“（　　）”内。

2）必要的文字注解

当基础梁的设计有特殊要求时，宜增加必要的文字注解。

3. 基础梁的原位标注

基础梁的原位标注具体注写内容如下：

（1）注写基础梁支座的底部纵筋

1）当梁底部纵筋多于一排时，用斜线“/”将各排纵筋自上而下分开。

2）当同排纵筋有两种直径时，用加号“+”将两种直径的纵筋相联，注写时角筋写在前面。

3）当梁支座两边的底部纵筋配置不同时，需在支座两边分别标注；当梁支座两边的底部纵筋相同时，可仅在支座的一边标注。

4）当梁支座底部全部纵筋与集中注写的底部贯通纵筋相同时，可不重复做原位标注。

5）竖向加腋梁加腋部位钢筋，需在设置加腋的支座处以 Y 打头注写在括号“（　　）”内。

（2）注写基础梁的附加箍筋或（反扣）吊筋

当双向基础梁十字交叉，但交叉位置无柱时，应根据需要设置附加箍筋或（反扣）吊筋。将附加箍筋或（反扣）吊筋直接画在平面图中条形基础的主梁上，原位标注直接引注总配筋值（附加箍筋的肢数注写在括号内）。当多数附加箍筋或（反扣）吊筋相同时，可在条形基础平法施工图上统一注明；当少数与统一注明值不同时，在原位直接引注。

（3）注写基础梁外伸部位的变截面高度尺寸

当基础梁外伸部位采用变截面高度时，可注写 $b \times h_1/h_2$，h_1 为根部截面高度、h_2 为尽端截面高度。

（4）注写修正内容

当在基础梁上集中标注的某项内容不适用于某跨或某外伸部位时，将其修正内容原位标注在该跨或该外伸部位，施工时，原位标注取值优先。

当在多跨基础梁的集中标注中已注明竖向加腋，而该梁某跨根部不需要竖向加腋时，则应在该跨原位标注无 $\mathrm{Y}c_1 \times c_2$ 的 $b \times h$，以修正集中标注中的竖向加腋要求。

3.2.2　条形基础底板平法施工图的表示方法

条形基础底板的平面注写方式有集中标注和原位标注两部分内容。

1. 条形基础底板的集中标注

条形基础底板的集中标注内容包括条形基础底板编号、截面竖向尺寸、配筋三项必注内容以及条形基础底板底面标高（与基础底面基准标高不同时）和必要的文字注解两项选注内容。

素混凝土条形基础底板的集中标注，除无底板配筋内容外，其他内容与钢筋混凝土条形基础底板相同。

（1）必注内容

1）注写条形基础底板编号

条形基础梁及底板编号见表 3-4。

2）注写条形基础底板截面竖向尺寸

① 当条形基础底板为坡形截面时，注写为 h_1/h_2。具体标注示意如图 3-32 所示。

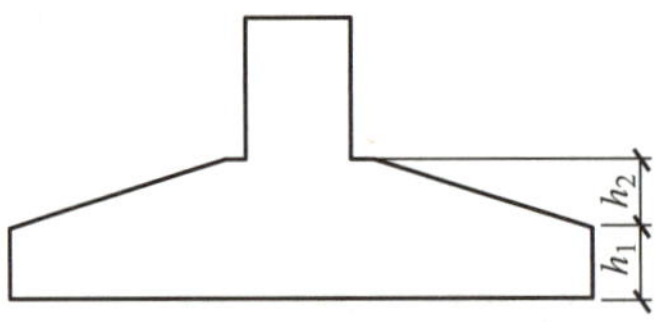

图 3-32　条形基础底板坡形截面竖向尺寸

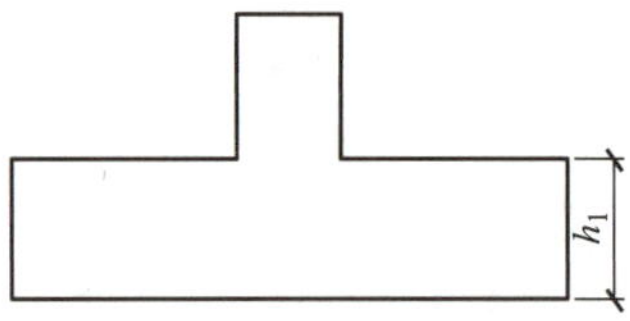

图 3-33　条形基础底板阶形截面竖向尺寸

② 当条形基础底板为阶形截面，单阶时注写为 h_1。具体标注示意如图 3-33 所示。当为多阶时各阶尺寸自下而上以斜线"/"分隔顺写。

3）注写条形基础底板底部配筋及顶部配筋

① 以 B 打头，注写条形基础底板底部的横向受力钢筋。

② 以 T 打头，注写条形基础底板顶部的横向受力钢筋。

③ 用斜线"/"分隔条形基础底板的横向受力钢筋与纵向分布钢筋。具体标注示意如图 3-34 和图 3-35 所示。

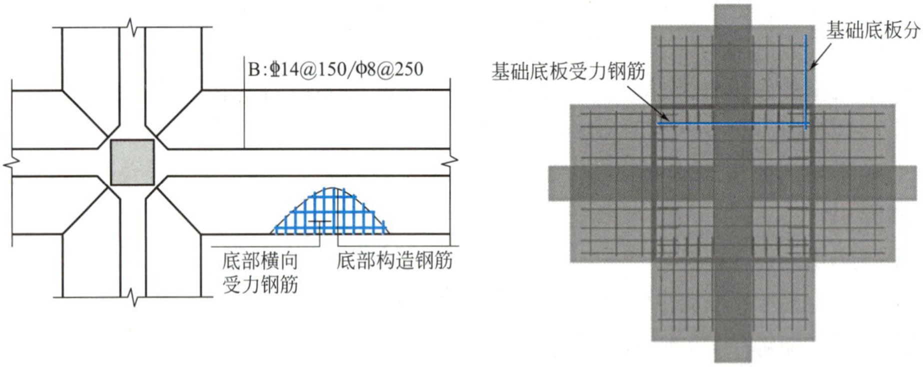

图 3-34　条形基础底板底部配筋示意

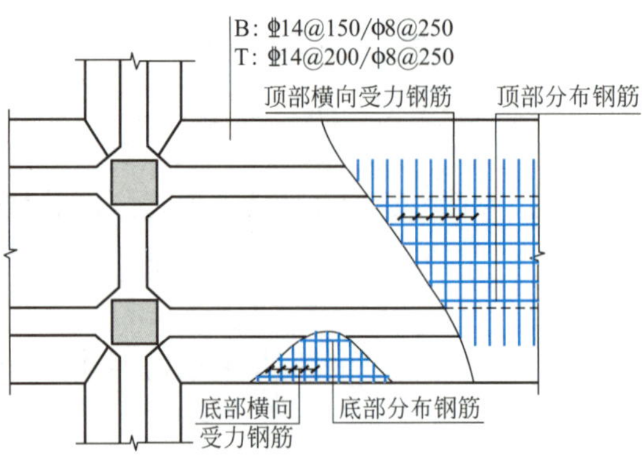

图 3-35　双梁条形基础底板配筋示意

（2）选注内容

1）注写条形基础底板底面标高

当条形基础底板的底面标高与基础底面基准标高不同时，将条形基础底板底面标高注写在括号“（　　）”内。

2）必要的文字注解

当条形基础底板的设计有特殊要求时，应增加必要的文字注解。

2. 条形基础底板的原位标注

（1）注写条形基础底板的平面尺寸

原位标注 b、b_i，$i=1$，2……。其中，b 为基础底板总宽度、b_i 为基础底板台阶的宽度。当基础底板采用对称于基础梁的坡形截面或单阶形截面时，b_i 可不注。具体标注示意如图 3-36 所示。

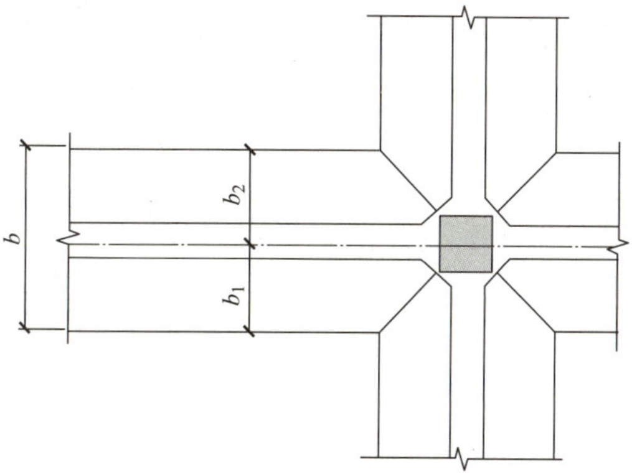

图 3-36　条形基础底板平面尺寸原位标注

对于相同编号的条形基础底板，可仅选择一个进行标注。

素混凝土条形基础底板的原位标注与钢筋混凝土条形基础底板相同。条形基础存在双梁或双墙共用同一基础底板的情况，当为双梁或为双墙且梁或墙荷载差距较大时，条形基础两侧可取不同的宽度，实际宽度以原位标注的基础底板两侧非对称的不同台阶宽度 b_i 表达。

（2）注写修正内容

当在条形基础底板上，集中标注的某项内容不适用于条形基础底板的某跨或某外伸部位时，将其修正内容原位标注在该跨或该外伸部位，施工时，原位标注取值优先。

3. 条形基础的列表注写方式

采用列表注写方式，应在基础平面布置图上对所有条形基础进行编号，基础的编号见表 3-4。

对多个条形基础，可采用列表注写（结合截面示意图）的方式进行集中表达。表中内容为条形基础截面的几何数据和配筋等，在截面示意图上应标注与表中栏目相对应的代号。列表的具体内容规定如下：

1）基础梁

① 编号：编号为 JL×× (××)、JL×× (××A)、JL×× (××B)。

② 几何尺寸：梁截面宽度与高度 $b\times h$。当为竖向加腋梁时，用 $b\times h$　$Yc_1\times c_2$ 表示，其中，c_1 为腋长、c_2 为腋高。

③ 配筋：注写基础梁底部贯通纵筋＋非贯通纵筋、顶部贯通纵筋、箍筋。当设计为两种箍筋时，箍筋注写为第一种箍筋/第二种箍筋。第一种箍筋为梁端部箍筋，注写内容包括箍筋的箍数、钢筋种类、直径、间距与肢数。

基础梁列表注写格式见表 3-5。

基础梁几何尺寸和配筋表　　表 3-5

基础编号/截面号	截面几何尺寸		配筋	
	$b\times h$	竖向加腋 $c_1\times c_2$	底部贯通纵筋＋非贯通纵筋，顶部贯通纵筋	第一种箍筋/第二种箍筋

注：表中可根据实际情况增加栏目。

2）条形基础底板

① 编号：阶形截面编号为 TBJj×× (××)、TBJj×× (××A)、TBJj×× (××B)，坡形截面编号 TBJp×× (××)、TBJp×× (××A)、TBJp×× (××B)。

② 几何尺寸：水平尺寸 b、b_i，$i=1$，2，……；竖向尺寸 h_1/h_2。

③ 配筋：B：Φ××@×××/Φ××@×××。

条形基础底板列表注写格式见表 3-6。

条形基础底板几何尺寸和配筋表　　表 3-6

基础底板编号/截面号	截面几何尺寸			底部配筋(B)	
	b	b_i	h_1/h_2	横向受力钢筋	纵向分布钢筋

注：表中可根据实际情况增加栏目。

3.2.3 条形基础的钢筋构造

1. 条形基础底板配筋构造

条形基础底板的配筋构造，如图 3-37 和图 3-38 所示。

构造要求：

(1) 当条形基础设有基础梁时，基础底板在梁宽范围内不设置分布钢筋；

(2) 在两向受力钢筋交接处的网状部位，分布钢筋与同向受力钢筋的构造搭接长度为 150mm。

2. 条形基础底板配筋长度减短 10%构造

条形基础底板配筋长度减短 10%构造，如图 3-39 所示。

条形基础十字交接

条形基础丁字交接

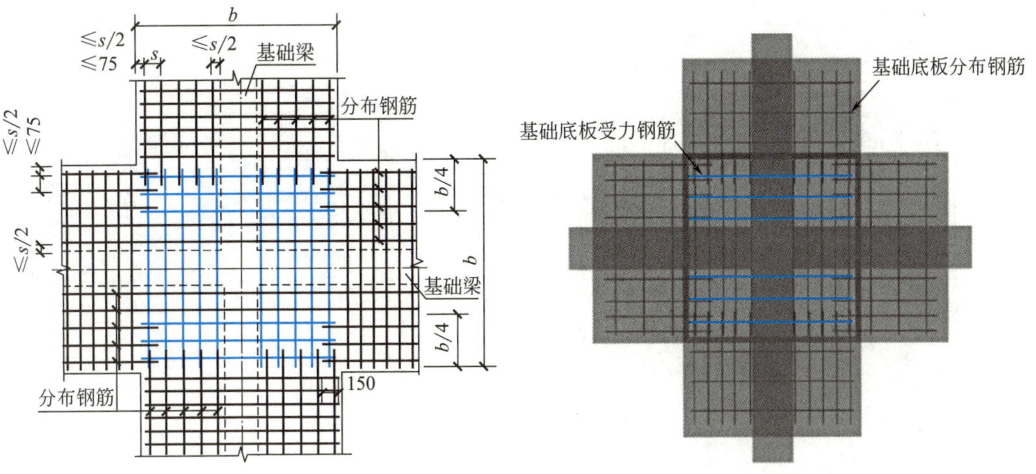

(a)

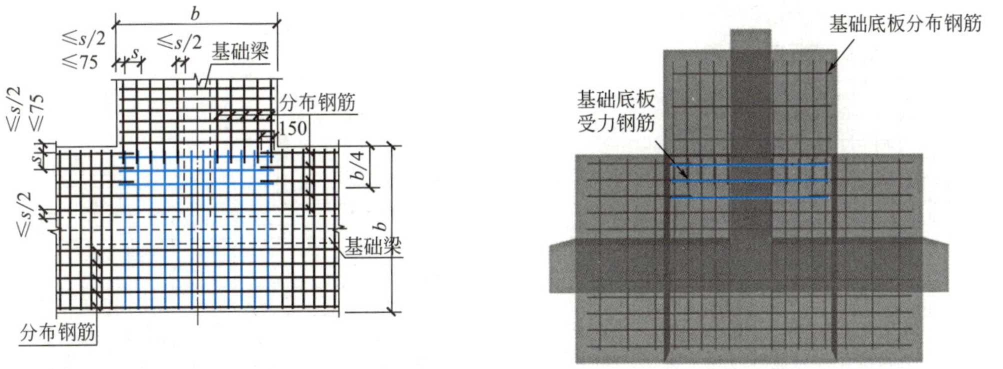

(b)

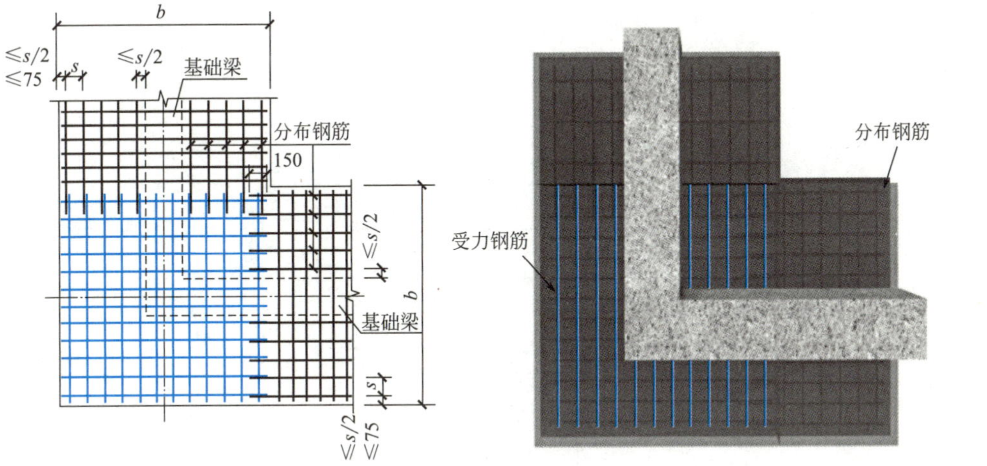

(c)

图 3-37　条形基础底板的配筋构造 1（一）

（a）十字交接基础底板；（b）丁字交接基础底板；（c）转角梁板端部无纵向延伸

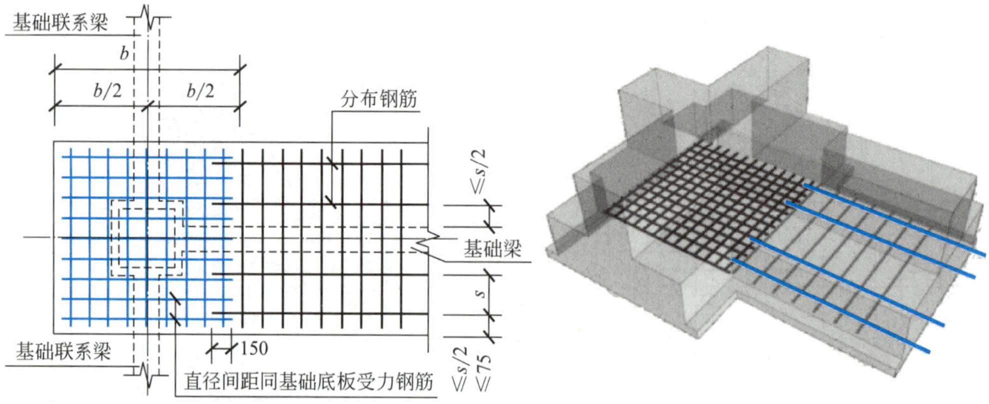

(d)

图 3-37　条形基础底板的配筋构造 1（二）

（d）条形基础无交接底板端部构造

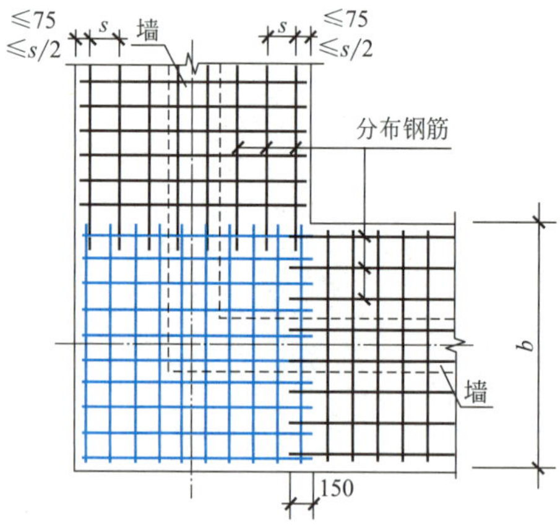

(a)

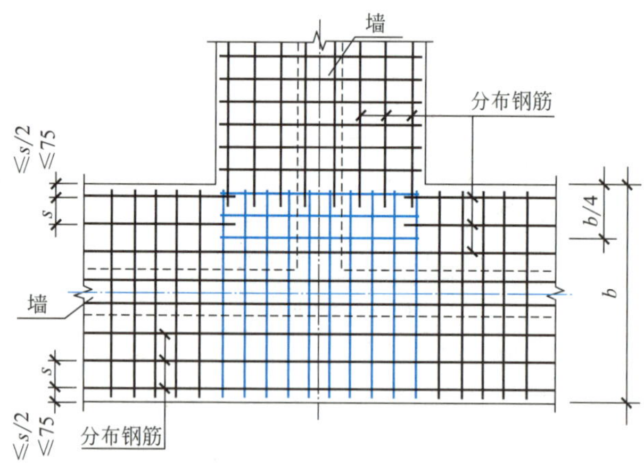

(b)

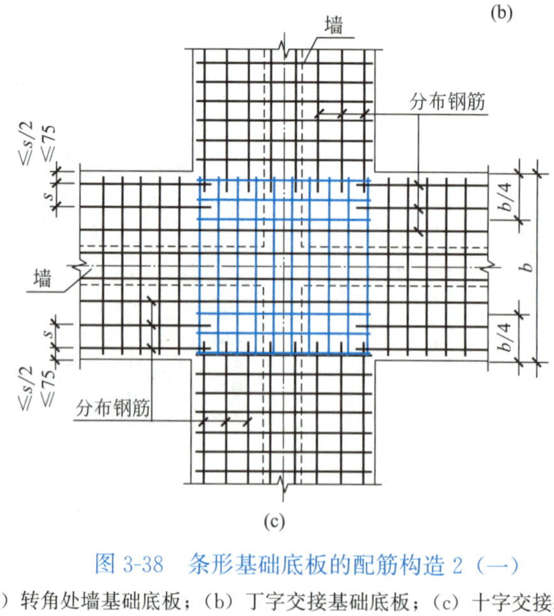

(c)

图 3-38　条形基础底板的配筋构造 2（一）

（a）转角处墙基础底板；（b）丁字交接基础底板；（c）十字交接基础底板

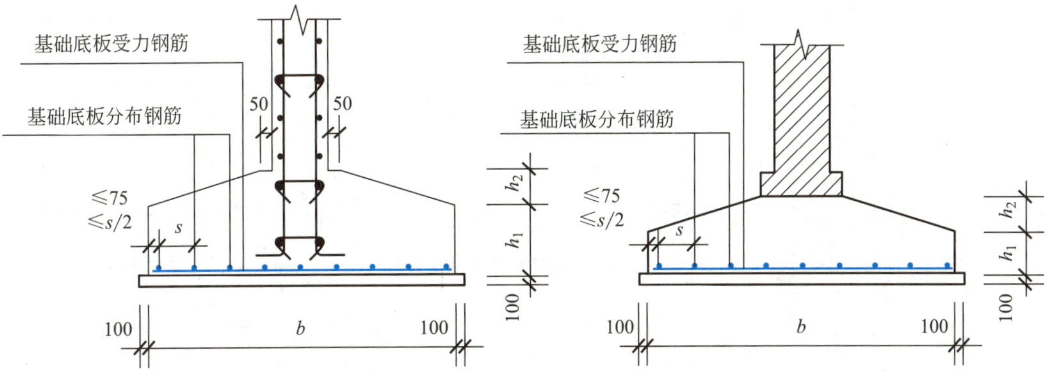

(剪力墙下条形基础截面)　　(砌体墙下条形基础截面)

(d)

图 3-38　条形基础底板的配筋构造 2（二）

（d）不同类型墙下条形基础底板配筋

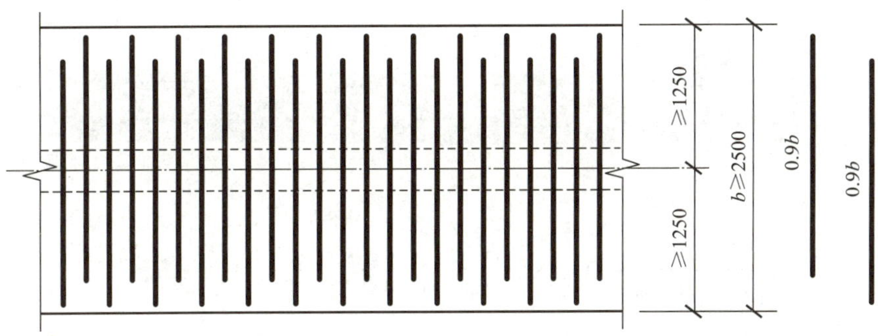

图 3-39　条形基础底板配筋长度减短 10%构造

构造要求：

（1）当底板交接区为受力钢筋和无交接底板时，端部第一根钢筋不应减短；

（2）当底板宽度 b≥2500mm 时，底板受力钢筋的长度为 0.9b，并交错布置。

3. 基础梁纵向钢筋与箍筋构造

基础梁纵向钢筋与箍筋构造，如图 3-40 所示。

构造要求：

（1）上部钢筋

1）顶部贯通纵筋在连接区内采用搭接、机械连接或焊接。同一连接区段内接头面积百分率不宜大于 50%；

2）当钢筋长度可穿过某一连接区到下一连接区并满足连接要求时，宜穿越设置；

3）顶部贯通纵筋连接区如图 3-40 所示。

（2）下部钢筋

1）底部贯通纵筋在连接区内采用搭接、机械连接或焊接。同一连接区段内接头面积百分率不宜大于 50%；

2）当钢筋长度可穿过某一连接区到下一连接区并满足连接要求时，宜穿越设置；

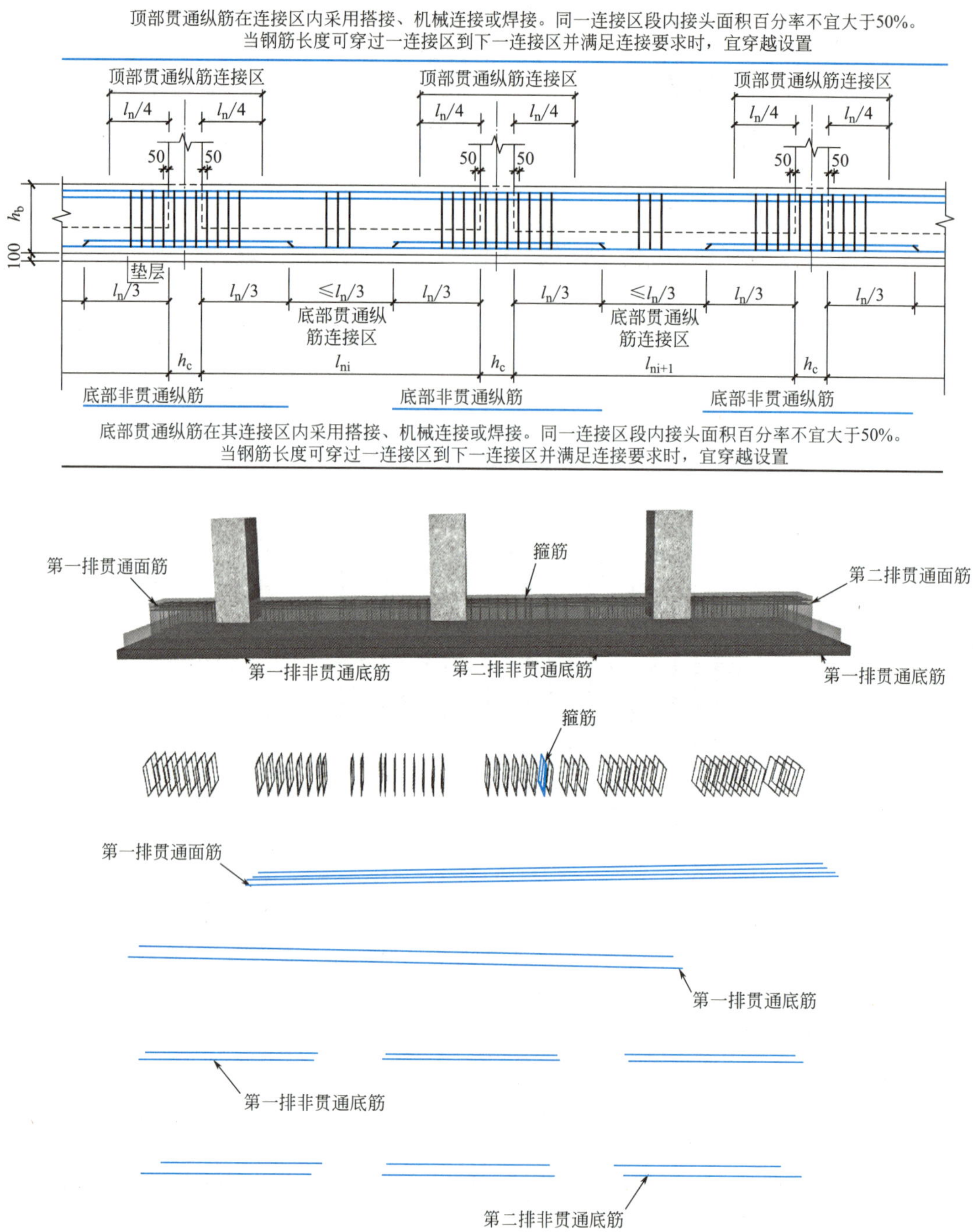

图 3-40　基础梁纵向钢筋与箍筋构造

3）底部贯通纵筋连接区如图 3-40 所示。底部非贯通纵筋的长度如图 3-40 所示。

（3）箍筋

节点区内箍筋按梁端箍筋设置。梁相互交叉宽度内的箍筋按截面高度较大的基础梁设置。同跨箍筋有两种时，各自设置范围按具体设计注写。

3.3　筏形基础平法施工图制图规则

3.3.1　梁板式筏形基础平法施工图的表示方法、类型与编号

梁板式筏形基础平法施工图，是在基础平面布置图上采用平面注写方式进行表达。

当绘制基础平面布置图时，应将梁板式筏形基础与其所支承的柱、墙一起绘制。梁板式筏形基础以多数相同的基础平板底面标高作为基础底面基准标高。当基础底面标高不同时，需注明与基础底面基准标高不同之处的范围和标高。

为方便设计表达，可通过选注基础梁底面与基础平板底面的标高高差来表达两者间的位置关系，可以明确其“高板位”“低板位”“中板位”三种不同位置组合的筏形基础。“高板位”是指梁顶与板顶齐平，“低板位”是指梁底与板底齐平，“中板位”是指板在梁的中部。

对于轴线未居中的基础梁，应标注其定位尺寸。

梁板式筏形基础由基础主梁、基础次梁、基础平板等构成，其编号见表3-7。

梁板式筏形基础构件编号　　表3-7

构件类型	代号	序号	跨数及有无外伸
基础主梁(柱下)	JL	××	(××)或(××A)或(××B)
基础次梁	JCL	××	(××)或(××A)或(××B)
梁板式筏基础平板	LPB	××	—

注：1. (××A) 为一端有外伸，(××B) 为两端有外伸，外伸不计入跨数。
2. 梁板式筏形基础平板跨数及是否有外伸分别在X、Y两向的贯通纵筋之后表达。图面从左至右为X向，从下至上为Y向。
3. 梁板式筏形基础主梁与条形基础梁编号与标准构造详图一致。

例：JL7（5B）表示第7号基础主梁，5跨，两端有外伸。

例：JCL6（4A）表示第6号基础次梁，4跨，一端有外伸。

3.3.2　基础主梁与基础次梁的平面注写方式

基础主梁与基础次梁的平面注写方式有集中标注与原位标注两部分内容。当集中标注中的某项数值不适用于梁的某部位时，则将该项数值采用原位标注。施工时，原位标注优先。

1. 基础主梁与基础次梁的集中标注

基础主梁与基础次梁的集中标注内容有基础梁编号、截面尺寸、配筋三项为必注内容，基础梁底面标高高差（相对于筏形基础平板底面标高）一项为选注内容。

（1）必注内容

1）注写基础梁的编号

编号依据见表3-7。

2）注写基础梁的截面尺寸。

基础梁的截面尺寸以$b \times h$表示梁截面宽度与高度；当为竖向加腋梁时，用$b \times h$

$Yc_1 \times c_2$ 表示，其中，c_1 为腋长、c_2 为腋高。

3）注写基础梁的配筋

① 注写基础梁箍筋

A. 当采用一种箍筋间距时，注写钢筋种类、直径、间距与肢数（写在括号内）。

B. 当采用两种箍筋时，用斜线“/”分隔不同箍筋，按照从基础梁两端向跨中的顺序注写。先注写第 1 段箍筋（在前面加注箍数），在斜线后再注写第 2 段箍筋（不再加注箍筋）。

例：9Φ16@100/Φ16@200（6），表示配置 HPB300 级钢筋，箍筋的直径为 16mm，间距为 2 种，从基础梁两端向跨内按箍筋间距 100mm 每端各设置 9 道，梁其余部位的箍筋间距为 200mm，均为 6 肢箍。

施工时应注意：两向基础主梁相交的柱下区域，应有一向截面较高的基础主梁箍筋贯通设置；当两向基础主梁高度相同时，任选一向基础主梁箍筋贯通设置。

② 注写基础梁的底部、顶部及侧面纵向钢筋

A. 以 B 打头，先注写梁底部贯通纵筋（不应少于底部受力钢筋总截面面积的 1/3）。当跨中所注根数少于箍筋肢数时，需要在跨中加设架立筋以固定箍筋，注写时，用加号“+”将贯通纵筋与架立筋相连，架立筋注写在加号后面的括号内。

B. 以 T 打头，注写梁顶部贯通纵筋值。注写时用分号“；”将底部与顶部纵筋分隔开，如有个别跨与其不同，按原位注写的规定处理。

例：B4Φ32；T7Φ32，表示梁的底部配置 4Φ32 的贯通纵筋，梁的顶部配置 7Φ32 的贯通纵筋。

C. 当梁底部或顶部贯通纵筋多于一排时，用斜线“/”将各排纵筋自上而下分开。

例：梁底部贯通纵筋注写为 B 8Φ28 3/5，则表示上一排纵筋为 3Φ28，下一排纵筋为 5Φ28。

D. 以大写字母 G 打头注写基础梁两侧对称设置的纵向构造钢筋的总配筋值（当梁腹板高度 h_w 不小于 450mm 时，根据需要配置）。

例：G 8Φ16，表示梁的两个侧面共配置 8Φ16 的纵向构造钢筋，每侧各配置 4Φ16。

当需要配置抗扭纵向钢筋时，梁的两个侧面设置的抗扭纵向钢筋以 N 打头。

例：N 8Φ16，表示梁的两个侧面共配置 8Φ16 的纵向抗扭钢筋，沿截面周边均匀对称设置。

但应注意，当为梁侧面构造钢筋时，其搭接与锚固长度可取为 $15d$；当为梁侧面受扭纵向钢筋时，其锚固长度为 l_a，搭接长度为 l_l，其锚固方式同基础梁上部纵筋。

（2）选注内容

注写基础梁底面标高高差：

基础梁底面标高高差系指相对于筏形基础平板底面标高的高差值。有高差时需将高差写入括号内（如“高板位”与“中板位”基础梁的底面与基础平板底面标高的高差值），无高差时不注（如“低板位”筏形基础的基础梁）。

2. 基础主梁与基础次梁的原位标注

基础主梁与基础次梁的原位标注规定如下：

（1）注写梁支座的底部纵筋

梁支座的底部纵筋，系指包含贯通纵筋与非贯通纵筋在内的所有纵筋：

1）当底板纵筋多于一排时，用斜线“/”将各排纵筋自上而下分开；

例：梁端（支座）区域底部纵筋注写为 10 Φ 25 4/6，则表示上一排纵筋为 4 Φ 25，下一排纵筋为 6 Φ 25。

2）当同排纵筋有两种直径时，用加号“+”将两种直径的纵筋相联，注写时角筋写在前面；

例：梁端（支座）区域底部纵筋注写为 4 Φ 28+2 Φ 25，则表示一排纵筋由两种不同直径钢筋组合。

3）当梁中间支座两边的底部纵筋配置不同时，需在支座两边分别标注；当梁中间支座两边的底部纵筋相同时，可仅在支座的一边标注配筋值；

4）当梁端（支座）区域的底部全部纵筋与集中注写过的贯通纵筋相同时，可不再重复做原位标注；

5）竖向加腋梁加腋部位钢筋，需在设置加腋的支座处以 Y 打头注写在括号内。

例：竖向加腋梁端（支座）处注写为 Y 4 Φ 25，表示竖向加腋部位纵筋为 4 Φ 25。

（2）注写基础梁的附加箍筋或（反扣）吊筋

基础梁的附加箍筋或（反扣）吊筋将其直接画在平面图中的主梁上，用线引注总配筋值（附加箍筋的肢数注在括号内），当多数附加箍筋或（反扣）吊筋相同时，可在基础梁平法施工图上统一注明，少数与统一注明值不同时，再原位引注。

（3）当基础梁外伸部位为变截面高度时，在该部位原位注写 $b \times h_1/h_2$，h_1 为根部截面高度、h_2 为尽端截面高度。

（4）注写修正内容

当在基础梁上集中标注的某项内容（如梁截面尺寸、箍筋、底部与顶部贯通纵筋或架立筋、梁侧面纵向构造钢筋、梁底面标高高差等）不适用于某跨或某外伸部位时，则将其修正内容原位标注在该跨或该外伸部位，施工时原位标注取值优先。

当在多跨基础梁的集中标注中已注明竖向加腋，而该梁某跨根部不需要竖向加腋时，则应在该跨原位标注等截面的 $b \times h$，以修正集中标注中的加腋信息。

按以上各项规定的组合表达方式，基础主梁与基础次梁标注图示如图 3-41 所示。

3. 基础梁底部非贯通纵筋的长度规定

为方便施工，基础主梁柱下区域和基础次梁支座区域底部非贯通纵筋的伸出长度 a_0 值，当配置不多于两排时，在标准构造详图中统一取值为：自支座边向跨内伸出至 $l_n/3$ 位置；当非贯通纵筋配置多于两排时，从第三排起向跨内的伸出长度值应由设计者注明。

l_n 的取值规定：边跨支座的底部非贯通纵筋，l_n 取本边跨的净跨长度值；中间支座的底部非贯通纵筋，l_n 取支座两边较大一跨的净跨长度值。

基础主梁与基础次梁外伸部位底部纵筋的伸出长度 a_0 值，在标准构造详图中统一取值为：第一排伸出至梁端头后，全部上弯 $12d$ 或 $15d$；其他排伸至梁端头后截断。a_0 的取值还应按照《混凝土结构设计规范》GB 50010、《建筑地基基础设计规范》GB 50007 和《高层建筑混凝土结构技术规程》JGJ 3 的相关规定进行校核，若不满足时应另行变更。

4. 梁板式筏形基础平板的平面注写方式

梁板式筏形基础平板 LPB 的平面注写分为集中标注与原位标注两部分内容。

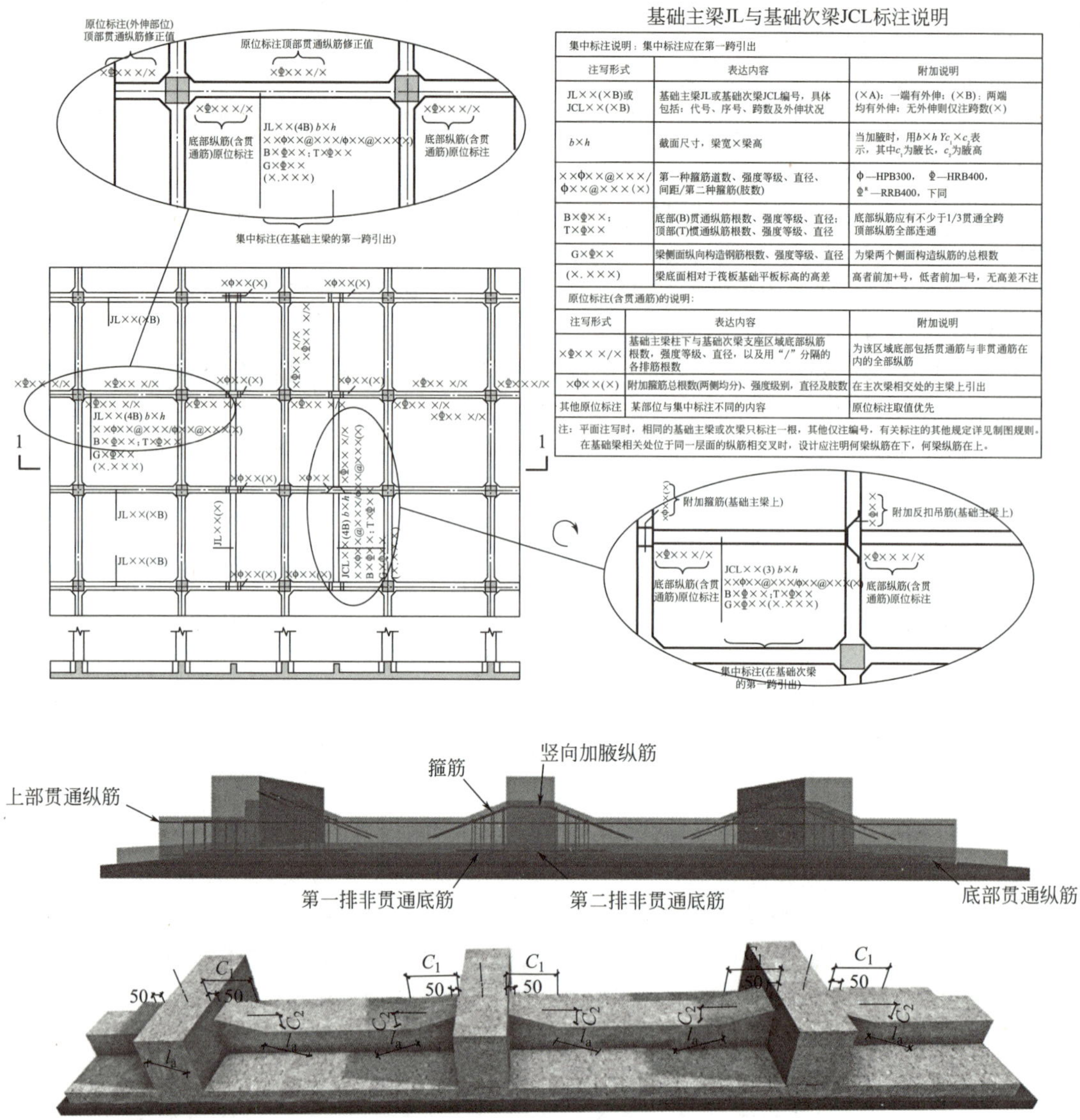

基础主梁JL与基础次梁JCL标注说明

集中标注说明：集中标注应在第一跨引出		
注写形式	表达内容	附加说明
JL××(×B)或 JCL××(×B)	基础主梁JL或基础次梁JCL编号，具体包括：代号、序号、跨数及外伸状况	(×A)：一端有外伸；(×B)：两端均有外伸；无外伸则仅注跨数(×)
$b\times h$	截面尺寸，梁宽×梁高	当加腋时，用$b\times h$ $Yc_1\times c_2$表示，其中c_1为腋长，c_2为腋高
××Φ××@×××/Φ××@×××(×)	第一种箍筋道数、强度等级、直径、间距/第二种箍筋(肢数)	Φ—HPB300，Φ—HRB400，$Φ^R$—RRB400，下同
B×Φ××；T×Φ××	底部(B)贯通纵筋根数、强度等级、直径；顶部(T)惯通纵筋根数、强度等级、直径	底部纵筋应有不少于1/3贯通全跨 顶部纵筋全部连通
G×Φ××	梁侧面纵向构造钢筋根数、强度等级、直径	为梁两个侧面构造纵筋的总根数
(×.×××)	梁底面相对于筏板基础平板标高的高差	高者前加+号，低者前加−号，无高差不注
原位标注(含贯通筋)的说明：		
注写形式	表达内容	附加说明
×Φ×× ×/×	基础主梁柱下与基础次梁支座区域底部纵筋根数，强度等级、直径，以及用“/”分隔的各排筋根数	为该区域底部包括贯通筋与非贯通筋在内的全部纵筋
×Φ××(×)	附加箍筋总根数(两侧均分)、强度级别，直径及肢数	在主次梁相交处的主梁上引出
其他原位标注	某部位与集中标注不同的内容	原位标注取值优先
注：平面注写时，相同的基础主梁或次梁只标注一根，其他仅注编号，有关标注的其他规定详见制图规则。在基础梁相关处位于同一层面的纵筋相交叉时，设计应注明何梁纵筋在下，何梁纵筋在上。		

图 3-41　基础主梁与基础次梁标注图示

(1) 集中标注

梁板式筏形基础平板 LPB 的集中标注，应在所表达的板内双向均为第一跨（X 与 Y 双向首跨）的板上引出（图面从左至右为 X 向，从下至上为 Y 向）。

板区划分条件：板厚相同、基础平板底板与顶部贯通纵筋配置相同的区域为同一板区。

集中标注的内容规定如下：

1）注写基础平板的编号，见表 3-7。

2）注写基础平板的截面尺寸。注写 h＝×××，表示板厚。

3）注写基础平板的底部与顶部贯通纵筋及其跨数及外伸情况。

先注写 X 向底部（B 打头）贯通纵筋与顶部（T 打头）贯通纵筋及纵向长度范围；再

注写Y向底部（B打头）贯通纵筋与顶部（T打头）贯通纵筋及其跨数及外伸情况（图面从左至右为X向，从下至上为Y向）。

贯通纵筋的跨数及外伸情况注写在括号中，注写方式为“跨数及有无外伸”，表达形式为（××）（无外伸）、（××A）（一端有外伸）或（××B）（两端有外伸）。

应注意：基础平板的跨数以构成柱网的主轴线为准，两主轴线之间无论有几道辅助轴线，均可按一跨考虑。

例：X：B⌀22@150；T⌀20@150；（5B）

Y：B⌀20@200；T⌀18@200；（7A）

表示基础平板X向底部配置⌀22，间距为150mm贯通纵筋，顶部配置⌀20，间距为150mm的贯通纵筋，共5跨两端有外伸；Y向底部配置⌀20，间距为200mm贯通纵筋，顶部配置⌀18，间距为200mm的贯通纵筋，共7跨一端有外伸。

当贯通筋采用两种规格钢筋“隔一布一”的方式时，表达为⌀xx/yy@×××，表示直径xx的钢筋和直径yy的钢筋之间的间距为×××，直径xx的钢筋、直径yy的钢筋间距分别为×××的2倍。

例：⌀10/12 @ 100，表示贯通纵筋为⌀10、⌀12隔一布一，相邻⌀10与⌀12之间的距离为100mm。

（2）原位标注

梁板式筏形基础平板的原位标注，主要表达板底部附近非贯通纵筋。具体注写内容如下：

1）原位注写位置及内容

板底部原位标注的附加非贯通纵筋，应在配置相同跨的第一跨表达（当在基础梁悬挑部位单独配置时则在原位表达）。在配置相同跨的第一跨（或基础梁外伸部位），垂直于基础梁绘制一段中粗虚线（当该筋通长设置在外伸部位或短跨板下部时，应画至对边或贯通短跨），在虚线上注写编号（如①、②等）、配筋值、横向布置的跨数及是否布置到外伸部位。

板底部附加非贯通纵筋自支座中线向两边跨内的伸出长度注写在线段的下方位置。当该筋向两侧对称伸出时，可仅在一侧标注，另一侧不注；当布置在边梁下时，向基础平板外伸部位一侧的伸出长度与方式按标准构造，设计不注。底部附加非贯通筋相同者，可仅注写一处，其他只注写编号。

原位注写的底部附加非贯通纵筋与集中标注的底部贯通钢筋，宜采用“隔一布一”的方式布置，即基础平板（X向或Y向）底部附加非贯通纵筋与贯通纵筋间隔布置，其标注间距与底部贯通纵筋相同（两者实际组合后的间距为各自标注间距的1/2）。

2）注写修正内容

当集中标注的某些内容不适用于梁板式筏形基础平板某板内的某一板跨时，应由设计者在该板跨内注明，施工时应按注明内容取用。

3）注写其他内容

当若干基础梁下基础平板的底部附加非贯通纵筋配置相同时（其底部、顶部的贯通纵筋可以不同），可仅在一根基础梁下做原位注写，并在其他梁上注明“该梁下基础平板底部附加非贯通纵筋同××基础梁”。

梁板式筏形基础平板的平面注写规定，同样适用于钢筋混凝土墙下的基础平板。按以上主要分项规定的组合表达方式，如图 3-42 所示。

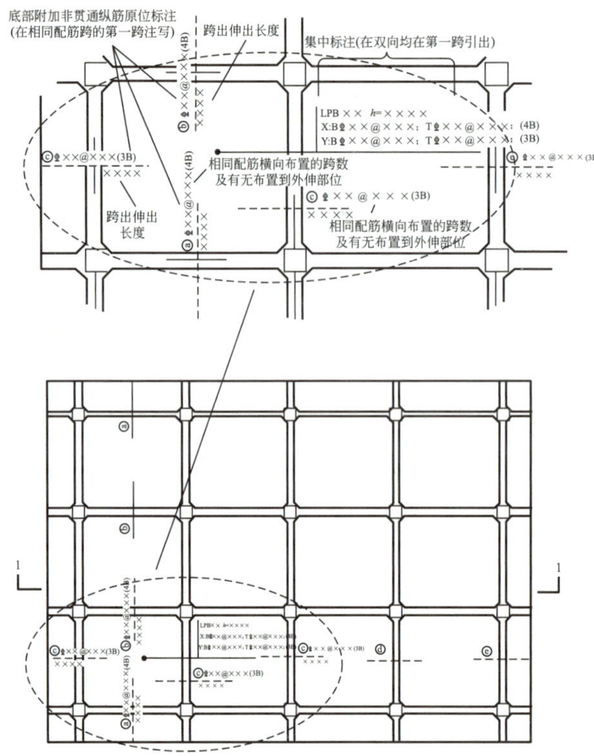

梁板式筏形基础平板LPB标注说明

注写形式	表达内容	附加说明
集中标注说明：集中标注应在双向均为第一跨引出		
LPB××	基础平板编号，包括代号和序号	为梁板式基础的基础平板
h=×××	基础平板厚度	
X:BΦ××@×××；TΦ××@×××；(×、×A、×B) Y:BΦ××@×××；TΦ××@×××；(×、×A、×B)	X或Y向底部与顶部贯通纵筋强度等级、直径、间距(跨数及外伸情况)	底部纵筋应有不少于1/3贯通全跨，注意与非贯通纵筋组合设置的具体要求，详见制图规则。顶部纵筋应全跨连通。用B引导底部贯通纵筋，用T引导顶部贯通纵筋。 (×A)：一端有外伸；(×B)：两端均有外伸；无外伸则仅注跨数(×)。图面从左至右为X向，从下至上为Y向
板底部附加非贯通筋的原位标注说明：原位标注应在基础梁下相同配筋跨的第一跨下注写		
注写形式	表达内容	附加说明
ⓧΦ××@×××(×、×A、×B) ×××× 基础梁	板底部附加非贯通纵筋编号、强度等级、直径、间距(相同配筋横向布置的跨数外伸情况)；自梁中心线分别向两边跨内的伸出长度值	当向两侧对称伸出时，可只在一侧注伸出长度值。外伸部位一侧的伸出长度与方式按标准构造，设计不注。相同非贯通纵筋可只注写一处，其他仅在中粗虚线上注写编号。与贯通纵筋组合设置时的具体要求详见相应制图规则
修正内容原位注定	某部位与集中标注不同的内容	原位标注的修正内容取值优先
注：图注中注明的其他内容见22G101-3制图规则第4.6.2条；有关标注的其他规定详见制图规则		

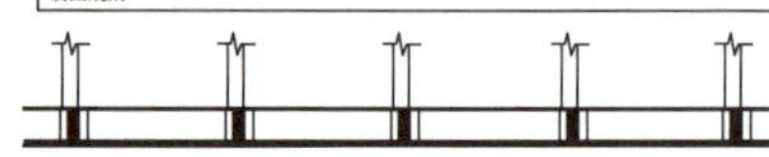

1—1

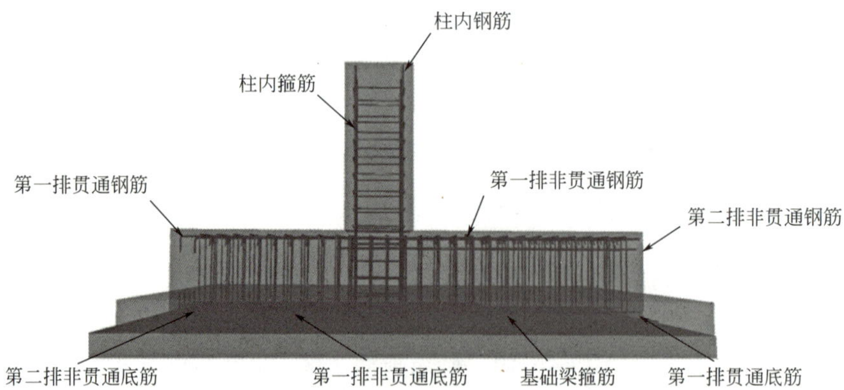

图 3-42　梁板式筏形基础平板标注图示

5. 梁板式筏形基础钢筋构造

（1）基础梁的钢筋构造

基础梁的钢筋包括纵向钢筋和箍筋，其构造要求如图 3-43 所示。

无论是顶部贯通纵筋还是底部贯通纵筋在其连接区内的连接方式均可采用搭接、机械连接或焊接。连接区的长度如图 3-43 所示。同一连接区段内接头面积百分率不宜大于 50%。当钢筋长度可穿过某一连接区到下一连接区并满足连接要求时，宜穿越设置。

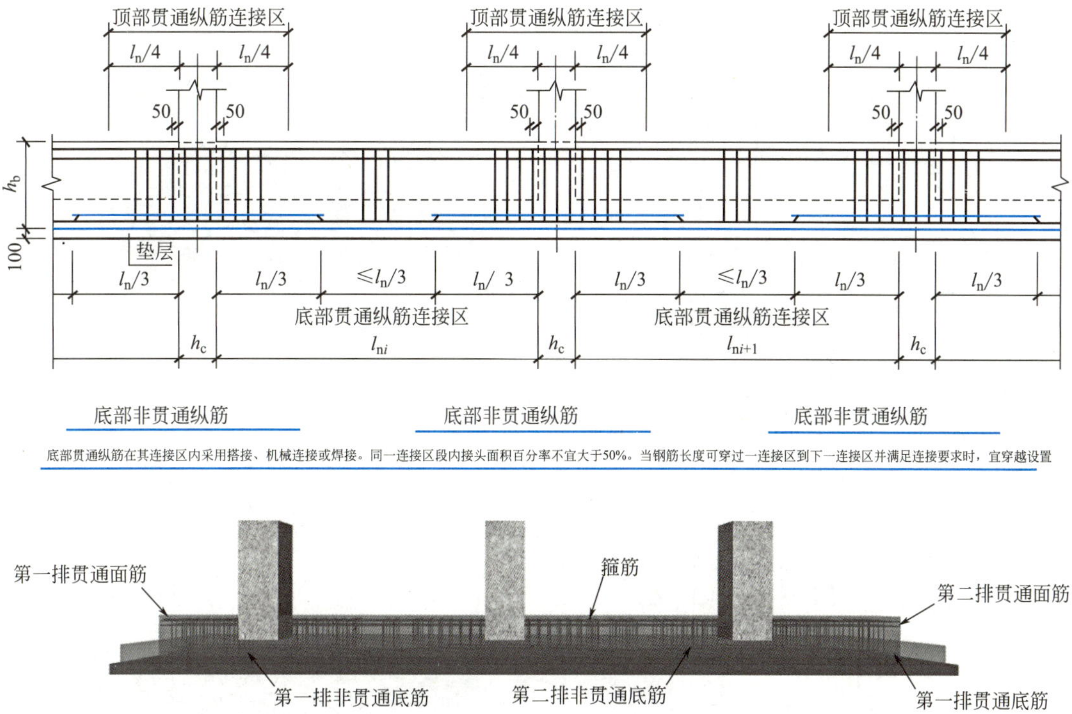

图 3-43 基础梁纵向钢筋与箍筋构造

(2) 基础梁配置两种箍筋构造

当基础梁内配置两种箍筋，即梁端和梁跨中的箍筋不同时，箍筋的范围按照图 3-44 进行配置。梁端第一种箍筋范围需按设计标注。

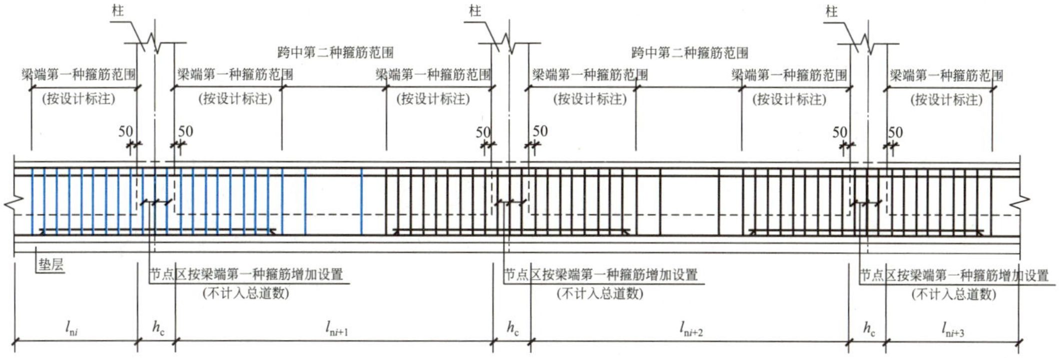

图 3-44 基础梁配置两种箍筋构造

(3) 基础梁端部与外伸部位钢筋构造

基础梁端部等（变）截面外伸构造中，当从柱内边算起的梁端部外伸长度不满足直锚要求时，基础梁下部钢筋应伸至端部后弯折，且从柱边算起水平段长度$\geq 0.6l_{ab}$，弯折段长度为 $15d$。如图 3-45 所示。

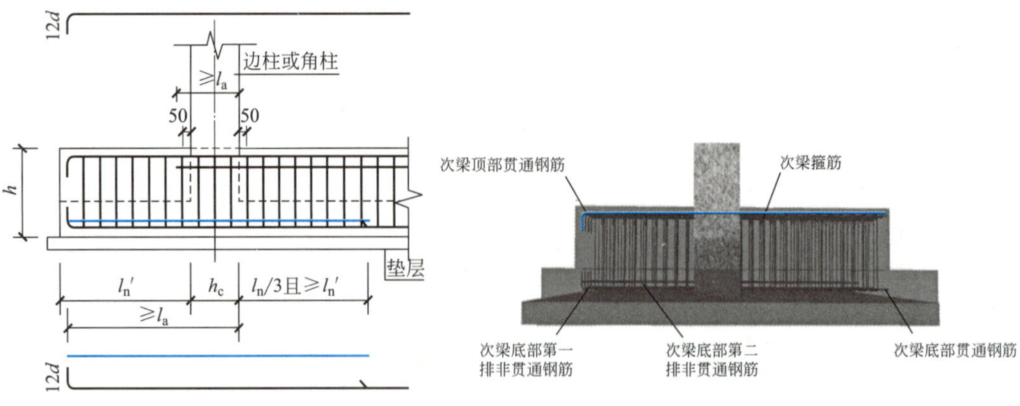

(a)

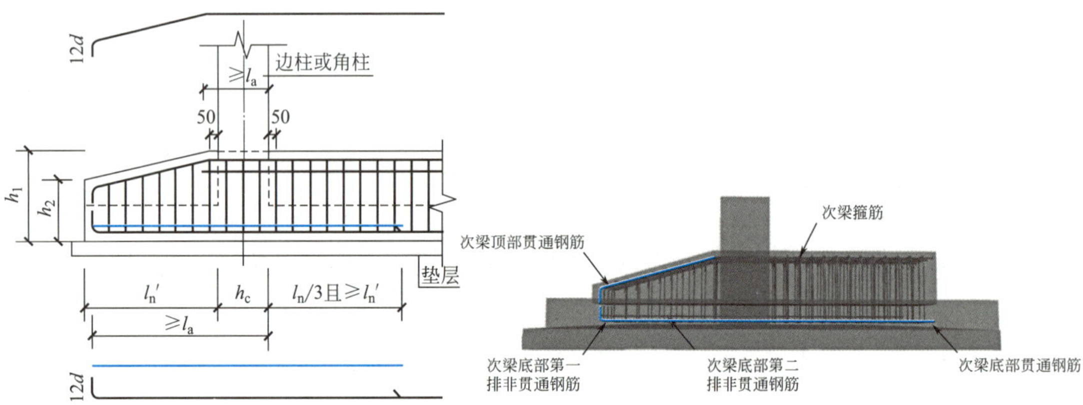

(b)

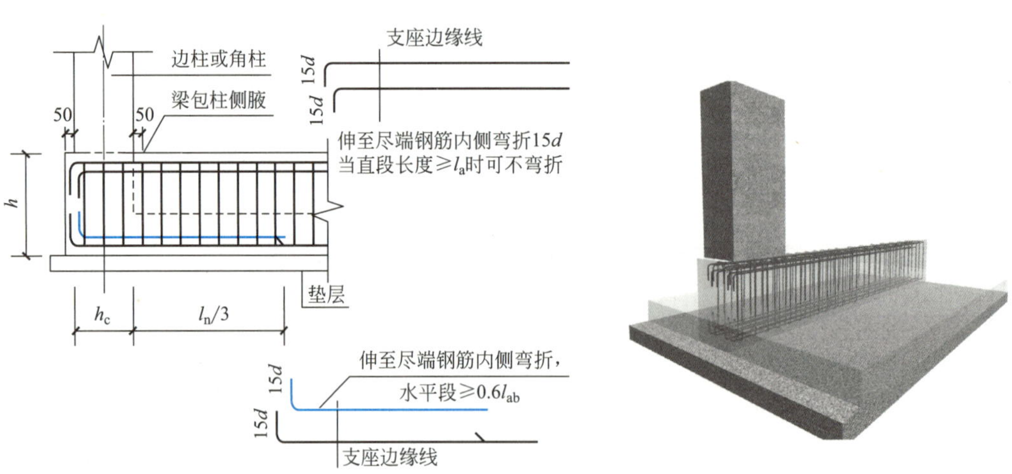

(c)

图 3-45　基础梁端部与外伸部位钢筋构造

（a）端部等截面外伸构造；（b）端部变截面外伸构造；（c）端部无外伸构造

3.3.3 平板式筏形基础平法施工图制图规则

1. 平板式筏形基础平法施工图的表示方法

平板式筏形基础平法施工图，是在基础平面布置图上采用平面注写方式表达。

当绘制基础平面布置图时，应将平板式筏形基础与其所支承的柱、墙一起绘制。当基础底面标高不同时，需注明与基础底面基准标高不同之处的范围和标高。

2. 平板式筏形基础构件的类型与编号

平板式筏形基础的平面注写有两种表达方式。一种是划分为柱下板带和跨中板带表达；另一种是按基础平板表达。

平板式筏形基础构件编号见表 3-8。

平板式筏形基础构件编号　　表 3-8

构件类型	代号	序号	跨数及有无外伸
柱下板带	ZXB	××	(××)或(××A)或(××B)
跨中板带	KZB	××	(××)或(××A)或(××B)
平板式筏基础平板	BPB	××	

注：1. (××A) 为一端有外伸，(××B) 为两端有外伸，外伸不计入跨数。
2. 平板式筏形基础平板，其跨数及是否有外伸分别在 X、Y 两向的贯通纵筋之后表达。图面从左至右为 X 向，从下至上为 Y 向。

3. 柱下板带、跨中板带的平面注写方式

柱下板带（视其为无箍筋的宽扁梁）与跨中板带的平面注写方式有集中标注与原位标注两部分内容。

(1) 柱下板带与跨中板带的集中标注，应在第一跨（X 向为左端跨，Y 向为下端跨）引出。具体规定如下：

1) 注写编号，见表 3-8；

2) 注写截面尺寸；

3) 注写底部与顶部贯通纵筋。

(2) 柱下板带与跨中板带的原位标注，主要为底部附加非贯通纵筋。具体规定如下：

1) 注写内容。以一段与板带同向的中粗虚线代表附加非贯通纵筋；柱下板带：贯穿其柱下区域绘制；跨中板带：横贯柱中线绘制，在虚线上注写底部附加非贯通纵筋的编号、钢筋种类、直径、间距、自柱中线分别向两侧跨内的伸出长度值；

2) 注写修正内容。柱下板带与跨中板带标注图示如图 3-46 所示。

4. 平板式筏形基础平板的平面注写方式

平板式筏形基础平板的平面注写，分为集中标注和原位标注两部分内容。平板式筏形基础平板标注图示如图 3-47 所示。

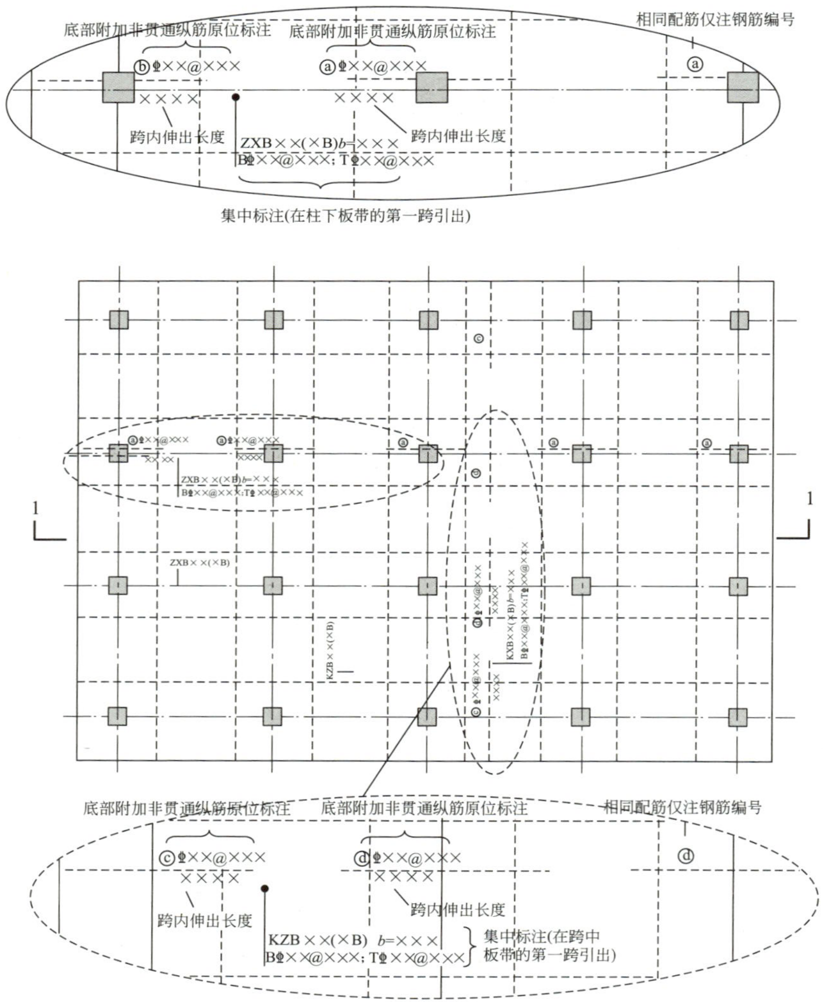

柱下板带ZXB与跨中板带KZB标注说明

<table>
<tr><td colspan="3">集中标注说明：集中标注应在第一跨引出</td></tr>
<tr><td>注写形式</td><td>表达内容</td><td>附加说明</td></tr>
<tr><td>ZXB××(×B)或
KZB××(×B)</td><td>柱下板带或跨中板带编号，具体包括：代号、序号(跨数及外伸状况)</td><td>(×A)：一端有外伸；(×B)：两端均有外伸；无外伸则仅注跨数(×)</td></tr>
<tr><td>b=××××</td><td>板带宽度(在图注中应注明板厚)</td><td>板带宽度取值与设置部位应符合规范要求</td></tr>
<tr><td>Bϕ××@×××；
Tϕ××@×××</td><td>底部贯通纵筋强度等级、直径、间距；顶部贯通纵筋强度等级、直径、间距</td><td>底部纵筋应有不少于1/3贯通全跨，注意与非贯通纵筋组合设置的具体要求，详见制图规则</td></tr>
<tr><td colspan="3">板底部附加非贯通纵筋原位标注说明：</td></tr>
<tr><td>注写形式</td><td>表达内容</td><td>附加说明</td></tr>
<tr><td>ⓐϕ××@×××
××××
柱下板带：ϕ××@×××
××××
跨中板带：ϕ××@×××
××××</td><td>底部非贯通纵筋编号、强度等级、直径、间距；自柱中线分别向两边跨内的伸出长度值</td><td>同一板带中其他相同非贯通纵筋可仅在中粗虚线上注写编号。向两侧对称伸出时，可只在一侧注伸出长度值，向外伸部位的伸出长度与方式按标准构造，设计不注。与贯通纵筋组合设置时的具体要求详见相应制图规则</td></tr>
<tr><td>修正内容原位注写</td><td>某部位与集中标注不同的内容</td><td>原位标注的修正内容取值优先</td></tr>
<tr><td colspan="3">注：1.相同的柱下或跨中板带只标注一处，其他仅注编号。
2.图注中注明的其他内容见制图规则第5.5.2条；有关标注的其他规定详见制图规则。</td></tr>
</table>

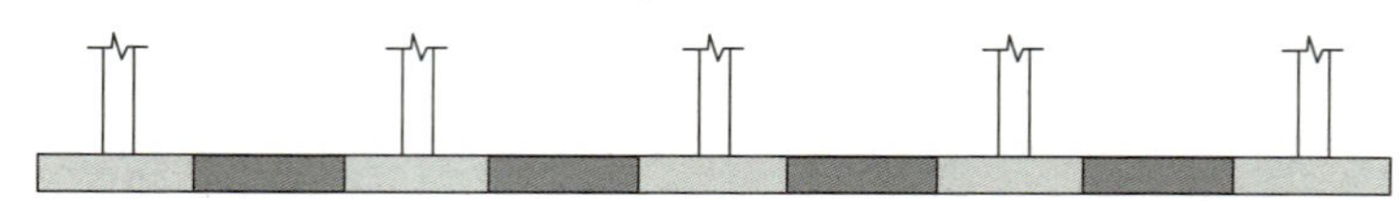

1—1

图 3-46　柱下板带与跨中板带标注图示

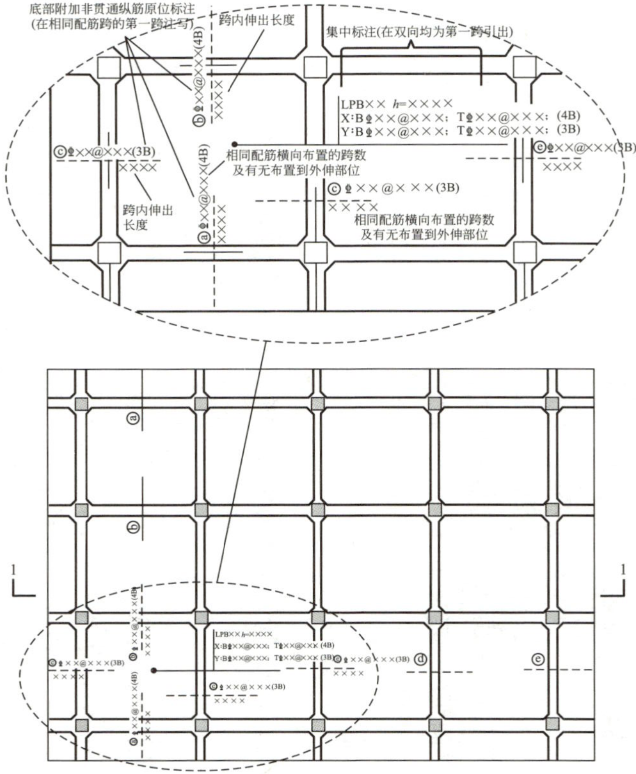

平板式筏形基础平板BPB标注说明

注写形式	表达内容	附加说明
集中标注说明：集中标注应在双向均为第一跨引出		
BPB××	基础平板编号，包括代号和序号	为平板式筏形基础的基础平板
h=×××	基础平板厚度	
X:B⌀××@×××; T⌀××@×××;(4B) Y:B⌀××@×××; T⌀××@×××;(3B)	X或Y向底部与顶部贯通纵筋强度等级、直径、间距(跨数及外伸情况)	底部纵筋应有不少于1/3贯通全跨，注意与非贯通纵筋组合设置的具体要求，详见制图规则。顶部纵筋应全跨贯通。用B引导底部贯通纵筋，用T纵筋，用T引导顶部贯通纵筋。(×A)：一端有外伸；(×B)：两端均有外伸；无外伸则仅注跨数至右为X向，从下至上为Y向
板底部附加非贯通筋的原位标注说明：原位标注应在基础梁下相同配筋跨的第一跨下注写		
注写形式	表达内容	附加说明
⊗⌀××@×××(×、×A、×B) ×××× 柱中线	底部附加非贯通纵筋编号、强度等级、直径、间距(相同配筋横向布置的跨数及有无布置到外伸部位)；自梁中心线分别向两边跨内的伸出长度值	当向两侧对称伸出时，可只在一侧注伸出长度值。外伸部位一侧的伸出长度与方式按标准构造，设计不注。相同非贯通纵筋可只注写一处，其他仅在中粗虚线上注写编号。与贯通纵筋组合设置时的具体要求详见相应制图规则
注写修正内容	某部位与集中标注不同的内容	原位标注的修正内容取值优先

注：板底支座处实际配筋为集中标注的板底贯通纵筋与原位标注的板底附加非贯通纵筋之和。图注中注明的其他内容见制图规则第5.5.2条；有关标注的其他规定详见制图规则

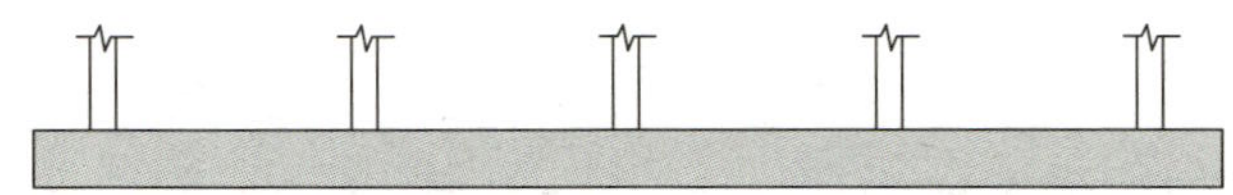

1—1

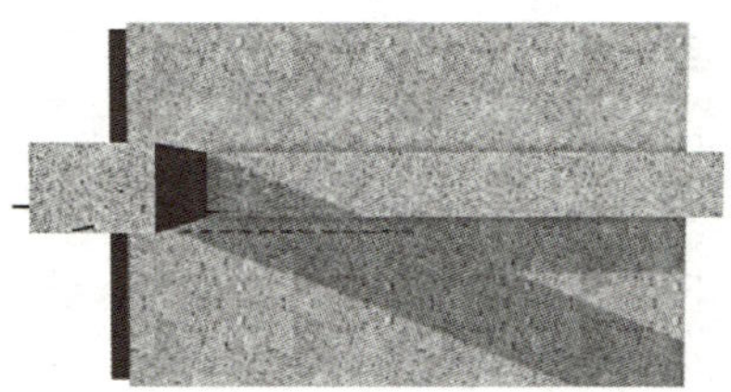

筏形基础构造 1　　筏形基础构造2

图 3-47　平板式筏形基础平板标注图示

模块后测

模块 3-测试 1　　模块 3-测试 2　　模块 3-测试 3

练习题

1. 当独立基础底板长度（　　）2500mm 时，除外侧钢筋外，底板配筋长度可取相应方向底板长度的 0.9 倍。

A. ＞　　B. ≥　　C. ＜　　D. ＝

2. 在基础内的第一根箍筋到基础顶面的距离是（　　）。

A. 50mm　　B. 100mm

C. 3*d*（*d* 为箍筋直径）　　D. 5*d*（*d* 为箍筋直径）

3. 当基础高度不满足直锚时，基础插筋在基础内弯折长度为（　　）。

A. 150mm　　B. 6*d*（*d* 为插筋直径）

C. 15*d*　　D. 6*d* 和 150mm 之间取大值

4. 独立基础中第一根 X 向底筋距离基础边缘的距离为（　　）。

A. 75mm 与 X 向底筋间距的一半取小值

B. 75mm

C. X 向底筋间距的一半

D. 50mm

5. 双柱普通独立基础底部双向交叉钢筋的位置应将（　　）方向钢筋置于下方。

A. 基础长边

B. 基础短边

C. 柱外缘至基础外缘伸出长度较大者

D. 柱外缘至基础外缘伸出长度较小者

6. 梁板式筏基的基础主梁注写时，以 B 打头表示梁的（　　）。

A. 中部贯通钢筋　　B. 底部贯通钢筋

C. 外部贯通钢筋　　D. 上部贯通钢筋

7. 基础梁 JL 节点区箍筋按（　　）设置。

A. 梁侧钢筋　　B. 梁端箍筋

C. 梁边钢筋　　D. 梁中箍筋

8. 当图纸标有：JL8（3）300×700 Y500×250，表示（　　）

A. 8 号基础主梁，3 跨，截面尺寸为宽 300mm、高 700mm，竖向加腋，腋长

500mm、腋高 250mm

B. 8 号基础主梁，3 跨，截面尺寸为宽 300mm、高 700mm，竖向加腋，腋高 500mm、腋长 250mm

C. 8 号基础主梁，3 跨，截面尺寸为宽 700mm、高 300mm，水平加腋，腋长 500mm、腋高 250mm

D. 8 号基础主梁，3 跨，截面尺寸为宽 300mm、高 700mm，水平加腋，腋高 500mm、腋长 250mm

学生任务单（含课程评价）3.1

<table>
<tr><td rowspan="5">前期导入</td><td colspan="2">任务名称</td><td colspan="6"></td></tr>
<tr><td colspan="2">学生姓名</td><td colspan="2"></td><td colspan="2">班级学号</td><td colspan="2"></td></tr>
<tr><td colspan="2">同组成员</td><td colspan="6"></td></tr>
<tr><td colspan="2">负责任务</td><td colspan="6"></td></tr>
<tr><td colspan="2">完成日期</td><td colspan="2"></td><td colspan="2">完成效果</td><td colspan="2">教师评价及签字</td></tr>
<tr><td rowspan="2">明确任务</td><td>任务目标</td><td colspan="7"></td></tr>
<tr><td>依据规范</td><td colspan="7">建议学生指明到条款</td></tr>
<tr><td rowspan="2">自学简述</td><td>课前布置</td><td colspan="7">主要根据老师的课前布置任务，说明自己学习了什么、浏览了什么资源、查阅了什么资料等</td></tr>
<tr><td>拓展学习</td><td colspan="7">主要说明除了老师布置的还自学了什么？查阅了什么资料等</td></tr>
<tr><td rowspan="2">任务实施</td><td rowspan="2">重点记录</td><td colspan="5" rowspan="2">主要记录完成任务过程中，用到的基本知识、公式、规范、方法和工具等</td><td colspan="2">成果提交</td></tr>
<tr><td colspan="2">可由教师提供相关二维码</td></tr>
<tr><td rowspan="3">学习反思</td><td>不足之处</td><td colspan="7"></td></tr>
<tr><td>待解问题</td><td colspan="7"></td></tr>
<tr><td>课后学习</td><td colspan="7"></td></tr>
<tr><td rowspan="5">过程评价</td><td rowspan="2">自我评价
（5 分）</td><td>课前学习</td><td>时间观念</td><td>实施方法</td><td>职业素养</td><td>成果质量</td><td colspan="2">分值</td></tr>
<tr><td></td><td></td><td></td><td></td><td></td><td colspan="2"></td></tr>
<tr><td rowspan="2">小组评价
（5 分）</td><td>任务承担</td><td>时间观念</td><td>团队合作</td><td>能力素养</td><td>成果质量</td><td colspan="2">分值</td></tr>
<tr><td></td><td></td><td></td><td></td><td></td><td colspan="2"></td></tr>
<tr><td>综合打分</td><td colspan="7">自我评价分值+小组评价分值：</td></tr>
</table>

单个构件钢筋放样下料计算书 3.2

<table>
<tr><td>工程名称</td><td colspan="3"></td><td>构件位置</td><td colspan="2">标明在第 N 层第 X 轴或第 Y 轴</td></tr>
<tr><td>构件名称及编号</td><td></td><td>构件数量</td><td></td><td>编制人</td><td></td><td>第　页</td></tr>
<tr><td>构件配筋示意图</td><td colspan="6"></td></tr>
<tr><td>构件钢筋分析放样图</td><td colspan="6"></td></tr>
<tr><td>钢筋下料计算</td><td colspan="6"></td></tr>
</table>

构件名称及编号		第　页

续表

<table>
<tr><td>接前页

钢筋
下料
计算</td><td colspan="2"></td></tr>
<tr><td>构件名称及编号</td><td></td><td>第　页</td></tr>
</table>

单个构件钢筋下料长度汇总表 3.3

<table>
<tr><td>工程名称：</td><td colspan="8"></td></tr>
<tr><td>构件位置：</td><td colspan="2"></td><td>构件名称及编号：</td><td></td><td colspan="2">构件数量：</td><td></td></tr>
<tr><td>钢筋编号</td><td>钢筋规格</td><td>钢筋简图</td><td>单根下料长度（mm）</td><td>钢筋根数（根）</td><td>钢筋总长度（m）</td><td>钢筋每米重（kg/m）</td><td>钢筋总重量（kg）</td></tr>
<tr><td>①</td><td></td><td></td><td></td><td></td><td></td><td></td><td></td></tr>
<tr><td>②</td><td></td><td></td><td></td><td></td><td></td><td></td><td></td></tr>
<tr><td>③</td><td></td><td></td><td></td><td></td><td></td><td></td><td></td></tr>
<tr><td>④</td><td></td><td></td><td></td><td></td><td></td><td></td><td></td></tr>
<tr><td>⑤</td><td></td><td></td><td></td><td></td><td></td><td></td><td></td></tr>
<tr><td>⑥</td><td></td><td></td><td></td><td></td><td></td><td></td><td></td></tr>
<tr><td>⑦</td><td></td><td></td><td></td><td></td><td></td><td></td><td></td></tr>
<tr><td>⑧</td><td></td><td></td><td></td><td></td><td></td><td></td><td></td></tr>
<tr><td>⑨</td><td></td><td></td><td></td><td></td><td></td><td></td><td></td></tr>
<tr><td>⑩</td><td></td><td></td><td></td><td></td><td></td><td></td><td></td></tr>
<tr><td>⑪</td><td></td><td></td><td></td><td></td><td></td><td></td><td></td></tr>
<tr><td>⑫</td><td></td><td></td><td></td><td></td><td></td><td></td><td></td></tr>
<tr><td>⑬</td><td></td><td></td><td></td><td></td><td></td><td></td><td></td></tr>
<tr><td>⑭</td><td></td><td></td><td></td><td></td><td></td><td></td><td></td></tr>
<tr><td>⑮</td><td></td><td></td><td></td><td></td><td></td><td></td><td></td></tr>
<tr><td>⑯</td><td></td><td></td><td></td><td></td><td></td><td></td><td></td></tr>
</table>

编制人：　　　　　　　　　　　　　　　　　　　　　　　　编制日期：

模块 4 Modular 04

柱构造

学习目标

（1）掌握平法柱制图规则及柱钢筋构造。

（2）掌握预制柱构造要求。

育人目标

通过秦国“顶梁柱”蒙恬的故事，进一步解释“顶梁柱”的概念及意义，教育学生无论在家庭或社会中都要争做“顶梁柱”，培养学生吃苦耐劳、勇于探索、敢于担当、争做先锋模范带头人的精神。

建议课时：12 课时+课余时间。

建议教学形式：配套使用《22G101-1》图集和《装配式混凝土结构技术规程》JGJ 1-2014 以及教材提供的数字资源。

思维导图

- 柱构造
  - 柱平法施工图的表示方法
    - 列表注写方式
      - 柱编号
      - 柱的起止标高
      - 柱截面几何尺寸
      - 柱纵向钢筋
      - 柱箍筋类型及型号
      - 柱箍筋
    - 截面注写方式
      - 柱高
      - 柱编号
      - 柱截面尺寸与轴线关系
      - 柱纵向钢筋
      - 柱箍筋
  - 平法柱钢筋构造
    - 框架柱首层纵向钢筋连接构造
      - 嵌固部位
      - 非嵌固部位
    - 框架柱中间层纵向钢筋连接构造
      - 钢筋连接形式
        - 机械连接
        - 焊接
        - 绑扎连接
      - 柱截面变化钢筋连接构造
      - 柱纵筋直径、数量变化钢筋连接构造
    - 框架柱顶层纵向钢筋连接构造
      - 边柱和角柱柱顶纵筋钢筋构造
      - 中柱柱顶纵筋钢筋构造
    - 柱箍筋构造
      - 柱箍筋复合方式
      - 柱箍筋加密区
  - 预制柱构造要求
    - 预制柱的基本构造要求
    - 预制柱竖向连接节点
    - 预制柱与叠合梁之间的节点连接
      - 中间层中间节点构造
      - 顶层中间节点构造
      - 顶层端节点构造
      - 梁纵向钢筋在节点区外的后浇段内连接

岗位技能点

（1）能读懂结构施工图中柱构件的钢筋配置。

（2）能熟练运用柱构造知识，能根据柱平法标注的平面图画出柱纵剖面图和钢筋翻样图，并进行单根钢筋的下料长度计算。

任务点

1. 平法柱制图规则。
2. 平法柱钢筋构造。
3. 预制柱构造要求。

预制柱的构造要求 1

模块前测：思考

1. 柱的类型有哪些？柱的平法注写方式包括哪几种？各类柱对应图纸上编号是什么？

2. 什么是边柱、角柱和中柱？三者在柱顶层的钢筋构造要求有哪些？

3. 柱插筋构造形式有哪些要求？

4. 不带地下室的柱钢筋构造要求有哪些？带地下室的柱钢筋构造要求有哪些？

5. 柱截面尺寸变化时的钢筋构造要求有哪些？柱钢筋直径或数量变化时的钢筋构造要求有哪些？

6. 柱箍筋加密区和非加密区如何定义和取值？

7. 嵌固部位的概念是什么？柱非连接区的长度如何取值？

预习笔记（思政微课）

模块中测

4.1　平法柱制图规则

4.1.1　柱构件知识体系

柱构件知识体系可概括为三方面：柱的分类、柱构件钢筋的分类、柱布置的各种情况，如图 4-1 所示。

在房屋结构中，柱主要承受竖向荷载，并将承受的荷载传递到基础上。由于柱的位置不同，所起的作用不同，其受力机理也不同，因而其构造要求也不同。在柱的平法图集中，柱按照不同类型分为框架柱 KZ、转换柱 ZHZ、芯柱 XZ。

柱内钢筋类型，柱内钢筋由纵向钢筋和箍筋组成。具体组成见表 4-1。

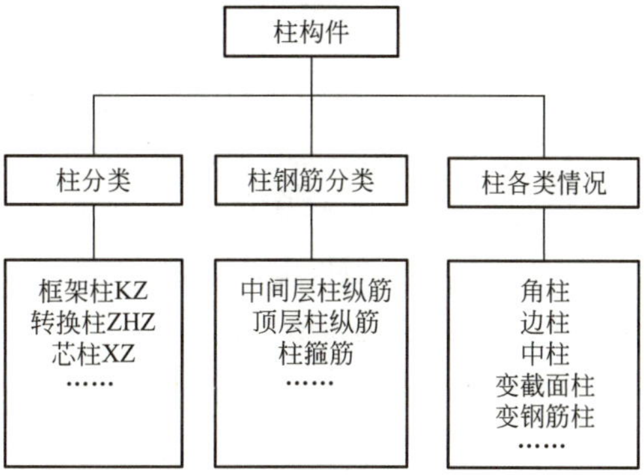

图 4-1　柱构件知识体系

柱内主要钢筋　　表 4-1

钢筋类型	纵向钢筋			箍筋	
钢筋名称	角部纵向钢筋	b 边一侧中部纵向钢筋	h 边一侧中部纵向钢筋	普通箍筋	螺旋箍筋

4.1.2　柱平法施工图的表示方法

柱平法施工图在柱平面布置图上采用列表注写方式或截面注写方式表达。

柱平面布置图，可采用适当比例单独绘制，也可与剪力墙平面布置图合并绘制。在绘制柱平面布置图时，应注明各结构层的楼面标高、结构层高及相应的结构层号，尚应注明上部结构嵌固部位位置。

上部结构嵌固部位的注写：

（1）框架柱嵌固部位在基础顶面时，无须注明；

（2）框架柱嵌固部位不在基础顶面时，在层高表嵌固部位标高下使用双细线注明，并在层高表下注明上部结构嵌固部位标高；

（3）框架柱嵌固部位不在地下室顶板，但仍需考虑地下室顶板对上部结构实际存在嵌固作用时，可在层高表地下室顶板标高下使用双虚线注明，此时首层柱端箍筋加密区长度范围及纵筋连接位置均按嵌固部位要求设置。

1. 列表注写方式

柱的列表注写方式，是在柱平面布置图上（一般只需采用适当比例绘制一张柱平面布置图，包括框架柱、转换柱、芯柱），分别在同一编号的柱中选择一个（有时需要选择几个）截面标注几何参数代号。

在柱表中注写柱编号、柱段起止标高、几何尺寸（含柱截面对轴线的偏心情况）与配筋的具体数值，并配以各种柱截面形状及其箍筋类型图的方式，来表达柱平法施工图。

柱表注写内容如下：

（1）注写柱编号

柱编号由类型代号和序号组成，见表 4-2。

柱编号　　表 4-2

柱类型	代号	序号
框架柱	KZ	××
转换柱	ZHZ	××
芯柱	XZ	××

注：编号时，当柱的总高、分段截面尺寸和配筋均对应相同，仅截面与轴线的关系不同时，仍可将其编为同一柱号，但应在图中注明截面与轴线的关系。

（2）注写各段柱的起止标高

各段柱的起止标高：自柱根部往上以变截面位置或截面未变但配筋改变处为界分段标注。

框架柱和转换柱的根部标高一般是指基础顶面标高；芯柱的根部标高是指根据结构实际需要而定的起始位置标高；梁上起框架柱的根部标高是指梁顶面标高。剪力墙上起框架柱的根部标高为墙顶面标高。当屋面框架梁上翻时，框架柱顶标高应为梁顶面标高。

（3）注写截面几何尺寸

截面形状主要有矩形柱、圆形柱和芯柱。

1）对于矩形柱，注写柱截面尺寸 $b\times h$ 及与轴线关系的几何参数代号 b_1、b_2 和 h_1、h_2 的具体数值，需对应各段柱分别注写。

2）对于圆形柱，表中 $b\times h$ 一栏改用在圆柱直径数字前加 d 表示。为表达简单，圆柱截面与轴线关系也可用 b_1、b_2 和 h_1、h_2 表示，并使 $d=b_1+b_2=h_1+h_2$。

3）对于芯柱，根据结构需要，可以在某些框架柱的一定高度范围内，在其内部的中心位置设置（分别引注其柱编号）。芯柱中心应与柱中心重合，并标注其截面尺寸，并按 22G101-1 中标准构造详图进行施工。芯柱定位随框架柱，不需要注写其与轴线的几何关系。

（4）注写柱纵向钢筋

纵向受力钢筋为柱的主要受力钢筋，纵向钢筋根数至少应保证在每个阳角处设置一根。

当柱纵向钢筋直径相同，各边根数也相同时（包括矩形柱、圆柱和芯柱），将纵向钢筋标注在“全部纵筋”一栏中；否则就需要柱纵向钢筋分角筋、截面 b 边中部筋、截面 h 边中部筋三项分别标注（对于采用对称配筋的矩形截面柱，可仅注写一侧中部筋，对称边省略不注；对于采用非对称配筋的矩形截面柱，必须每侧均注写中部筋）。

（5）注写箍筋类型号及箍筋肢数

箍筋肢数需要满足对柱纵筋“隔一拉一”以及箍筋肢距的要求。具体工程所设计的各种箍筋类型图以及箍筋复合的具体方式，若超出 22G101-1 中列举的箍筋类型或标准构造详图中的箍筋复合方式，需画在表的上部或图中的适当位置，并在其上进行标注。常用的箍筋类型如图 4-2 所示。

（6）注写柱箍筋

柱箍筋包括钢筋种类、直径与间距。用斜线“/”区分柱端箍筋加密区与柱身非加密区长度范围内箍筋的不同间距。当框架节点核心区内箍筋与柱端箍筋设置不同时，应在括号中注明核心区箍筋直径及间距。当箍筋沿柱全高为一种间距时，则不使用斜线“/”。当圆柱采用螺旋箍筋时，需在箍筋前加“L”表示。示例见表 4-3。

柱箍筋注写示例　　表 4-3

表示形式	表达含义
ϕ10@100/200	表示柱箍筋为 HPB300 级钢筋，直径为 10mm，箍筋加密区间距为 100mm，非加密区间距为 200mm
ϕ10@100/200 (ϕ12@100)	表示柱箍筋为 HPB300 级钢筋，直径为 10mm，箍筋加密区间距为 100mm，非加密区间距为 200mm。框架节点核心区内箍筋为 HPB300 级钢筋，直径为 12mm，间距为 100mm
ϕ10@100	表示沿柱全高范围内箍筋均为 HPB300 级钢筋，钢筋直径为 10mm，间距为 100mm
Lϕ10@100/200	表示圆柱采用螺旋箍筋 HPB300 级钢筋，钢筋直径为 10mm，箍筋加密区间距为 100mm，非加密区间距为 200mm

柱平法施工图列表注写方式如图 4-2 所示。

2. 截面注写方式

柱的截面标注方式，是在柱平面布置图的柱截面上，分别在同一编号的柱中选择一个截面，以直接标注截面尺寸和配筋具体数值的方式来表达柱平法施工图。

在柱的截面注写平法施工图中，主要表达内容为柱高、柱编号、柱的截面尺寸及与轴线的关系、纵向钢筋和箍筋。

截面注写内容如下：

（1）注写柱高

当柱高需要注写时，可以注写为该段柱的起止层数，也可以注写为该段柱的起止标高。柱高按起止层数注写时，施工人员对照图中“结构层楼面标高与层高表”，即可查出该段柱的下端和上端标高和每层的柱高；按起止标高注写时，即可查出该段柱的起止层数和每层的层高。

（2）注写柱编号

对除芯柱之外的所有柱截面均按照表 4-2 的规定进行编号。

（3）注写截面尺寸与轴线关系

1）对于矩形柱，注写柱截面尺寸为 $b \times h$。

2）对于圆形柱，以 D 打头注写圆柱截面直径。

3）对于异形柱，需在截面外围注写各个部分的尺寸。

（4）注写柱的纵向钢筋

1）当柱纵筋采用同一直径时，需注写全部纵筋。

2）当柱纵筋采用不同直径时，需注写截面各边中部筋的具体数值。

（5）注写柱箍筋

柱箍筋包括钢筋种类直径与间距。在抗震设计时，用斜线“/”区分柱端箍筋加密区与柱身非加密区长度范围内箍筋的不同间距。当箍筋沿柱全高为一种间距时，则不使用斜线“/”。当圆柱采用螺旋箍筋时，需在箍筋前加“L”表示。柱平法施工图截面注写方式如图 4-3 所示。

层号	标高 (m)	层高 (m)
屋面2	65.670	
塔层2	62.370	3.30
屋面1 (塔层1)	59.070	3.30
16	55.470	3.60
15	51.870	3.60
14	48.270	3.60
13	44.670	3.60
12	41.070	3.60
11	37.470	3.60
10	33.870	3.60
9	30.270	3.60
8	26.670	3.60
7	23.070	3.60
6	19.470	3.60
5	15.870	3.60
4	12.270	3.60
3	8.670	3.60
2	4.470	4.20
1	-0.030	4.50
-1	-4.530	4.50
-2	-9.030	4.50

结构层楼面标高
结 构 层 高

上部结构嵌固部位：
-4.530

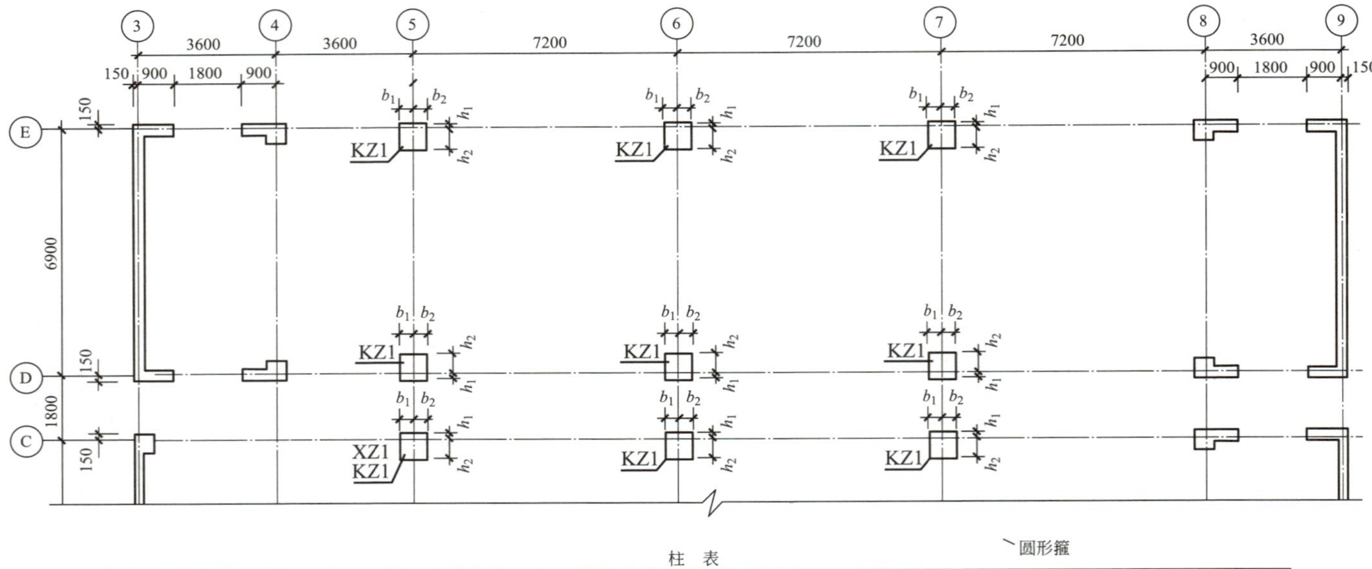

柱 表

柱号	标 高	$b\times h$ (圆柱直径D)	b_1	b_2	h_1	h_2	全部纵筋	角 筋	b边一侧中部筋	h边一侧中部筋	箍筋类型号	箍 筋	备 注
KZ1	-4.530~-0.030	750×700	375	375	150	550	28Φ25				1(6×6)	Φ10@100/200	
	-0.030~19.470	750×700	375	375	150	550	24Φ25				1(5×4)	Φ10@100/200	
	19.470~37.470	650×600	325	325	150	450		4Φ22	5Φ22	4Φ20	1(4×4)	Φ10@100/200	
	37.470~59.070	550×500	275	275	150	350		4Φ22	5Φ22	4Φ20	1(4×4)	Φ8@100/200	
XZ1	-4.530~8.670						8Φ25				按标准构造详图	Φ10@100	⑤×Ⓒ轴KZ1中设置

-4.530~59.070柱平法施工图(局部)

图 4-2 柱平法施工图列表注写方式示例

层号	标高 (m)	层高 (m)
屋面2	65.670	
塔层2	62.370	3.30
屋面1 (塔层1)	59.070	3.30
16	55.470	3.60
15	51.870	3.60
14	48.270	3.60
13	44.670	3.60
12	41.070	3.60
11	37.470	3.60
10	33.870	3.60
9	30.270	3.60
8	26.670	3.60
7	23.070	3.60
6	19.470	3.60
5	15.870	3.60
4	12.270	3.60
3	8.670	3.60
2	4.470	4.20
1	-0.030	4.50
-1	-4.530	4.50
-2	-9.030	4.50

结构层楼面标高
结　构　层　高

注：上部结构嵌固部位：-4.530m。

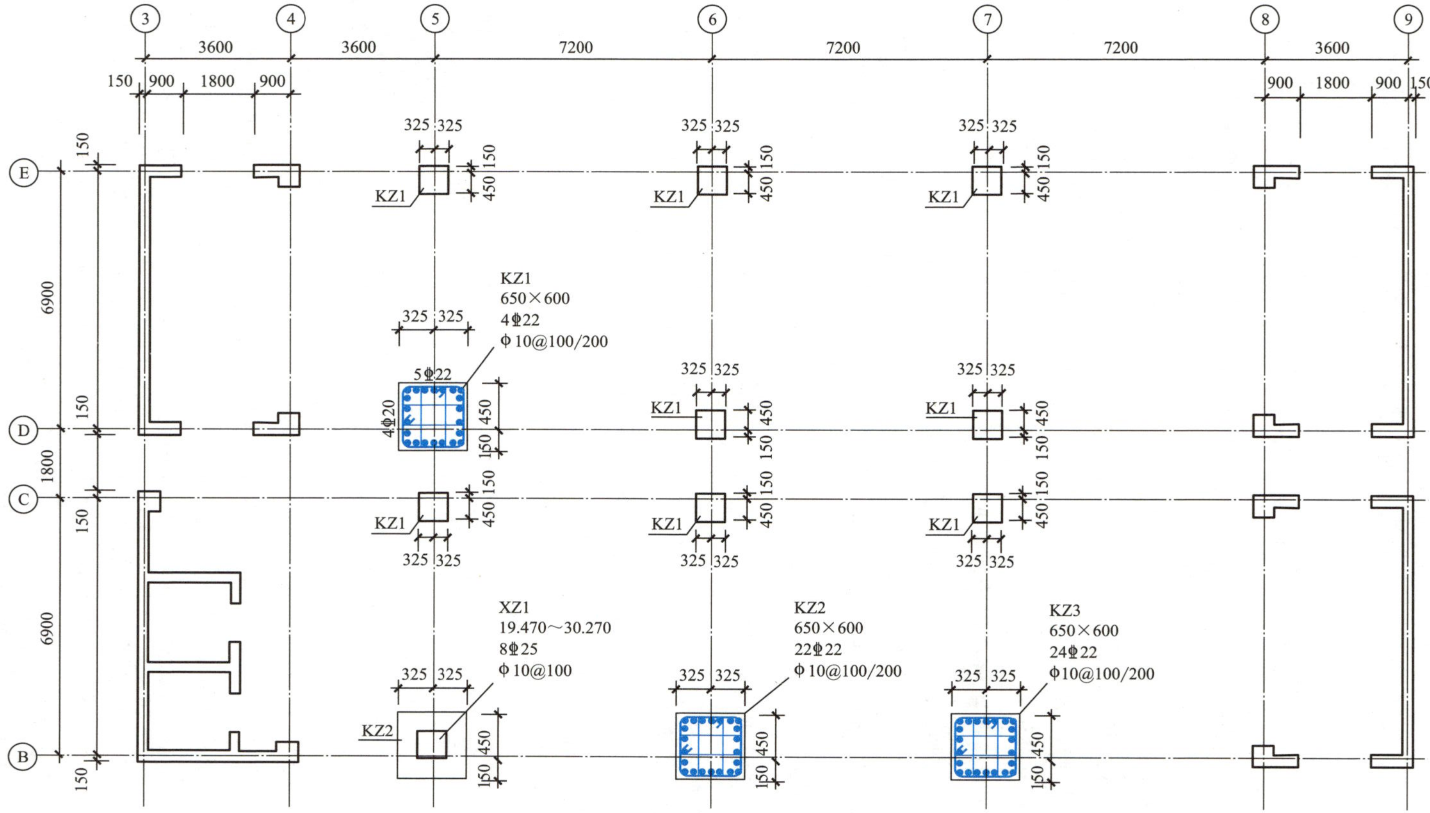

19.470～32.470柱平法施工图(局部)

图 4-3　柱平法施工图截面注写方式

4.2 平法柱钢筋构造

4.2.1 地下室框架柱纵向钢筋连接构造

地下室框架柱纵向钢筋采用绑扎连接、机械连接和焊接连接，其连接构造如图 4-4 所示。构造要求：

1. 非连接区高度

(1) 基础顶面：取 $H_n/6$、h_c、500mm 三者的最大值；

(2) 地下室楼面：取 $H_n/6$、h_c、500mm 三者的最大值；

(3) 嵌固部位：$\geqslant H_n/3$。

2. 相邻纵向钢筋交错接头的连接距离

(1) 相邻纵向钢筋交错机械连接：$\geqslant 35d$；

(2) 相邻纵向钢筋交错焊接连接：取 500mm、$35d$ 二者的最大值；

(3) 相邻纵向钢筋交错绑扎连接：取 $0.3l_{le}$。

4.2.2 框架柱（无地下室）纵向钢筋连接构造

1. 框架柱（无地下室）纵向钢筋采用绑扎连接、机械连接和焊接连接，其连接构造如图 4-5 所示。构造要求：

(1) 非连接区高度

1) 楼面：取 $H_n/6$，h_c，500mm 三者的最大值；

2) 嵌固部位：$\geqslant H_n/3$。

(2) 相邻纵向钢筋交错接头的连接距离

1) 相邻纵向钢筋交错机械连接：$\geqslant 35d$；

2) 相邻纵向钢筋交错焊接连接：取 500mm，$35d$ 二者的最大值；

3) 相邻纵向钢筋交错绑扎连接：取 l_{le}。

2. 框架柱变截面位置纵向钢筋连接构造，如图 4-6 所示。

柱变截面处构造

(1) 当 $\Delta/h_b>1/6$ 时（图 4-6 中节点①、②、③）

节点①为框架柱变截面纵向钢筋构造（双侧），上柱截面缩进尺寸为 Δ，梁的变截面高度为 h_b。构造要求：下柱纵向钢筋向上伸至梁内并向内弯折，弯折水平段长度为 $12d$，伸入梁内竖向长度$\geqslant 0.5l_{abE}$；上柱纵向钢筋向下伸入梁柱内的长度为 $1.2l_{aE}$。

节点②为框架柱变截面纵向钢筋构造（单侧），上柱截面缩进尺寸为 Δ，梁的变截面高度为 h_b。构造要求：下柱纵向钢筋向上伸至梁内并向内弯折，弯折水平段长度为 $12d$，伸入梁内竖向长度$\geqslant 0.5l_{abE}$；上柱纵向钢筋向下伸入梁柱内的长度为 $1.2l_{aE}$。

节点③的上柱截面缩进尺寸为 Δ，梁的变截面高度为 h_b，其构造要求：下柱纵向钢筋向上伸至梁柱内并向内弯折，弯折水平段长度从柱外边缘算起 l_{aE}。上柱纵向钢筋向下伸入梁柱内的长度为 $1.2l_{aE}$。

(2) 当 $\Delta/h_b\leqslant 1/6$ 时（图 4-6 中节点④、⑤）

节点④为框架柱变截面纵向钢筋构造（单侧），上柱截面缩进尺寸为 Δ，梁的变截面高度为 h_b。构造要求：采用下柱纵向钢筋略向内斜弯贯通的钢筋构造。

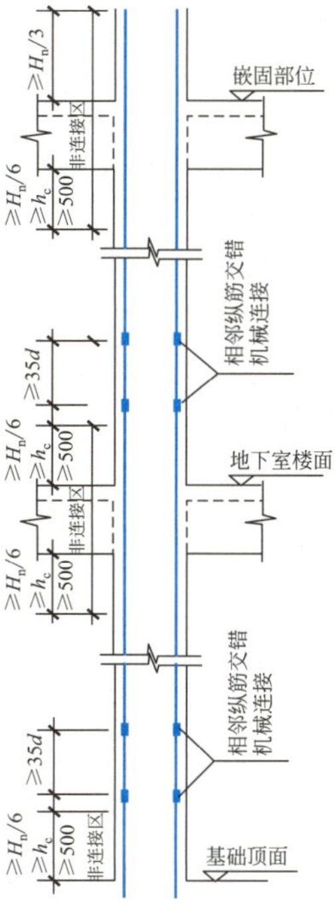

(a)

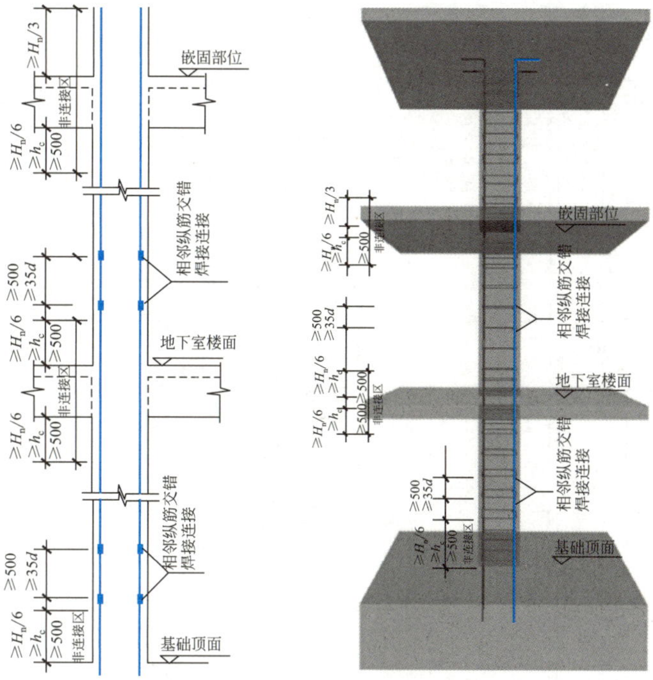

(b)

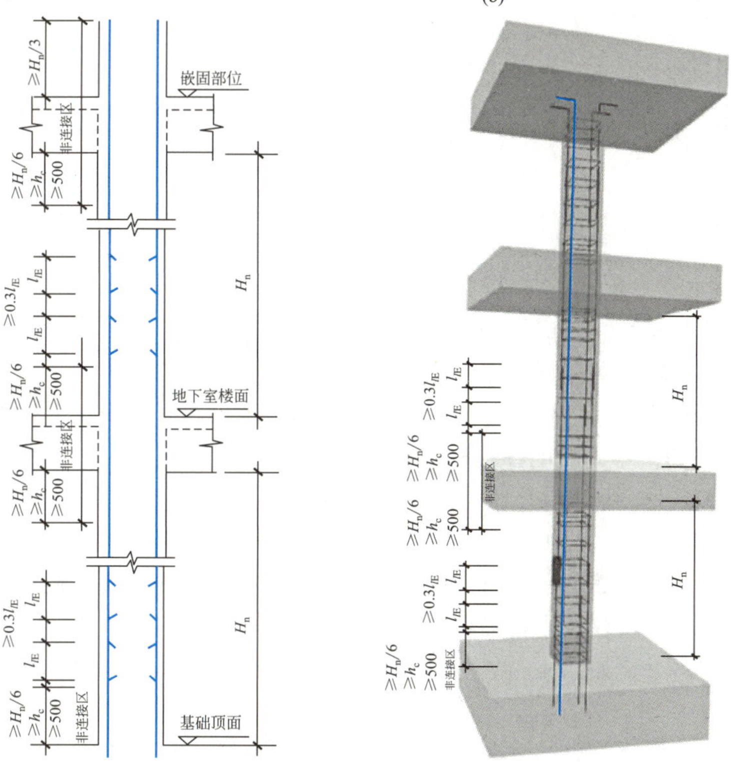

(c)

图 4-4　地下室框架柱纵向钢筋连接构造续

（a）机械连接；（b）焊接连接；（c）绑扎连接

地下室 KZ 绑扎搭接

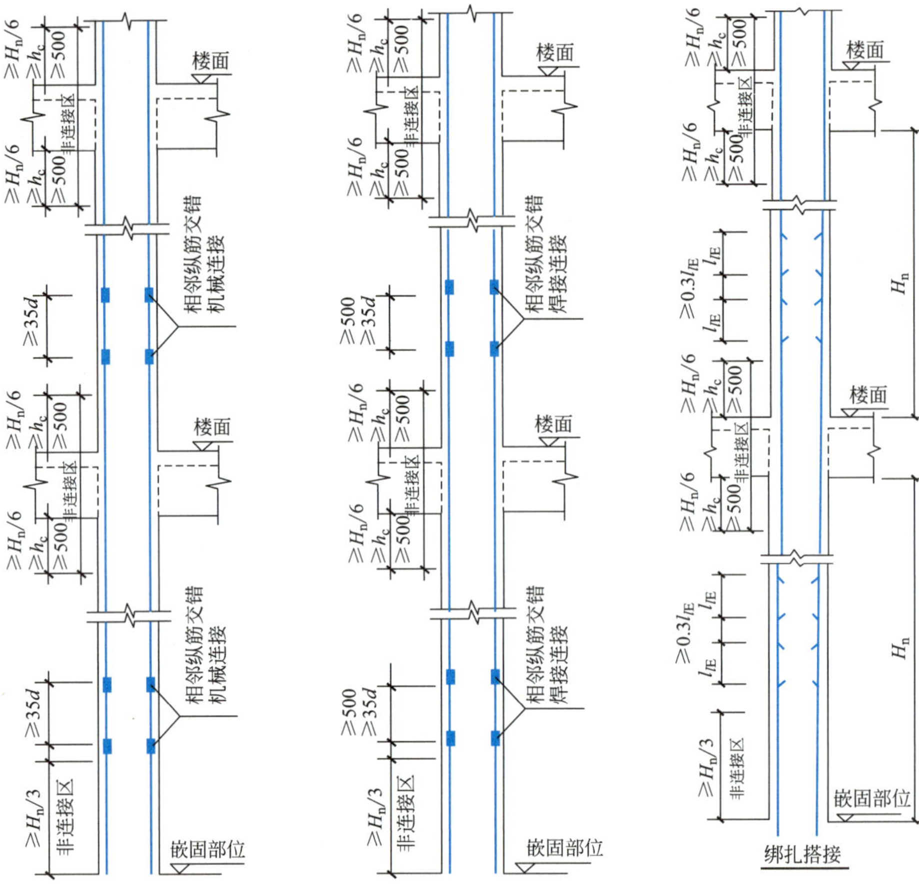

(a)　　(b)　　(c)

图 4-5　框架柱纵向钢筋连接构造

（a）机械连接；（b）焊接连接；（c）绑扎连接

节点⑤为框架柱变截面纵向钢筋构造（双侧），上柱截面缩进尺寸为Δ，梁的变截面高度为 h_b。构造要求：采用下柱纵向钢筋略向内斜弯贯通的钢筋构造。

框架柱钢筋翻样与算量

3. 上下柱钢筋配筋量不同时的连接构造，如图 4-7 所示。

上柱钢筋比下柱多时，如图 4-7 中①所示，上层柱增加的纵向钢筋锚入柱梁节点的长度为 $1.2l_{aE}$。

上柱钢筋直径比下柱钢筋直径大时，如图 4-7 中③所示，上层柱纵向钢筋要伸至下层柱上端非连接区，并与下层柱较小直径纵向钢筋连接。

下柱钢筋比上柱多时，如图 4-7 中②所示，下层柱多出的纵向钢筋锚入柱梁节点的长度为 $1.2l_{aE}$。

下柱钢筋直径比上柱钢筋直径大时，如图 4-7 中④所示，下层柱纵向钢筋要伸至上层柱下端非连接区，并与上层柱较小直径纵向钢筋连接。

当在某一层柱节点，同时存在截面尺寸、钢筋数量、钢筋直径两种或两种以上的变化时，柱的纵筋构造需按照图 4-7 中的相应情况结合设置。

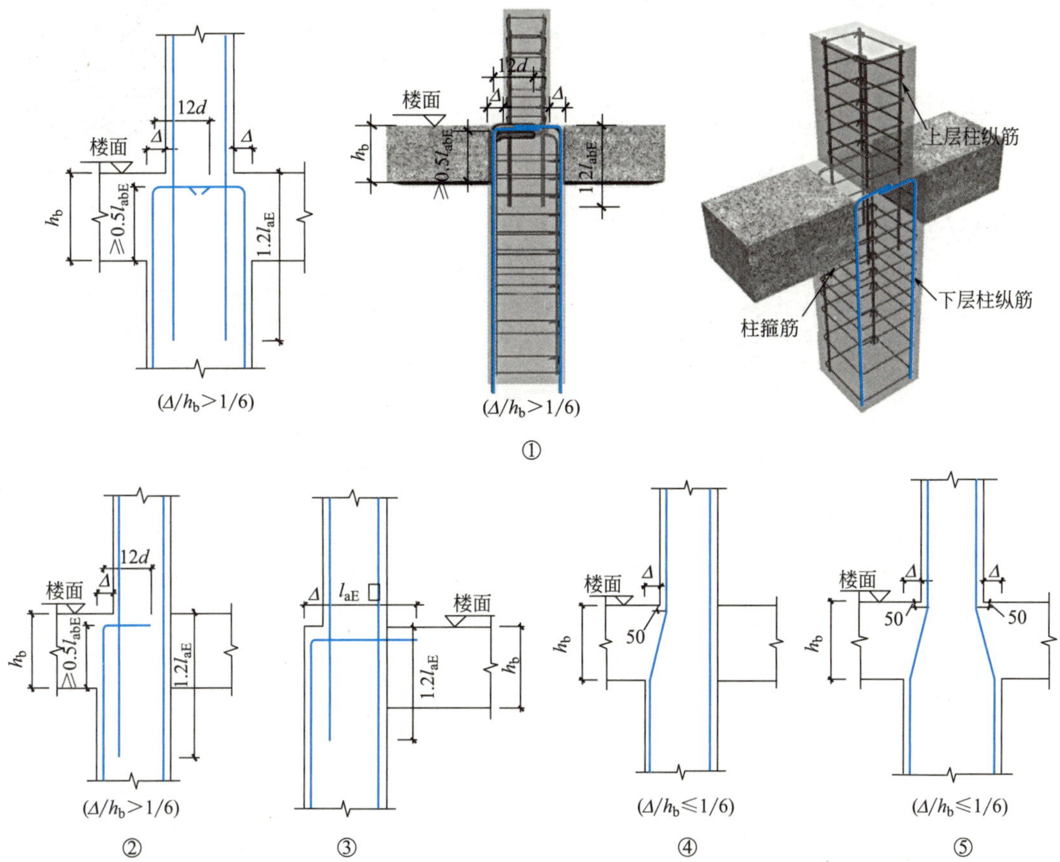

图 4-6　框架柱变截面位置纵向钢筋连接构造

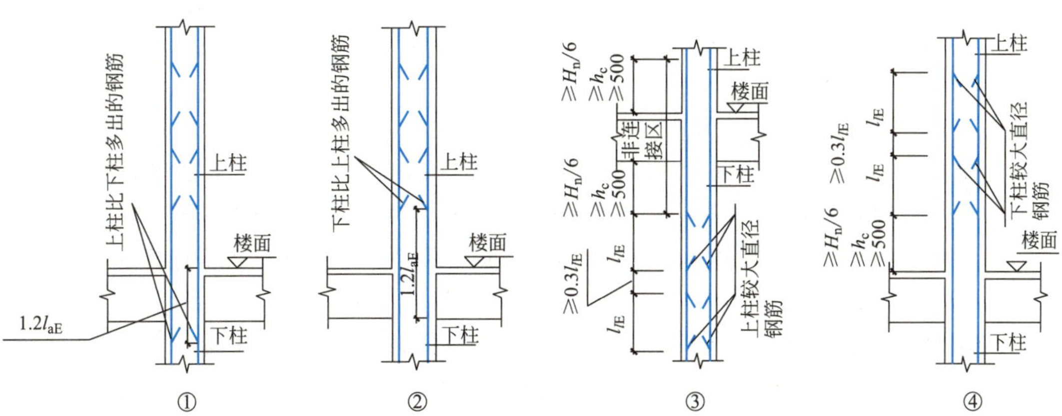

图 4-7　框架柱纵筋变化时连接构造

4.2.3　框架柱顶层纵向钢筋连接构造

框架柱顶层纵向钢筋连接构造有：框架边柱和角柱柱顶纵向钢筋构造、中柱柱顶纵向钢筋构造两种做法。

1. 框架边柱和角柱柱顶纵向钢筋构造

（1）梁宽范围内柱外侧纵向钢筋弯入梁内作梁筋构造，如图 4-8 所示。

双向板钢筋翻样与算量

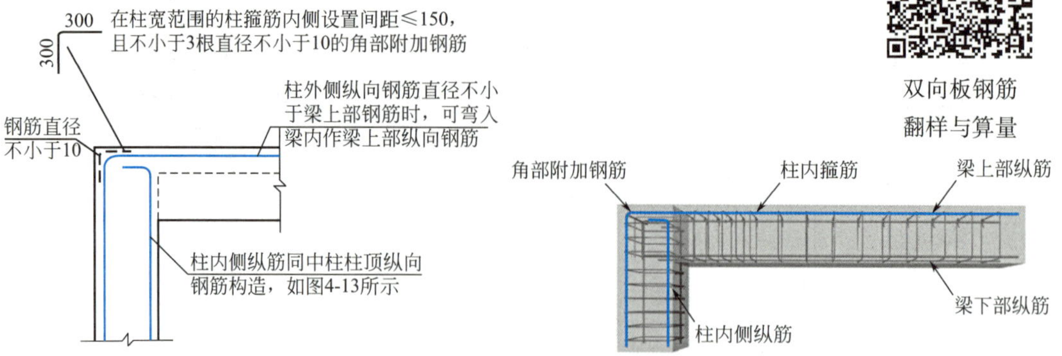

图 4-8　梁宽范围内柱外侧纵向钢筋弯入梁内作梁筋构造

构造要求：柱外侧纵向钢筋直径不小于梁上部钢筋时，可弯入梁内作梁上部纵向钢筋。

（2）梁宽范围内柱外侧纵向钢筋和梁上部纵向钢筋在节点外侧弯折搭接构造（从梁底算起 $1.5l_{abE}$ 超过柱内侧边缘），如图 4-9 所示。

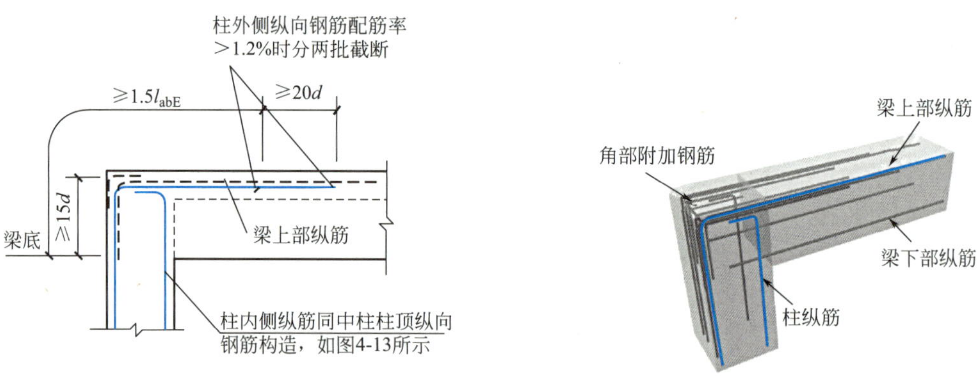

图 4-9　梁宽范围内钢筋（从梁底算起 $1.5l_{abE}$ 超过柱内侧边缘）

构造要求：柱外侧纵向钢筋锚入屋面框架梁的顶部，锚固长度从梁底位置算起应≥$1.5l_{abE}$；当柱外侧纵向钢筋配筋率>1.2%时，钢筋可分两批截断，断点距离≥$20d$。

（3）梁宽范围内柱外侧纵向钢筋和梁上部纵向钢筋在节点外侧弯折搭接构造（从梁底算起 $1.5l_{abE}$ 未超过柱内侧边缘），如图 4-10 所示。

构造要求：柱外侧纵向钢筋锚入屋面框架梁的顶部，锚固长度从梁底位置算起应≥$1.5l_{abE}$ 且水平弯折长度应≥$15d$；当柱外侧纵向钢筋配筋率>1.2%时，钢筋可分两批截断，断点距离≥$20d$。

（4）梁宽范围外柱外侧纵向钢筋和梁上部纵向钢筋在节点外侧弯折搭接构造，如图 4-11 所示。

构造要求：当梁宽范围外钢筋在节点内锚固时，柱顶第一层钢筋伸至柱内边向下弯折 $8d$，柱顶第二层钢筋伸至柱内边。

当现浇板厚不小于 100mm 时，梁宽范围外钢筋可伸入现浇板内锚固，锚固长度从梁

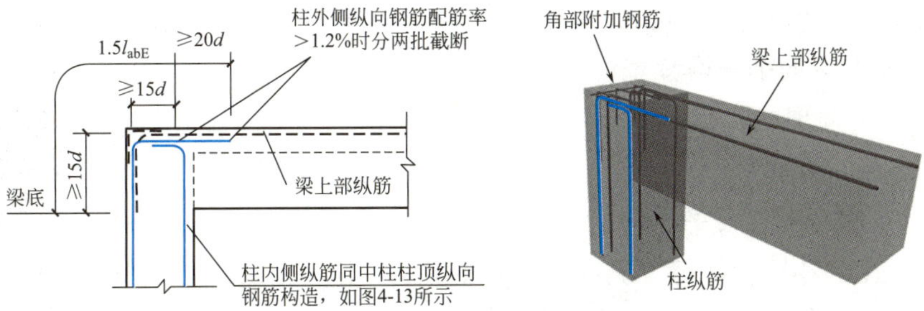

图 4-10　梁宽范围内钢筋
（从梁底算起 1.5l_{abE} 未超过柱内侧边缘）

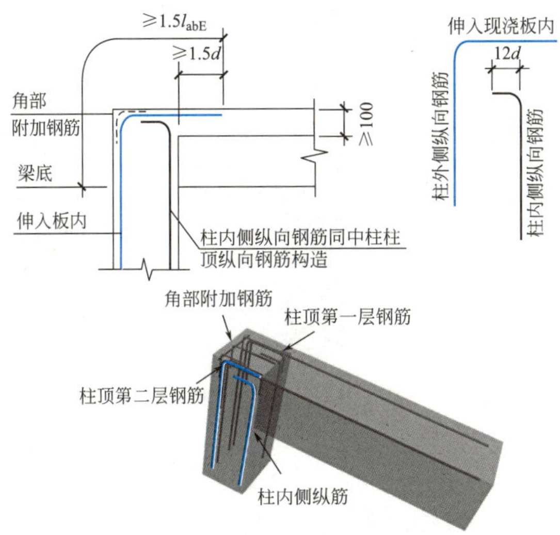

图 4-11　梁宽范围外钢筋锚固

底位置算起应≥1.5l_{abE} 且伸入板内的长度应≥15d。

（5）梁、柱纵向钢筋搭接接头沿节点外侧直线布置，如图 4-12 所示。

构造要求：当为梁宽范围内钢筋时，梁上部纵向钢筋伸至柱外侧纵向钢筋内侧向下弯折，竖直段与柱外侧纵筋搭接总长度应≥1.7l_{abE}；柱外侧纵筋向上伸至柱顶。当梁上部纵向钢筋配筋率>1.2%时，钢筋可分两批截断。当梁上部纵向钢筋为两排时，先断第二排钢筋后断第一排，断点距离≥20d。

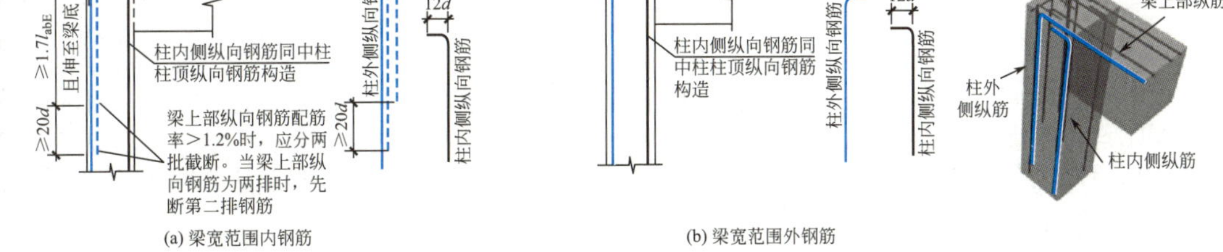

图 4-12　框架边柱和角柱柱顶纵向钢筋构造（一）
（梁、柱纵向钢筋搭接接头沿节点外侧直线布置）

当为梁宽范围外的钢筋时，柱外侧纵向钢筋伸至柱顶，弯折 $12d$。

2. 中柱柱顶纵向钢筋构造

中柱柱顶纵向钢筋构造如图 4-13 所示。

中柱柱顶钢筋构造

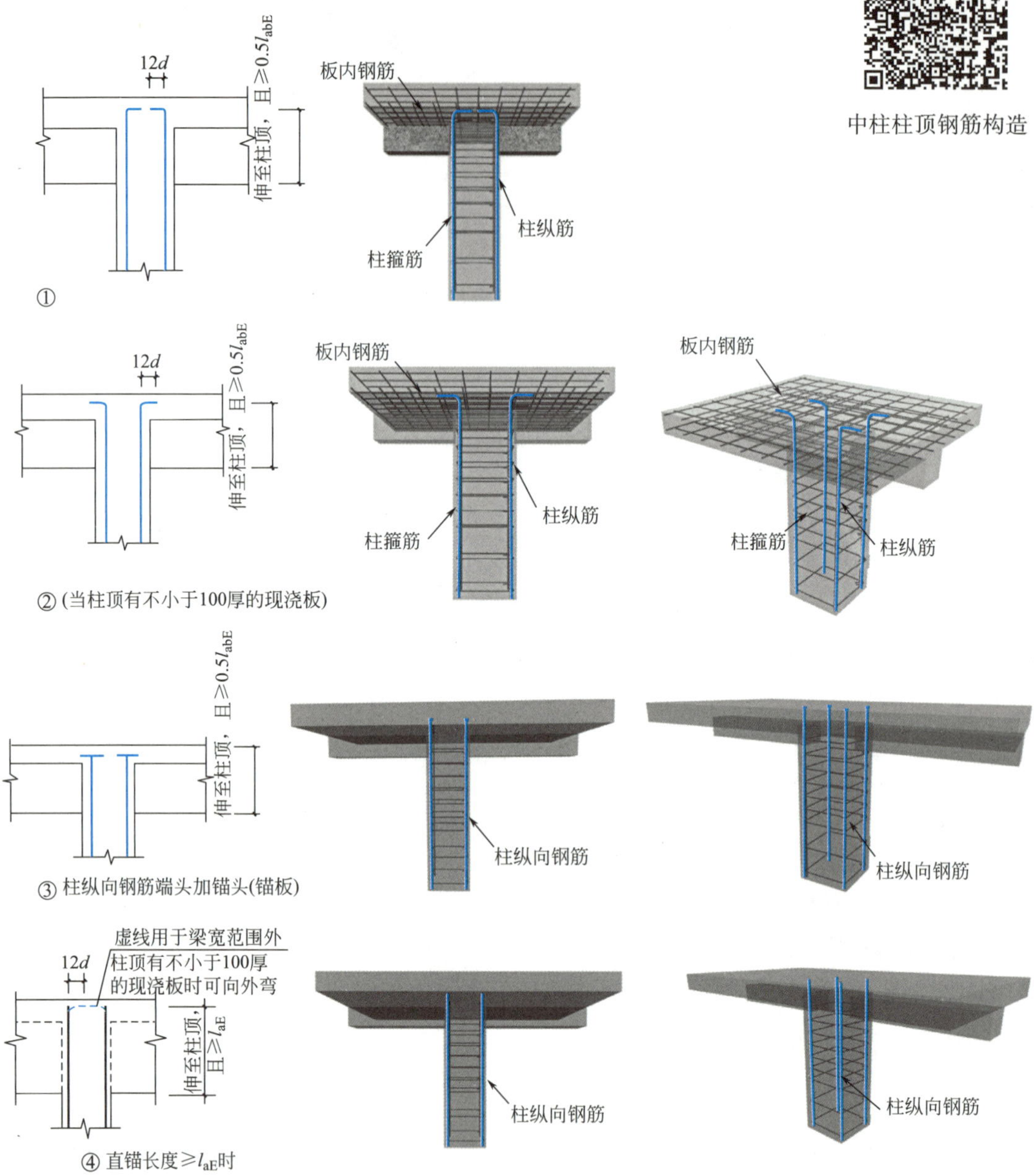

图 4-13　中柱柱顶纵向钢筋构造

中柱柱顶纵向钢筋构造分为四种构造做法，施工人员应根据各种做法所要求的条件正确选用。构造要求：

节点①：下柱纵向钢筋全部伸至柱顶，从梁底算起伸入长度≥$0.5l_{abE}$ 后弯折，弯折水平长度应为 $12d$，弯钩朝向柱截面内。

节点②：当柱顶现浇板厚度≥100mm时，下柱纵向钢筋全部伸至柱顶，从梁底算起伸入长度≥0.5l_{abE}后弯折，弯折水平长度应为12d，弯钩朝向柱截面外。

节点③：当柱纵向钢筋端头加锚头（锚板）时，下柱纵向钢筋全部伸至柱顶，从梁底算起伸入长度≥0.5l_{abE}。

节点④：当直锚长度≥l_{abE}时，下柱纵向钢筋伸至柱顶，从梁底算起伸入长度≥l_{abE}，柱纵筋伸至柱顶混凝土保护层位置。梁宽范围外钢筋可伸入柱顶向内弯折12d；当柱顶有不小于100mm厚的现浇板时，梁宽范围外钢筋可伸入柱顶向外弯折12d。

3. 柱箍筋构造

（1）地下室框架柱箍筋加密区范围

地下室框架柱箍筋加密区范围如图4-14所示。

构造要求：地下室框架柱箍筋加密区范围需满足h_c、H_n/6、500mm三者取最大值。嵌固部位加密区范围应≥H_n/3。

（2）KZ箍筋加密区范围（图4-15）

构造要求：框架柱箍筋加密区范围需满足h_c、H_n/6、500mm三者取最大值。嵌固部

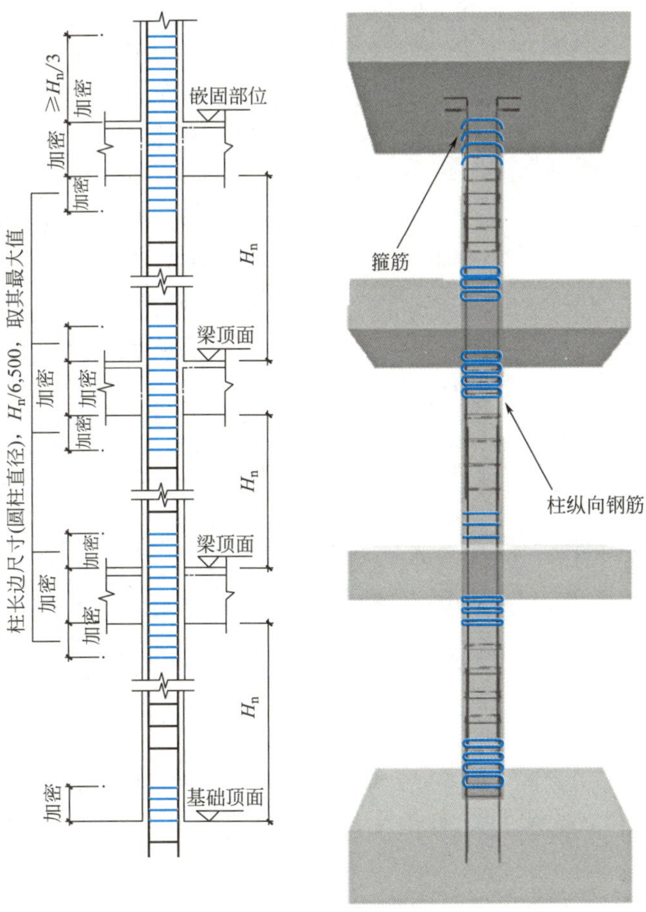

图4-14　地下室框架柱箍筋加密区范围

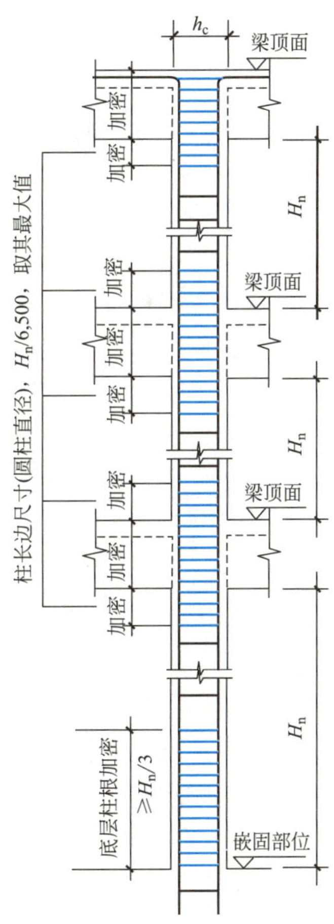

图4-15　KZ箍筋加密区范围

位：底层柱加密区范围应≥$H_n/3$。

（3）抗震框架柱和小墙肢箍筋加密区高度选用表（表 4-4）

抗震框架柱和小墙肢箍筋加密区高度选用表　　表 4-4

柱净高 H_n（mm）	柱截面长边尺寸 h_c 或圆柱直径 D																		
	400	450	500	550	600	650	700	750	800	850	900	950	1000	1050	1100	1150	1200	1250	1300
1500																			
1800	500																		
2100	500	500	500																
2400	500	500	500	550															
2700	500	500	500	550	600	650							箍筋全高加密						
3000	500	500	500	550	600	650	700												
3300	550	550	550	550	600	650	700	750	800										
3600	600	600	600	600	600	650	700	750	800	850									
3900	650	650	650	650	650	650	700	750	800	850	900	950							
4200	700	700	700	700	700	700	700	750	800	850	900	950	1000						
4500	750	750	750	750	750	750	750	750	800	850	900	950	1000	1050	1100				
4800	800	800	800	800	800	800	800	800	800	850	900	950	1000	1050	1100	1150			
5100	850	850	850	850	850	850	850	850	850	850	900	950	1000	1050	1100	1150	1200	1250	
5400	900	900	900	900	900	900	900	900	900	900	900	950	1000	1050	1100	1150	1200	1250	1300
5700	950	950	950	950	950	950	950	950	950	950	950	950	1000	1050	1100	1150	1200	1250	1300
6000	1000	1000	1000	1000	1000	1000	1000	1000	1000	1000	1000	1000	1000	1050	1100	1150	1200	1250	1300
6300	1050	1050	1050	1050	1050	1050	1050	1050	1050	1050	1050	1050	1050	1050	1100	1150	1200	1250	1300
6600	1100	1100	1100	1100	1100	1100	1100	1100	1100	1100	1100	1100	1100	1100	1100	1150	1200	1250	1300
6900	1150	1150	1150	1150	1150	1150	1150	1150	1150	1150	1150	1150	1150	1150	1150	1150	1200	1250	1300
7200	1200	1200	1200	1200	1200	1200	1200	1200	1200	1200	1200	1200	1200	1200	1200	1200	1200	1250	1300

注：1. 表内数值未包括框架嵌固部位柱根部箍筋加密区范围。

2. 柱净高（包括因嵌砌填充墙等形成的柱净高）与柱截面长边尺寸（圆柱为截面直径）的比值 $H_n/h_c \leqslant 4$，箍筋沿柱全高加密。

3. 小墙肢即墙肢长度不大于墙厚 4 倍的剪力墙。矩形小墙肢的厚度不大于 300mm 时，箍筋全高加密。

（4）矩形箍筋复合方式

框架柱矩形箍筋复合方式如图 4-16 所示。

矩形复合箍筋的基本复合方式为：

1）沿复合箍周边，箍筋局部重叠不宜多于两层。以复合箍筋最外围的封闭箍筋为基准，柱内的 x 向箍筋紧贴其设置在下（或在上），柱内 y 向箍筋紧贴其设置在上（或在下）。

2）若在同一组内复合箍筋各肢位置不能满足对称性要求时，沿柱竖向相邻两组箍筋应交错放置。

3）矩形箍筋复合方式同样适用于芯柱。

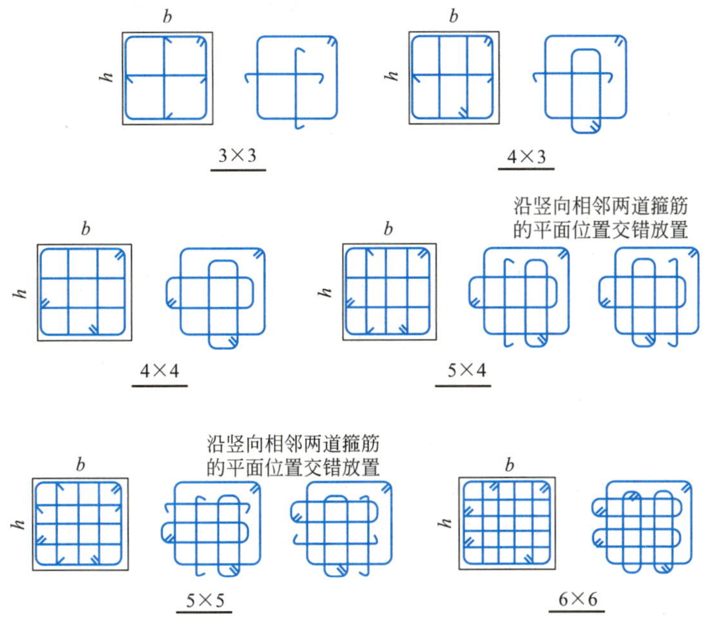

图 4-16 矩形箍筋复合方式

当柱的截面短边尺寸大于 400mm，且各边纵向钢筋多于 3 根时，或当截面短边尺寸不大于 400mm，但各边纵向钢筋多于 4 根时，应设置复合箍筋。

(5) 设置复合箍筋要遵循的原则

1) 大箍套小箍

矩形柱的箍筋，都是采用“大箍”里面套若干“小箍”的方式。如果是偶数肢数，则用几个两肢“小箍”来组合；如果是奇数肢数，则用几个两肢“小箍”再加上一个“拉筋”来组合。

2) 大箍加拉筋

柱内复合箍可全部采用拉筋，拉筋须同时钩住纵向钢筋和外部封闭箍筋。

3) 内箍或拉筋的设置要满足“隔一拉一”

设置内箍或拉筋时，要满足对柱纵筋至少“隔一拉一”的要求。这就是说，不允许存在两根相邻的柱纵筋同时没有钩住箍筋的肢或拉筋的现象。

4)“对称性”原则

柱 b 边上箍筋的肢数或拉筋都应该在 b 边上对称分布。

同时，柱 h 边上箍筋的肢数或拉筋都应该在 h 边上对称分布。

5)“内箍水平段最短”原则

在考虑内箍的布置方案时，应该使内箍的水平段尽可能地最短（其目的是使内箍与外箍重合的长度为最短）。

6) 内箍尽量做成标准格式

当柱复合箍筋存在多个内箍时，只要条件许可，这些内箍都尽量做成标准的格式。内箍尽量做成“等宽度”的形式，以便于施工。

7) 施工时，纵横方向的内箍（小箍）要贴近大箍（外箍）放置柱复合箍筋在绑扎时，以大箍为基准；或者是 y 向的小箍放在大箍上面、x 向的小箍放在大箍下面；或者是 y 向的小箍放在大箍下面、x 向的小箍放在大箍上面。

4.3 预制柱构造要求

4.3.1 预制柱的基本构造要求

预制柱的设计应符合现行国家标准《混凝土结构设计规范（2015年版）》GB 50010—2010 的要求，并应满足以下要求：

预制柱的构造要求 2

（1）柱纵向受力钢筋直径不宜小于 20mm；

（2）矩形柱截面宽度或圆柱直径不宜小于 400mm，且不宜小于同方向梁宽的 1.5 倍；

（3）柱纵向受力钢筋在柱底采用套筒灌浆连接时，柱箍筋加密区长度不应小于纵向受力钢筋连接区域长度与 500mm 之和；套筒上端第一道箍筋距离套筒顶部不应大于 50mm，如图 4-17 所示。

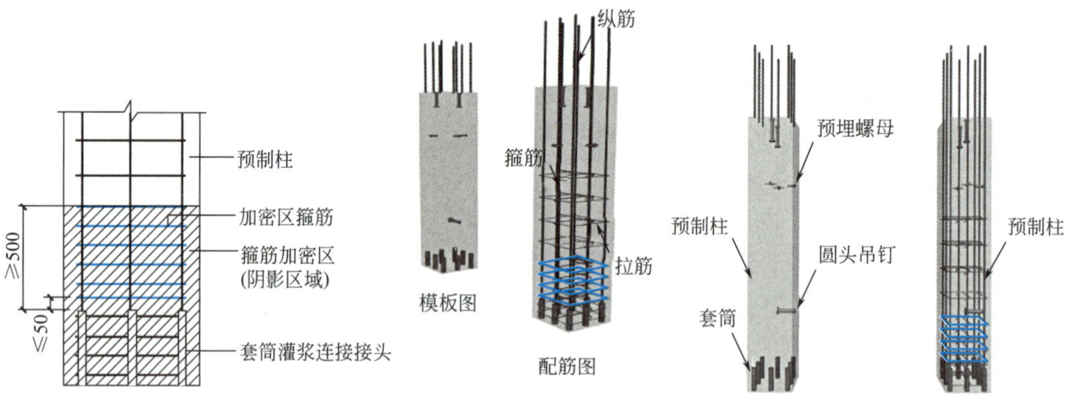

图 4-17　钢筋采用套筒灌浆连接时柱底箍筋加密区域构造示意

4.3.2 预制柱竖向连接节点

1. 装配整体式框架结构中，预制柱的纵向钢筋连接应符合以下规定：

（1）当房屋高度不大于 12m 或层数不超过 3 层时，可采用套筒灌浆、浆锚搭接、焊接等连接方式；

（2）当房屋高度大于 12m 或层数超过 3 层时，宜采用套筒灌浆连接。

2. 采用预制柱及叠合梁的装配整体式框架中，柱底接缝宜设置在楼面标高处，如图 4-18 所示，并应符合以下规定：

（1）后浇节点区混凝土上表面应设置粗糙面；

（2）柱纵向受力钢筋应贯穿后浇节点区；

（3）柱底接缝厚度宜为 20mm，并采用灌浆料填实；

（4）当采用多层预制柱时，柱底接缝在满足施工要求的前提下，宜尽量设置在靠近楼面标高以下 20mm 处，柱底面宜采用斜面。

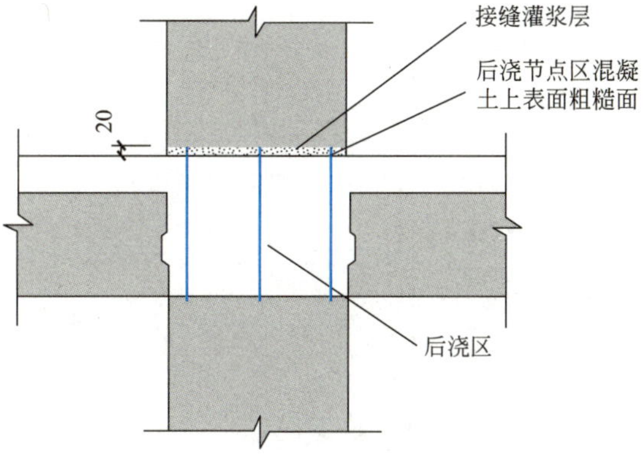

图 4-18 预制柱底接缝构造示意

柱纵向钢筋在后浇节点区内采用直线锚固、弯折锚固或机械锚固的方式时，其锚固长度应符合现行国家标准《混凝土结构设计规范（2015 年版）》GB 50010—2010 中的有关规定；当柱纵向钢筋采用锚固板时，应符合现行行业标准《钢筋锚固板应用技术规程》JGJ 256—2011 中的有关规定。

4.3.3 预制柱与叠合梁之间连接节点

1. 采用预制柱及叠合梁的装配整体式框架节点，梁纵向受力钢筋应伸入后浇节点区内锚固或连接应符合下列规定：

（1）对框架中间层中节点，节点两侧的梁下部纵向受力钢筋宜锚固在后浇节点区内（图 4-19a），也可采用机械连接或焊接的方式直接连接（图 4-19b）；梁的上部纵向受力钢筋应贯穿后浇节点区。

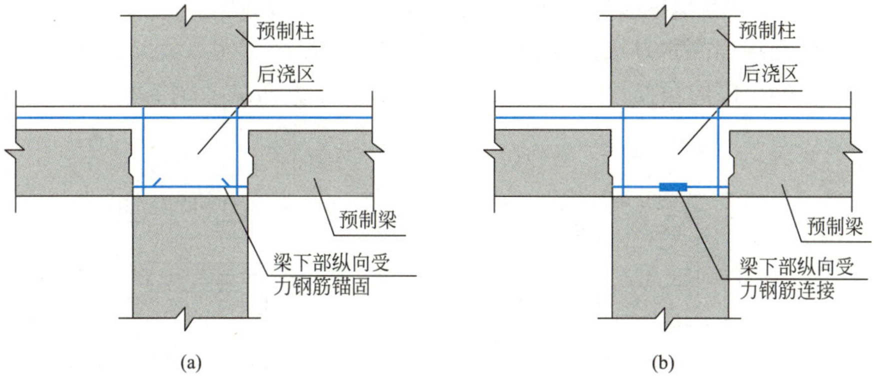

图 4-19 预制柱及叠合梁框架中间层中节点构造示意

（a）梁下部纵向受力钢筋锚固；（b）梁下部纵向受力钢筋连接

（2）对框架中间层端节点，当柱截面尺寸不满足梁纵向受力钢筋的直线锚固要求时，宜采用锚固板锚固（图 4-20），也可采用 90°弯折锚固。

（3）对框架顶层中节点，柱纵向受力钢筋宜采用直线锚固；当梁截面尺寸不满足直线锚固要求时，宜采用锚固板锚固（图 4-21）。

（4）对框架顶层端节点，梁下部纵向受力钢筋应锚固在后浇节点区内，宜采用锚固板

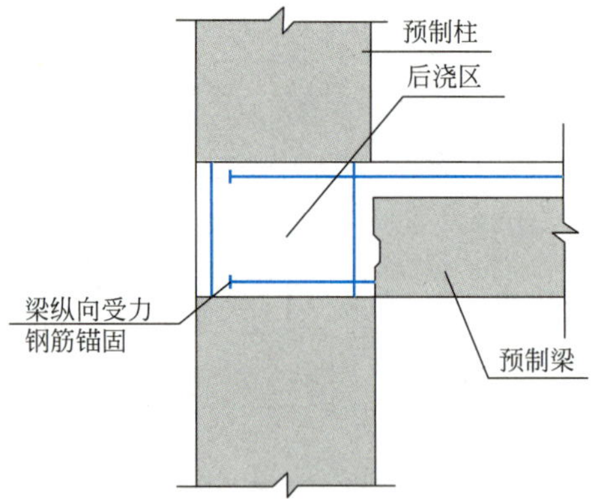

图 4-20　预制柱及叠合梁框架中间层端节点构造示意

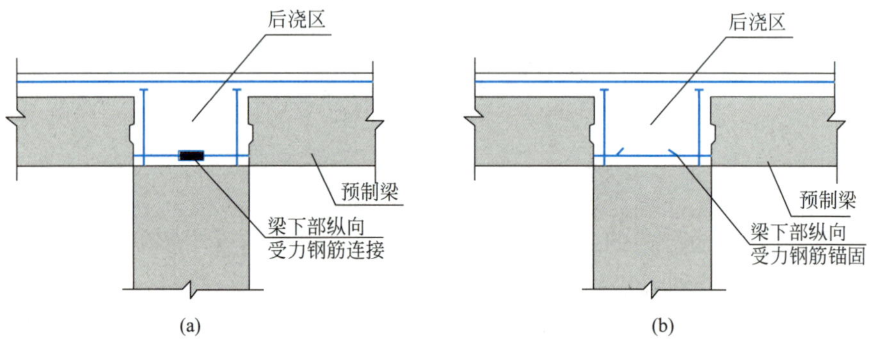

图 4-21　预制柱及叠合梁框架顶层中节点构造示意

（a）梁下部纵向受力钢筋连接；（b）梁下部纵向受力钢筋锚固

的锚固方式；梁、柱其他纵向受力钢筋的锚固应符合下列规定：

1）柱宜伸出屋面并将柱纵向受力钢筋锚固在伸出段内（图 4-22a），伸出段长度不宜小于 500mm，伸出段内箍筋间距不应大于 5d（d 为柱纵向受力钢筋直径），且不应大于

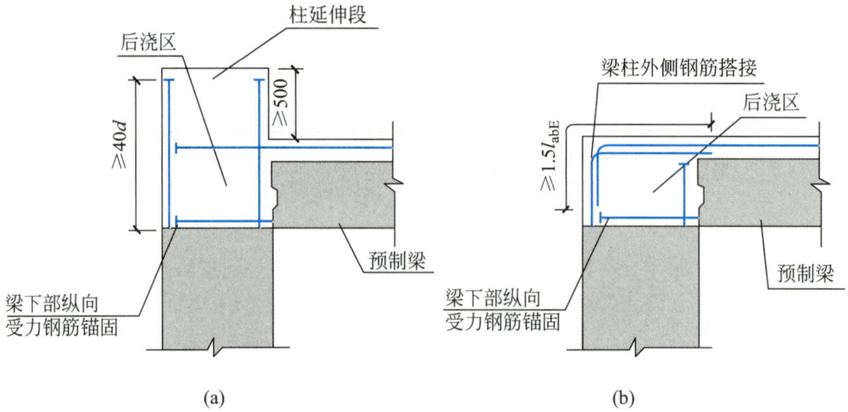

图 4-22　预制柱及叠合梁框架顶层端节点构造示意

（a）柱向上伸长；（b）梁柱外侧钢筋搭接

100mm；柱纵向钢筋宜采用锚固板锚固，锚固长度不应小于 40d；梁上部纵向钢筋宜采用锚固板锚固。

2）柱外侧纵向受力钢筋也可与梁上部纵向受力钢筋在后浇节点区搭接（图 4-22b），其构造要求应符合现行国家标准《混凝土结构设计规范（2015 年版）》GB 50010—2010 中的规定；柱内侧纵向受力钢筋宜采用锚固板锚固。

2. 采用预制柱及叠合梁的装配整体式框架节点，梁下部纵向受力钢筋也可伸至节点区外的后浇段内连接（图 4-23），连接接头与节点区的距离不应小于 1.5h_0（h_0 为梁截面有效高度）。

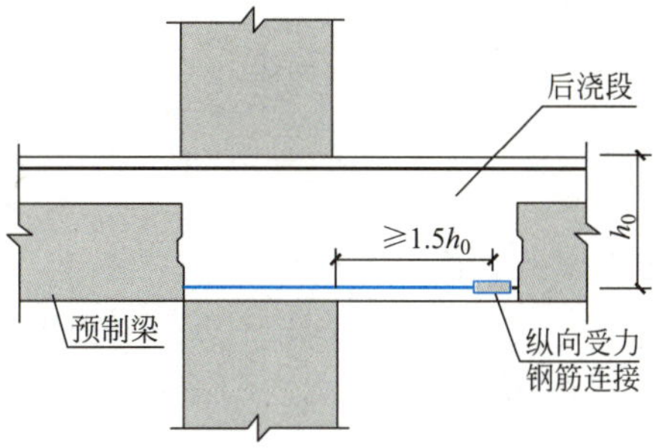

图 4-23　梁纵向钢筋在节点区外的后浇段内连接示意

模块后测

模块 4-测试 1　　模块 4-测试 2　　模块 4-测试 3

练习题

一、单选题

1. 框架柱的嵌固部位不在基础顶面时，（　　）。

A. 无需注写其位置　　B. 在层高表中使用双细线注明其位置

C. 在层高表中使用双虚线注明其位置　　D. 以上都不对

2. 柱首层 H_n 的取值下面说法正确的是（　　）。

A. H_n 为首层柱净高　　B. H_n 为首层高度

C. H_n 为层高　　D. H_n 为梁高

二、多选题

1. 两个柱编成统一编号必须相同的条件是（　　）。

A. 柱的总高相同　　B. 分段截面尺寸相同

C. 截面和轴线的位置关系相同　　D. 配筋相同

2. 下列关于预制柱的说法，正确的是（　　）。

A. 柱纵向受力钢筋直径不宜小于 20mm

B. 矩形柱截面宽度或圆柱直径不宜小于 400mm，且不宜小于同方向梁宽的 1.5 倍

C. 柱纵向受力钢筋在柱底采用套筒灌浆连接时，柱箍筋加密区长度不应小于纵向受力钢筋连接区域长度与 500mm 之和

D. 套筒上端第一道箍筋距离套筒顶部不应大于 50mm

三、判断题

1. 抗震框架柱纵筋的接头最低位置，底层在距基础顶面（嵌固部位）$\geqslant H_n/3$ 处，其他层接头位置距楼面的高度为 $\geqslant \max(H_n/3, 500\text{mm}, 柱截面最大宽度)$。（　　）

2. 当房屋高度大于 12m 或层数超过 3 层时，宜采用套筒灌浆连接。（　　）

学生任务单（含课程评价）4.1

<table>
<tr><td rowspan="5">前期导入</td><td>任务名称</td><td colspan="6"></td></tr>
<tr><td>学生姓名</td><td colspan="2"></td><td colspan="2">班级学号</td><td colspan="2"></td></tr>
<tr><td>同组成员</td><td colspan="6"></td></tr>
<tr><td>负责任务</td><td colspan="6"></td></tr>
<tr><td>完成日期</td><td colspan="2"></td><td colspan="2">完成效果</td><td colspan="2">教师评价及签字</td></tr>
<tr><td rowspan="2">明确任务</td><td>任务目标</td><td colspan="6"></td></tr>
<tr><td>依据规范</td><td colspan="6">建议学生指明到条款</td></tr>
<tr><td rowspan="2">自学简述</td><td>课前布置</td><td colspan="6">主要根据老师的课前布置任务，说明自己学习了什么、浏览了什么资源、查阅了什么资料等</td></tr>
<tr><td>拓展学习</td><td colspan="6">主要说明除了老师布置的还自学了什么？查阅了什么资料等</td></tr>
<tr><td>任务实施</td><td>重点记录</td><td colspan="4">主要记录完成任务过程中，用到的基本知识、公式、规范、方法和工具等</td><td colspan="2">成果提交
可由教师提供相关二维码</td></tr>
<tr><td rowspan="3">学习反思</td><td>不足之处</td><td colspan="6"></td></tr>
<tr><td>待解问题</td><td colspan="6"></td></tr>
<tr><td>课后学习</td><td colspan="6"></td></tr>
<tr><td rowspan="5">过程评价</td><td rowspan="2">自我评价
（5 分）</td><td>课前学习</td><td>时间观念</td><td>实施方法</td><td>职业素养</td><td>成果质量</td><td>分值</td></tr>
<tr><td></td><td></td><td></td><td></td><td></td><td></td></tr>
<tr><td rowspan="2">小组评价
（5 分）</td><td>任务承担</td><td>时间观念</td><td>团队合作</td><td>能力素养</td><td>成果质量</td><td>分值</td></tr>
<tr><td></td><td></td><td></td><td></td><td></td><td></td></tr>
<tr><td>综合打分</td><td colspan="6">自我评价分值＋小组评价分值：</td></tr>
</table>

单个构件钢筋放样下料计算书 4.2

工程名称				构件位置	标明在第 N 层第 X 轴或第 Y 轴	
构件名称及编号		构件数量		编制人		第　页
构件配筋示意图						
构件钢筋分析放样图						
钢筋下料计算						
构件名称及编号						第　页

续表

接前页 钢筋下料计算		
构件名称及编号		第　页

单个构件钢筋下料长度汇总表 4.3

<table>
<tr><td>工程名称：</td><td colspan="8"></td></tr>
<tr><td>构件位置：</td><td colspan="2"></td><td>构件名称及编号：</td><td colspan="2"></td><td>构件数量：</td><td colspan="2"></td></tr>
<tr><td>钢筋编号</td><td>钢筋规格</td><td colspan="2">钢筋简图</td><td>单根下料长度（mm）</td><td>钢筋根数（根）</td><td>钢筋总长度（m）</td><td>钢筋每米重（kg/m）</td><td>钢筋总重量（kg）</td></tr>
<tr><td>①</td><td></td><td colspan="2"></td><td></td><td></td><td></td><td></td><td></td></tr>
<tr><td>②</td><td></td><td colspan="2"></td><td></td><td></td><td></td><td></td><td></td></tr>
<tr><td>③</td><td></td><td colspan="2"></td><td></td><td></td><td></td><td></td><td></td></tr>
<tr><td>④</td><td></td><td colspan="2"></td><td></td><td></td><td></td><td></td><td></td></tr>
<tr><td>⑤</td><td></td><td colspan="2"></td><td></td><td></td><td></td><td></td><td></td></tr>
<tr><td>⑥</td><td></td><td colspan="2"></td><td></td><td></td><td></td><td></td><td></td></tr>
<tr><td>⑦</td><td></td><td colspan="2"></td><td></td><td></td><td></td><td></td><td></td></tr>
<tr><td>⑧</td><td></td><td colspan="2"></td><td></td><td></td><td></td><td></td><td></td></tr>
<tr><td>⑨</td><td></td><td colspan="2"></td><td></td><td></td><td></td><td></td><td></td></tr>
<tr><td>⑩</td><td></td><td colspan="2"></td><td></td><td></td><td></td><td></td><td></td></tr>
<tr><td>⑪</td><td></td><td colspan="2"></td><td></td><td></td><td></td><td></td><td></td></tr>
<tr><td>⑫</td><td></td><td colspan="2"></td><td></td><td></td><td></td><td></td><td></td></tr>
<tr><td>⑬</td><td></td><td colspan="2"></td><td></td><td></td><td></td><td></td><td></td></tr>
<tr><td>⑭</td><td></td><td colspan="2"></td><td></td><td></td><td></td><td></td><td></td></tr>
<tr><td>⑮</td><td></td><td colspan="2"></td><td></td><td></td><td></td><td></td><td></td></tr>
<tr><td>⑯</td><td></td><td colspan="2"></td><td></td><td></td><td></td><td></td><td></td></tr>
</table>

编制人：　　　　　　　　　　　　　　　　　　　　　　　　编制日期：

模块 5　Modular 05

板构造

学习目标

（1）掌握板平法制图规则和钢筋构造。

（2）掌握叠合板的平法制图规则和表达方式。

（3）掌握叠合板的钢筋连接节点构造要求。

育人目标

引入思政元素，体现建筑人实践和探索精神，克服畏难情绪，勇于挑战，锤炼意志品质，培养踏实严谨、耐心专注、吃苦耐劳、追求卓越的优秀品质。这样的人才是企业未来产品高品质的制造者。

建议课时：10 课时＋课余时间。

建议教学形式：配套使用《22G101-1》《15G310-1～2》《15G368-1》图集和教材提供的数字资源。

思维导图

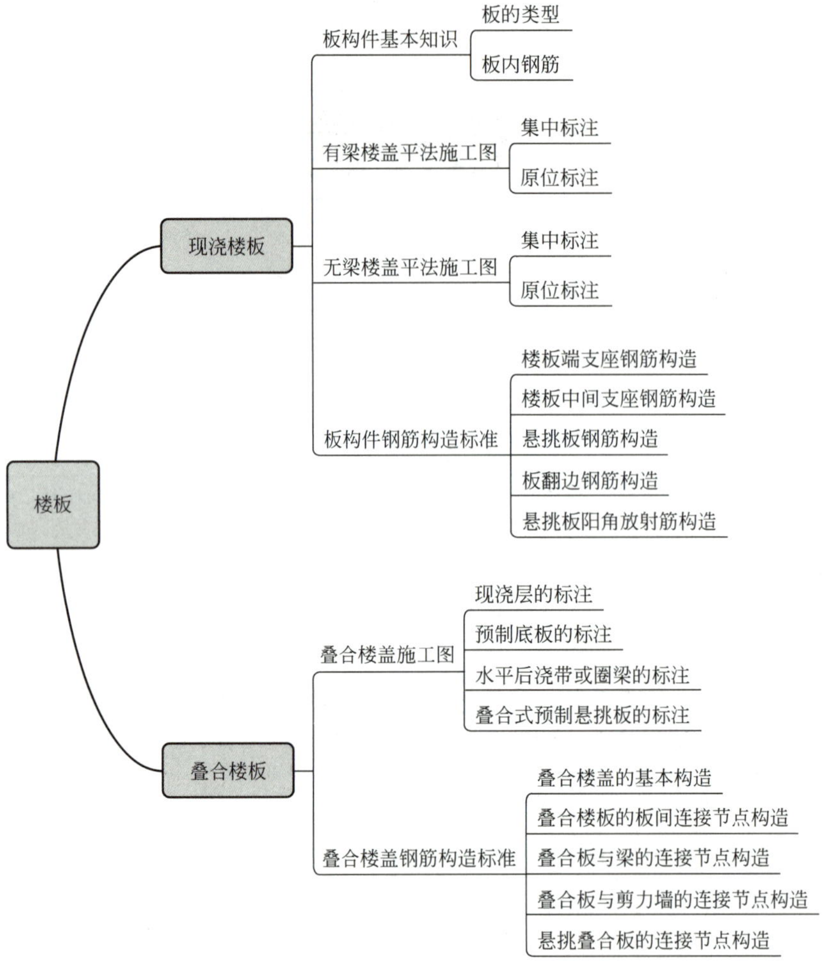

岗位技能点

(1) 能读懂结构施工图中板构件的钢筋配置。

(2) 能熟练运用板构造知识，能根据板平法标注的平面图画出板筋布置图和钢筋翻样图，并进行单根钢筋的下料长度计算。

任务点

1. 平法板制图规则与构造。
2. 叠合楼盖板制图规则。
3. 叠合板板间及梁和剪力墙支座板端连接节点构造。
4. 单向叠合板和悬挑叠合板连接节点构造。

叠合板连接构造

模块前测：思考

1. 板的类型有哪些？板内钢筋名称有哪些？钢筋等级以及对应图纸上编号是什么？

2. 什么是板平法？板的集中标注内容有哪些？板的原位标注内容有哪些？当原位标注和集中标注中的某项数值冲突时，怎么取值？

3. 有梁楼盖中板钢筋构造要求有哪些？

4. 无梁楼盖中板钢筋构造要求有哪些？

5. 与板有关的相关构造的钢筋构造要求有哪些？

6. 装配式混凝土叠合板钢筋构造要求有哪些？

预习笔记（思政微课）

模块中测

5.1 平法板制图规则与构造

板构件知识体系可概括为三个方面：板的分类、板构件钢筋的分类、板的各类情况，如图 5-1 所示。

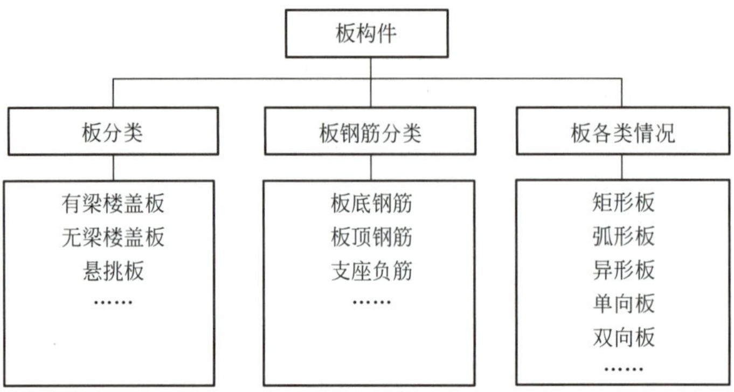

图 5-1 板构件知识体系

在房屋结构中，板主要承受水平荷载，并将承受的荷载往下传递。由于板的位置不同，其受力不同，因而其构造要求也不同，就会出现各种不同形状的板。板的分类如图 5-1 所示。

板可按照受力方式、配筋方式和位置的不同来进行分类。

(1) 按照板受力方式的不同，可分为单向板和双向板。单向板是在一个方向上布置“主筋”，而在另一个方向上布置“分布筋”；双向板是在两个相互垂直的方向上都布置“主筋”。目前，双向板使用较广泛。

(2) 按照板配筋方式的不同，可分为单层布筋板和双层布筋板。

(3) 按照板位置的不同，可分为楼面板、屋面板、悬挑板。

板内钢筋类型，板构件钢筋有板顶受力钢筋、板底受力钢筋、支座负筋和分布筋。

5.1.1 有梁楼盖平法施工图的表示方法

有梁楼盖平法施工图，是在楼面板和屋面板布置图上，采用平面注写的表达方式。板平面注写主要包括板块集中标注和板支座原位标注。

为方便设计表达和施工识图，规定结构平面的坐标方向为：①当两向轴网正交布置时，图面从左至右为 X 向，从下至上为 Y 向；②当轴网转折时，局部坐标方向顺轴网转折角度做相应转折；③当轴网向心布置时，切向为 X 向，径向为 Y 向。

此外，对于平面布置比较复杂的区域，如轴网转折交界区域、向心布置的核心区域等，其平面坐标方向应由设计者另行规定并在图上明确表示。

1. 集中标注

板块集中标注的内容包括板块编号、板厚、上部贯通纵筋、下部纵筋以及当板面标高不同时的标高高差。

对于普通楼面板，两向均以一跨为一板块；对于密肋楼盖，两向主梁（框架梁）均以一跨为一板块（非主梁密肋不计）；所有板块都应逐一编号，相同编号的板块可选择一块板块做集中标注，其他仅标注置于圆圈内的板编号，以及当板面标高不同时的标高高差。

具体标注内容为：

（1）注写板块编号（表5-1）

板块编号 **表5-1**

板类型	代号	序号
屋面板	WB	××
楼面板	LB	××
悬挑板	XB	××

（2）注写板厚

板厚注写为 h=×××（为垂直于板面的厚度）；当悬挑板的端部改变截面厚度时，用斜线分隔根部与端部的高度值，注写为 h=×××/×××；当设计已在图中统一注明板厚时，此项可不注。

（3）注写下部纵筋和上部纵筋

1）纵筋按板块的下部纵筋和上部纵筋分别标注（当板块上部不设贯通纵筋时则不注），并以B代表下部纵筋，以T代表上部纵筋，B&T代表下部与上部；X向纵筋以X打头，Y向纵筋以Y打头，两向纵筋配置相同时则以X&Y打头。

2）当为单向板时，分布筋可不必标注，但是需要在图中统一注明。

3）当在某些板内配置有构造钢筋时，则X向以 X_C，Y向以 Y_C 打头注写。

4）当纵筋采用两种规格钢筋“隔一布一”方式时，表达为Φxx/yy@×××，表示直径为 xx 的钢筋和直径为 yy 的钢筋二者之间间距为×××，直径 xx 的钢筋的间距为×××的2倍，直径 yy 的钢筋的间距为×××的2倍。

常见的板筋集中标注表达形式 **表5-2**

表示形式	表达含义
LB5，h=100 B：XΦ12@120，YΦ10@110	编号为5号的楼面板，板厚为100mm。板下部布置X向纵筋直径为12mm，间距为120mm；Y向纵筋直径为10mm，间距为110mm。板上部未布置贯通纵筋
LB3，h=120 B：XΦ12@120，YΦ10@110 T：X&YΦ12@150	编号为3号的楼面板，板厚为120mm。板下部布置X向纵筋直径为12mm，间距为120mm；Y向纵筋直径为10mm，间距为110mm。板上部布置贯通纵筋X向和Y向的钢筋直径均为12mm，间距为150mm
未注明分布筋为Φ8@250	表示图纸中需要配置且没有标识的分布筋直径均为8mm，间距均为250mm
XB2，h=170/120 B：Xc & YcΦ8@200	编号为2号的悬挑板，板的根部厚170mm，板的端部厚120mm，板下部配置构造钢筋双向均为Φ8@200
LB2，h=150 B：XΦ10/12@100；YΦ10@110	编号为2号的楼面板，板厚150mm，板下部配置的纵筋X向为Φ10、Φ12隔一布一，Φ10与Φ12之间的间距为100mm；Y向为Φ10@110；板上部未配置贯通纵筋

（4）当板面标高不同时的标高高差

板面标高高差是指相对于结构层楼面标高的高差，应将其注写在括号内，且有高差则注，无高差不注。板平法施工图如图5-2所示。

屋面2	65.670	
塔层2	62.370	3.30
屋面1 (塔层1)	59.070	3.30
16	55.470	3.60
15	51.870	3.60
14	48.270	3.60
13	44.670	3.60
12	41.070	3.60
11	37.470	3.60
10	33.870	3.60
9	30.270	3.60
8	26.670	3.60
7	23.070	3.60
6	19.470	3.60
5	15.870	3.60
4	12.270	3.60
3	8.670	3.60
2	4.470	4.20
1	-0.030	4.50
-1	-4.530	4.50
-2	-9.030	4.50
层号	标高 /m	层高 /m

结构层楼面标高
结构层高

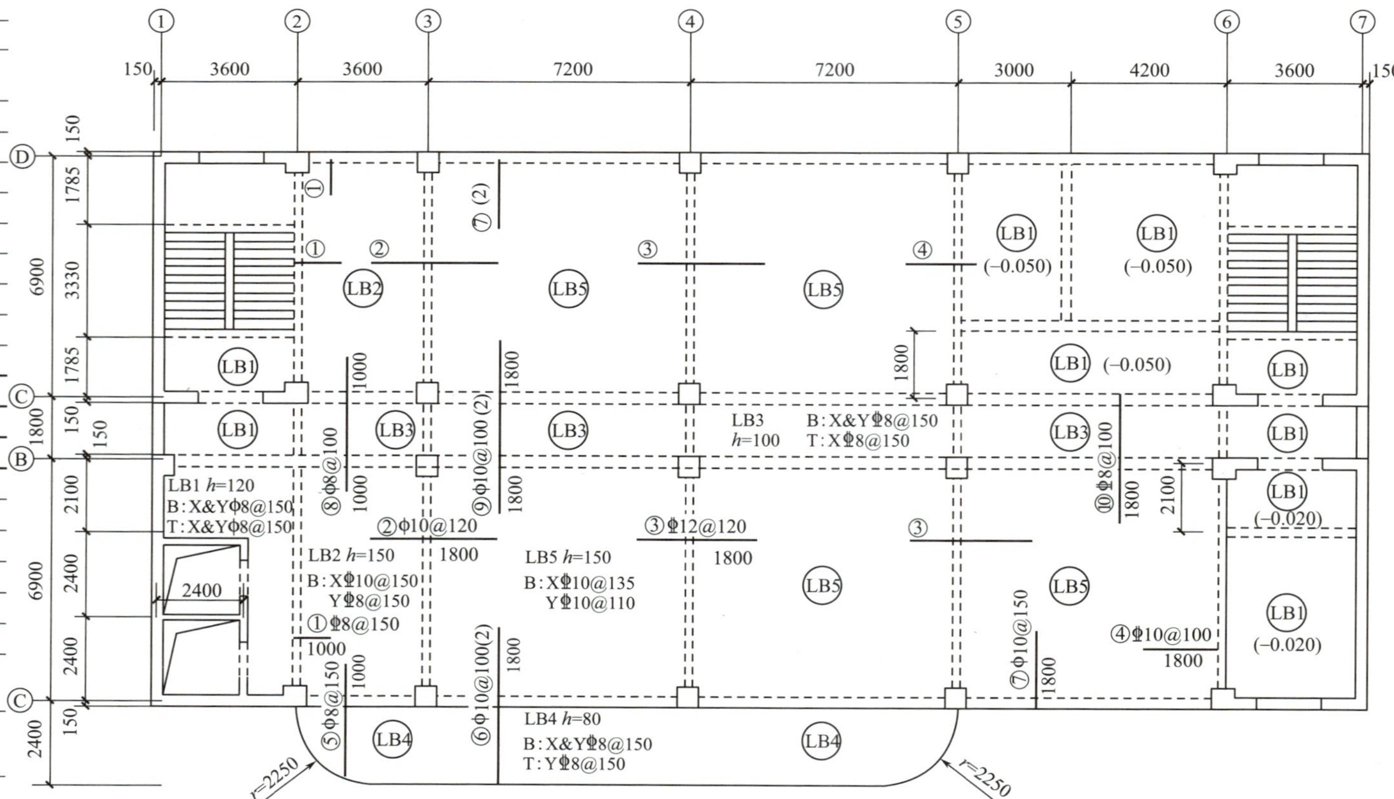

图 5-2 15.870～26.670 板平法施工图

2. 原位标注

板支座原位标注的内容包括板支座上部非贯通纵筋和悬挑板上部受力钢筋。具体标注内容如下：

(1) 板支座上部非贯通纵筋

板支座原位标注的钢筋，应在配置相同跨的第一跨表达（当在梁悬挑部位单独配置时则在原位表达）。在配置相同跨的第一跨（或梁悬挑部位），垂直于板支座（梁或墙）绘制一段适宜长度的中粗实线，以该线段代表支座上部非贯通纵筋，并在线段上方注写钢筋编号（如①、②等）、配筋值、横向连续布置的跨数（注写在括号内，且当为一跨时可不注），以及是否横向布置到梁的悬挑端。

例：（××）为横向布置的跨数，（××A）为横向布置的跨数及一端的悬挑梁部位，（××B）为横向布置的跨数及两端的悬挑梁部位。

板支座上部非贯通筋自支座中线向跨内的伸出长度，注写在线段的下方位置。

当中间支座上部非贯通纵筋向支座两侧对称伸出时，可仅在支座一侧线段下方标注伸出长度，另一侧不注，如图 5-3 所示。

当向支座两侧非对称伸出时，应分别在支座两侧线段下方注写伸出长度，如图 5-4 所示。

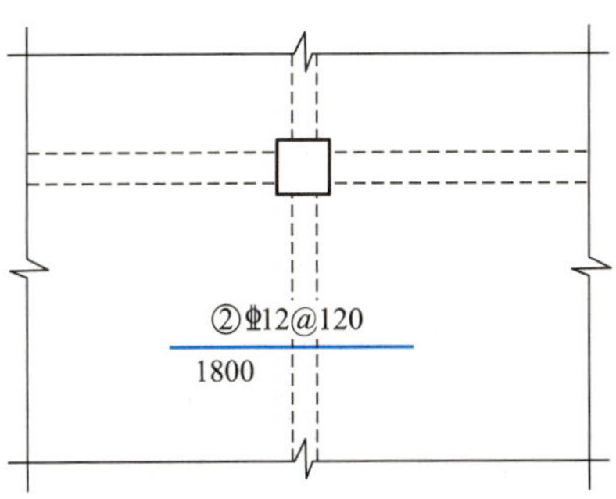

图 5-3　板支座上部贯通非对称伸出

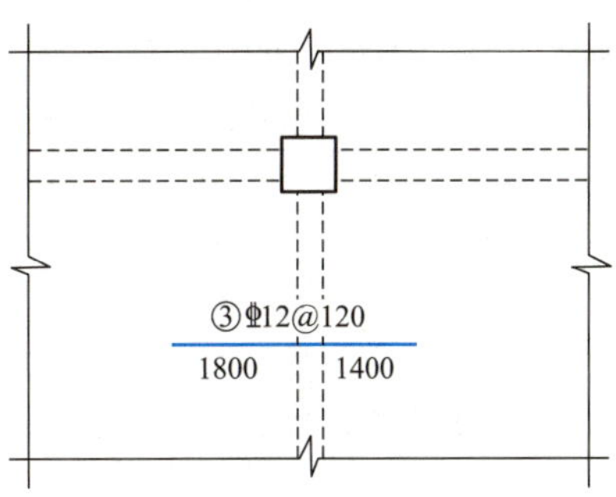

图 5-4　板支座上部非贯通非对称伸出

对线段画至对边贯通全跨或贯通全悬挑长度的上部通长纵筋，贯通全跨或伸出至全悬挑一侧的长度值不注，只注明非贯通筋另一侧的伸出长度值，如图 5-5 所示。

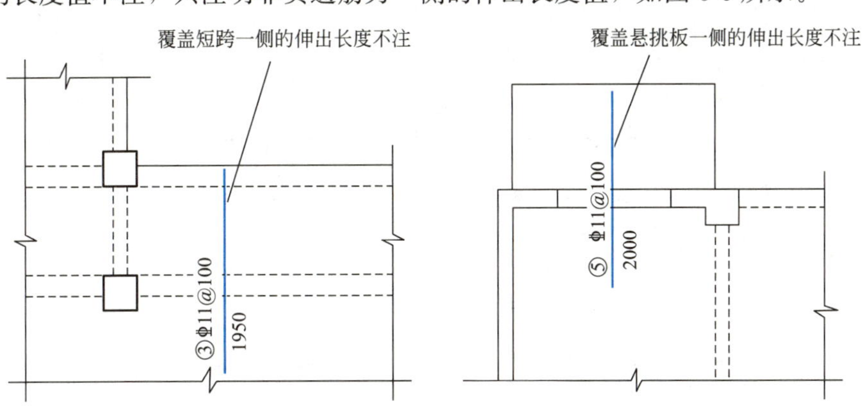

图 5-5　板支座非贯通筋贯通全跨或伸出至悬挑端

当板支座为弧形，支座上部非贯通纵筋呈放射状分布时，设计者应注明配筋间距的度量位置并加注“放射分布”四字，必要时应补绘平面配筋图，如图 5-6 所示。

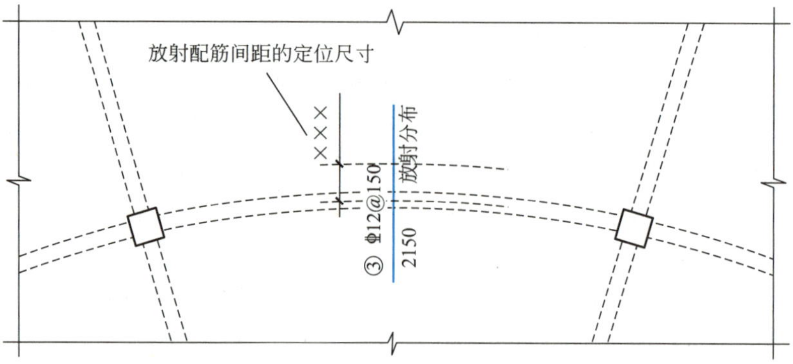

图 5-6　弧形支座处放射配筋

（2）悬挑板上部受力钢筋

悬挑板有两种情况：一种是延伸悬挑板，在结构框架内的板构件向外延伸，利用本身构件来对悬挑段进行荷载平衡，如挑檐板、阳台板等；另一种是纯悬挑板，没有利用其他构件，仅仅利用本身构件和支座铰接的构件，如雨篷板。

悬挑板上部受力钢筋标注如图 5-7 所示。

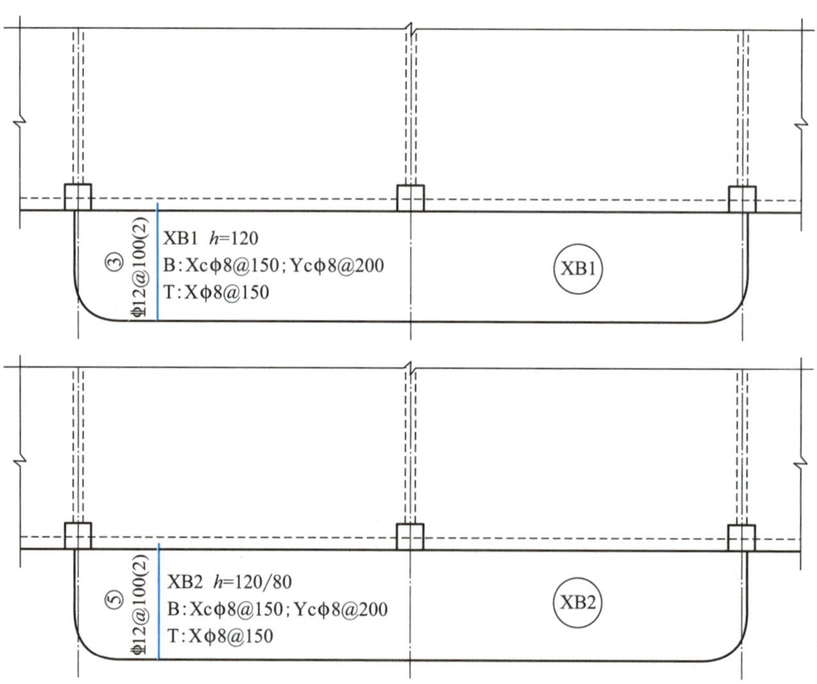

图 5-7　悬挑板平法施工图

在板平面布置图中，不同部位的板支座上部非贯通纵筋及悬挑板上部受力钢筋，可仅在一个部位注写，对其他相同者则仅需在代表钢筋的线段上注写编号及横向连续布置的跨数即可。

此外，与板支座上部非贯通纵筋垂直且绑扎在一起的构造钢筋或分布钢筋，应由设计者在图中注明。

（3）钢筋的“隔一布一”情况

当板的上部已配置有贯通纵筋，但需增配板支座上部非贯通纵筋时，应结合已配置的同向贯通纵筋的直径与间距采取“隔一布一”方式配置。

“隔一布一”方式为非贯通纵筋的标注间距与贯通纵筋相同，两者组合后的实际间距为各自标注间距的1/2。当设定贯通纵筋为纵筋总截面面积的50%时，两种钢筋应取相同直径；当设定贯通纵筋大于或小于总截面面积的50%时，两种钢筋则取不同直径。

例：板上部已配置贯通纵筋 ⌀10@250，该跨配置的上部同向支座非贯通纵筋为 ⌀12@250，表示该跨实际设置的上部纵筋为 ⌀10 和 ⌀12 间隔布置，二者之间的间距为125mm。

施工时应注意：当支座一侧设置了上部贯通纵筋（在板集中标注中以T打头），而在支座另一侧仅设置了上部非贯通纵筋时，如果支座两侧设置的纵筋直径、间距相同，应将二者连通，避免各自在支座上部分别锚固。

5.1.2 无梁楼盖平法施工图的表示方法

无梁楼盖平法施工图，是在楼面板和屋面板布置图上，采用平面注写的表达方式。

板平面注写主要有板带集中标注、板带支座原位标注两部分内容。

1. 板带集中标注

板带集中标注应在板带贯通纵筋配置相同跨的第一跨（X向为左端跨，Y向为下端跨）注写。在相同编号的板带可择其一做集中标注，其他仅注写板带编号（注在圆圈内）。

板带集中标注的具体内容包括板带编号、板带厚及板带宽和贯通纵筋。具体规定如下：

（1）注写板带编号（表5-3）

板块编号　　表5-3

板带类型	代号	序号	跨数及有无悬挑
柱上板带	ZSB	××	(××)、(××A)或(××B)
跨中板带	KZB	××	(××)、(××A)或(××B)

注：1. 跨数按柱网轴线计算（两相邻柱轴线之间为一跨）；
2. （××A）为一端有悬挑，（××B）为两端有悬挑，悬挑不计入跨数。

（2）注写板带厚及板带宽

板带厚注写为 h=×××，板带宽注写为 b=×××。当无梁楼盖整体厚度和板带宽度已在图中注明时，此项可不注。

（3）注写贯通纵筋

贯通纵筋按板带下部和板带上部应分别注写，以B代表板带下部，T代表板带上部，B&T代表板带下部和板带上部。当采用放射配筋时，设计者应注明配筋间距的度量位置，必要时补绘配筋平面图。

例：设有一板带注写为：ZSB2（5A），h=300，b=3000
B：⌀16@100；T：⌀18@200

表示编号为 2 号的柱上板带，有 5 跨且一端有悬挑；板带厚为 300mm，板带宽为 3000mm，板带配置贯通钢筋下部为⏀16@100，上部为⏀18@200。

当局部区域的板面标高与整体不同时，应在无梁楼盖的板平法施工图上注明板面标高高差及分布范围。

2. 板带支座原位标注

板带支座原位标注的具体内容：板带支座上部非贯通纵筋和钢筋的“隔一布一”情况。

（1）板带支座上部非贯通纵筋

以一段与板带同向的中粗实线段代表板带支座上部非贯通纵筋；对柱上板带：实线段贯穿柱上区域绘制；对跨中板带：实线段横贯柱网轴线绘制。在线段上注写钢筋编号（如①、②等）、配筋值及在线段的下方注写自支座中线向两侧跨内的伸出长度。

当板带支座非贯通纵筋自支座中线向两侧对称伸出时，其伸出长度可仅在一侧标注；当配置在有悬挑端的边柱上时，该筋伸出到悬挑尽端，设计不注。当支座上部非贯通纵筋呈放射分布时，设计者应注明配筋间距的定位位置。

不同部位的板带支座上部非贯通纵筋相同者，可仅在一个部位注写，其余则在代表非贯通纵筋的线段上注写编号。

（2）钢筋的“隔一布一”情况

当板带上部已经配有贯通纵筋，但需要增加配置板带支座上部非贯通纵筋时，应结合已配同向贯通纵筋的直径与间距，采取“隔一布一”的方式配置。

例：设有一板带上部已配置贯通纵筋⏀18@240，板带支座上部非贯通纵筋为⏀20@240，则板带在该位置实际配置的上部纵筋为⏀18 和⏀20 间隔布置，二者之间间距为 120mm（伸出长度略）。

无梁楼盖平法施工图如图 5-8 所示。

5.1.3 板构件钢筋构造

1. 楼板端部支座钢筋构造

楼板端部支座钢筋构造有两种情况，一种是端部支座为梁的情况，另一种是端部支座为剪力墙的情况。

1）当端部支座为梁的情况（图 5-9）

构造要求详见表 5-4。

但应注意图 5-9 中纵筋在端支座应伸至梁支座外侧纵筋内侧后弯折 15d，当平直段长度分别≥l_a、≥l_{aE} 时，可不弯折。梁板式转换层的板中 l_{abE}、l_{aE} 按抗震等级四级取值，设计也可根据实际工程情况另行制定。

2）当端部支座为剪力墙的情况（图 5-10）

当端部支座为剪力墙时有两种情况，一种为端部支座为剪力墙中间层，另一种为端部支座为剪力墙墙顶。

构造要求：

（1）板下部贯通纵筋

板下部贯通纵筋端部支座的直锚长度应≥5d 且至少到墙中线；

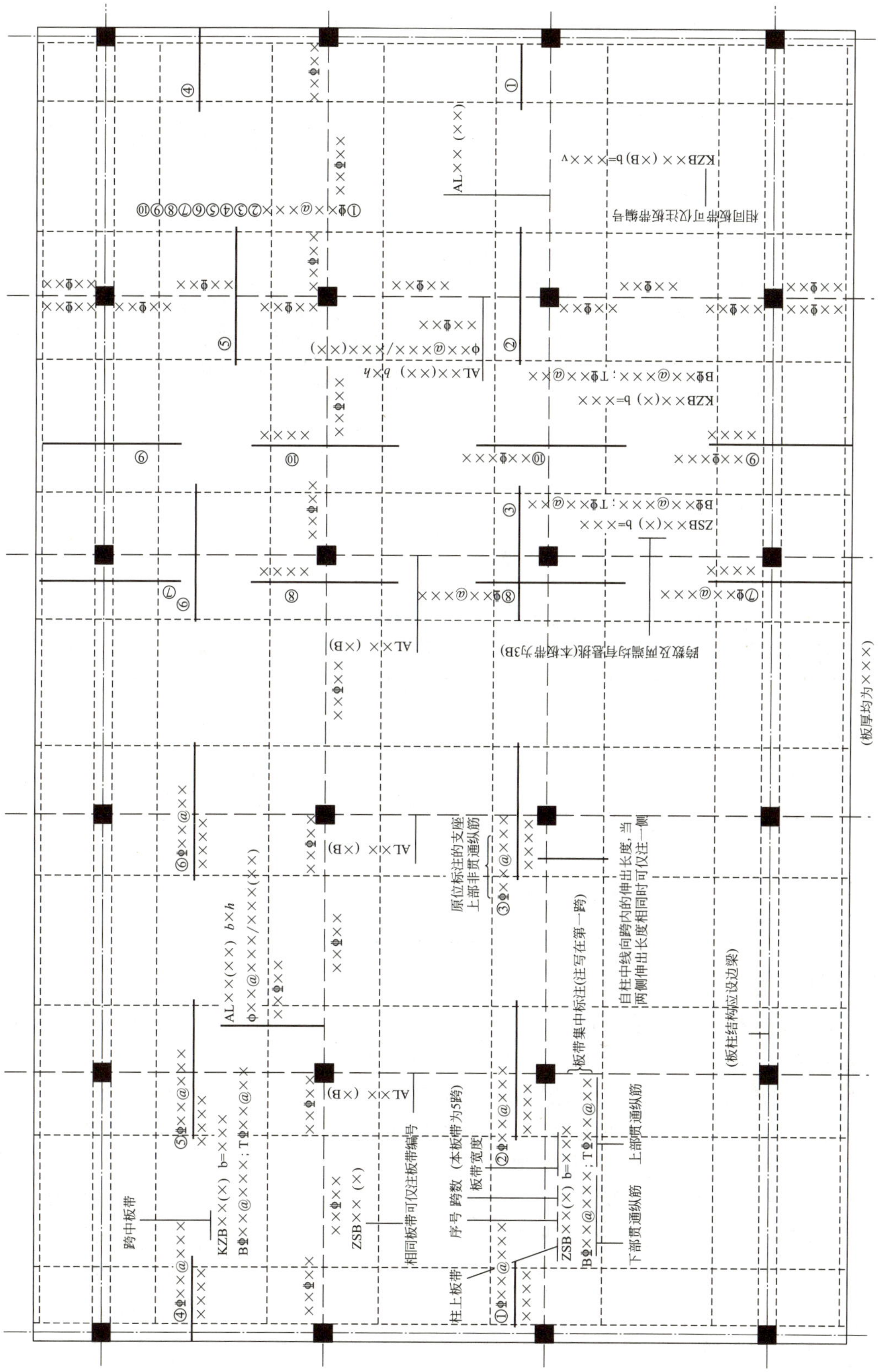

图 5-8　无梁楼盖平法施工示例

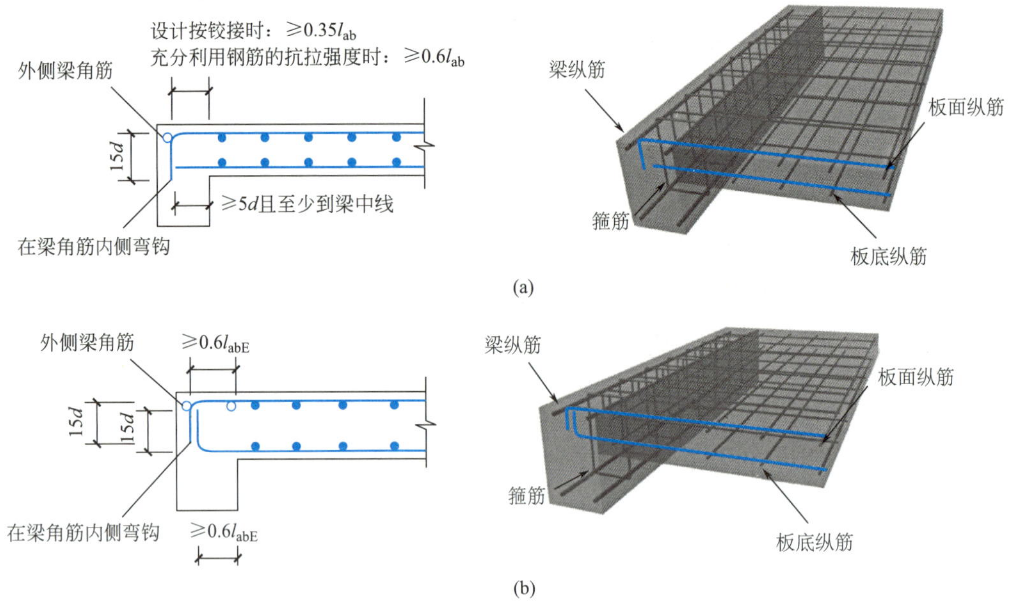

图 5-9 板在端部支座的锚固构造 1

（a）普通楼屋面板；（b）用于梁板式转换层的楼面板

端部支座为梁的钢筋构造要求 **表 5-4**

板筋	支座	构造要求
板下部贯通纵筋	普通楼屋面板	端部支座的直锚长度应≥5d 且至少到梁中段
	用于梁板式转换层的楼面板	端部支座的直锚长度应≥0.6l_{abE}，并向上弯折，弯折长度为 15d
板上部贯通纵筋	普通楼屋面板	板上部贯通纵筋应伸到支座梁外侧纵筋内侧，端部支座的直锚长度应≥0.6l_{abE}，并向下弯折，弯折长度为 15d；当设计按铰接时，端部支座的直锚长度应≥0.35l_{abE}，并向下弯折，弯折长度为 15d
	用于梁板式转换层的楼面板	板上部贯通纵筋应伸到支座梁外侧纵筋内侧，端部支座的直锚长度应≥0.6l_{abE}，并向下弯折，弯折长度为 15d

（2）板上部贯通纵筋

板上部贯通纵筋应伸到墙外侧水平分布钢筋内侧，其直锚长度具体数值如图所示，并向下弯折，弯折长度为 15d。

但应注意图 5-10 中纵筋在端支座应伸至墙外侧水平分布钢筋内侧后弯折 15d，当平直段长度分别≥l_a、≥l_{aE} 时，可不弯折。梁板式转换层的板中 l_{abE}、l_{aE} 按抗震等级四级取值，设计也可根据实际工程情况另行制定。

2. 楼板中间支座钢筋构造

无论是楼面板还是屋面板，板的中间支座均按梁绘制，其构造要求如图 5-11 所示。

有梁楼盖楼面板和屋面板构造

构造要求：

（1）板下部纵筋

与支座垂直的贯通纵筋：伸入支座的长度应≥5d 且至少到梁中线；

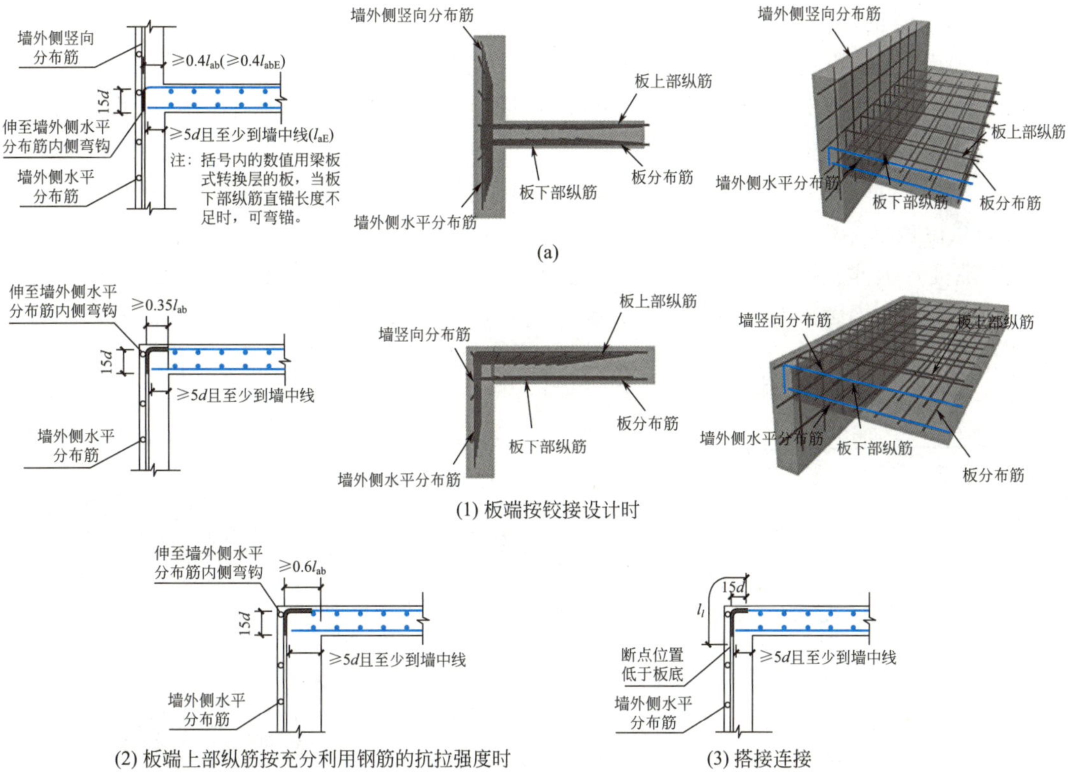

图 5-10　板在端部支座的锚固构造 2

（a）端部支座为剪力墙中间层；（b）端部支座为剪力墙墙顶

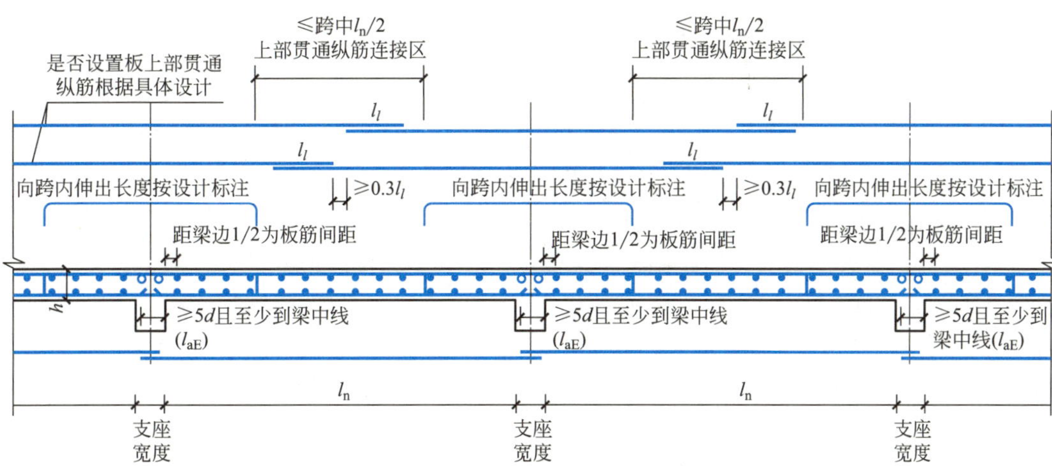

图 5-11　有梁楼盖楼面板和屋面板钢筋构造

与支座平行的贯通纵筋：第一根钢筋在距梁角筋 1/2 板筋间距处开始设置。

(2) 板上部纵筋

1) 非贯通纵筋

与支座垂直的非贯通纵筋：向跨内伸出长度按设计标注。

2）贯通纵筋

与支座垂直的贯通纵筋：应贯通中间支座；上部贯通纵筋连接区应≤跨中 $l_n/2$；当相邻等跨或不等跨的上部贯通纵筋配置不同时，应将配置较大者越过其标注的跨数终点或起点伸出至相邻跨的跨中连接区域连接。

与支座平行的贯通纵筋：第一根钢筋在距梁角筋为 1/2 板筋间距处开始设置。

3. 悬挑板钢筋构造

悬挑板有延伸悬挑板和纯悬挑板两种。延伸悬挑板指的是在结构框架内的板构件向外延伸，利用本身构件来对悬挑段进行荷载平衡；纯悬挑板指的是没有利用其他构件，仅仅利用本构件和支座铰接的构件。其构造要求如图 5-12 所示。

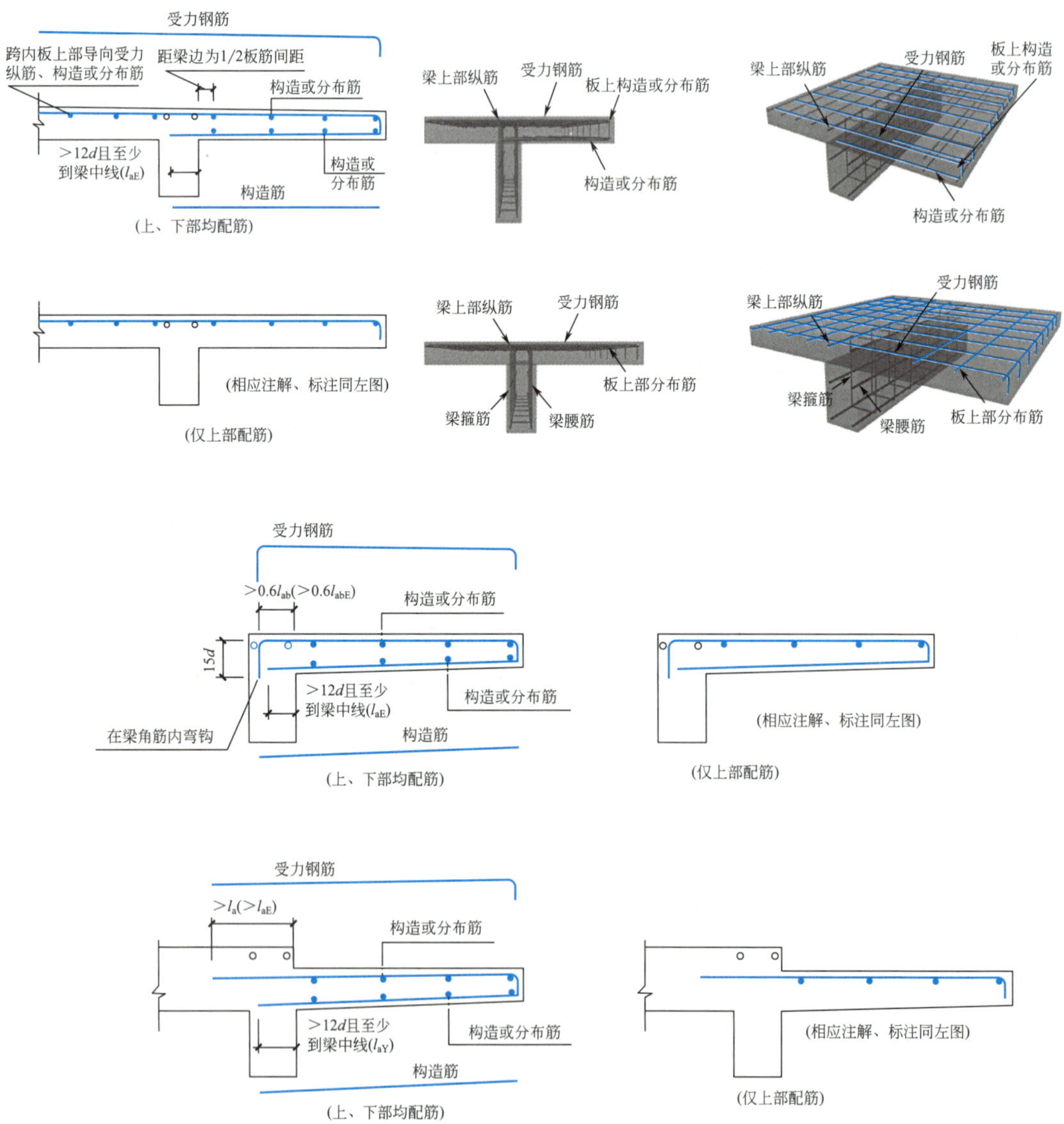

图 5-12　悬挑板钢筋构造

（1）延伸悬挑板钢筋构造

1）上部钢筋构造

垂直于支座梁的上部纵筋与相邻跨板同向的纵筋贯通，另一端伸至悬挑板的末端，并弯折到悬挑板底部。

平行于支座梁的上部纵筋，从距梁边 1/2 板筋间距处开始设置第一根。

2）下部钢筋构造

延伸悬挑板如有下部纵筋，则与支座梁垂直的下部纵筋在支座内的直锚或弯锚的长度满足≥$12d$ 且至少到梁中线，另一端直锚至板末端。

平行于支座梁的下部纵筋，从距梁边 1/2 板筋间距处开始设置第一根。

当悬挑板需要考虑竖向地震作用时，下部纵筋伸入支座内长度不应小于 l_{ab}。

（2）纯悬挑板钢筋构造

1）上部钢筋构造

垂直于支座梁的上部纵筋伸至支座梁角筋的内侧，水平段长满足≥$0.6l_{ab}$，再弯折 $15d$。另一端伸至悬挑板的末端，并弯折到悬挑板底部。

平行于支座梁的上部纵筋，从距梁边 1/2 板筋间距处开始设置第一根。

2）下部钢筋构造

纯悬挑板如有下部纵筋，则与支座梁垂直的下部纵筋在支座内的直锚或弯锚的长度满足≥$12d$ 且至少到梁中线，另一端直锚至板末端。

平行于支座梁的下部纵筋，从距梁边 1/2 板筋间距处开始设置第一根。

当悬挑板需要考虑竖向地震作用时，下部纵筋伸入支座内长度不应小于 l_{ab}。

4. 板翻边 FB 钢筋构造

（1）板翻边 FB 标注

板翻边 FB 标注方式如图 5-13 所示。具体标注内容如下：

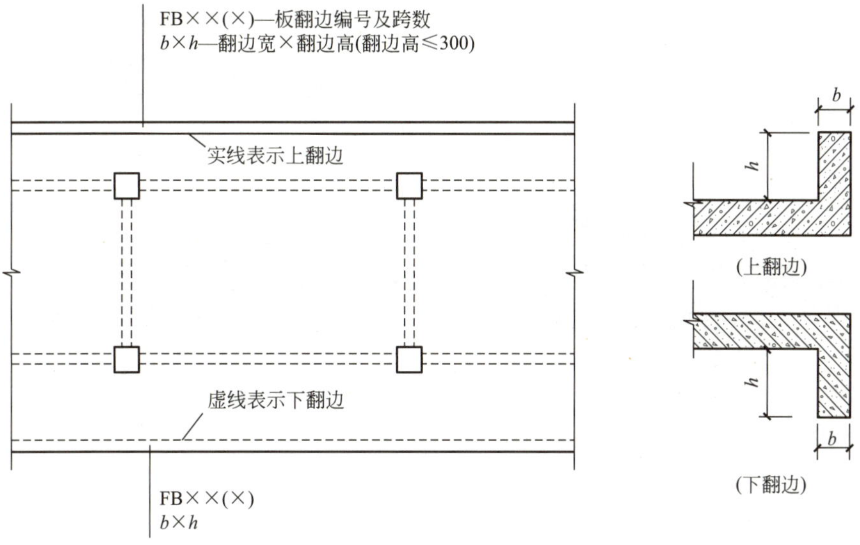

图 5-13　板翻边 FB 引注图示

1）板翻边编号及跨数：FB××（×）

2）翻边宽×翻边高（翻边高≤300mm）：标注为 $b \times h$。

板翻边可为上翻也可为下翻，翻边尺寸等在引注内容中表达，翻边高度在标准构造详图中为小于或等于 300mm。当翻边高度大于 300mm 时，由设计者自行处理。

（2）板翻边的构造

板翻边的构造详图，如图 5-14 所示。其构造要求：

无论是上翻悬挑板还是下翻悬挑板，当上、下部均配筋时，翻边两侧均配筋，且板上部钢筋与下翻边内侧钢筋、板下部钢筋与下翻边内侧钢筋要相互交叉布置；当仅上部配筋时，仅在翻边一侧配筋。

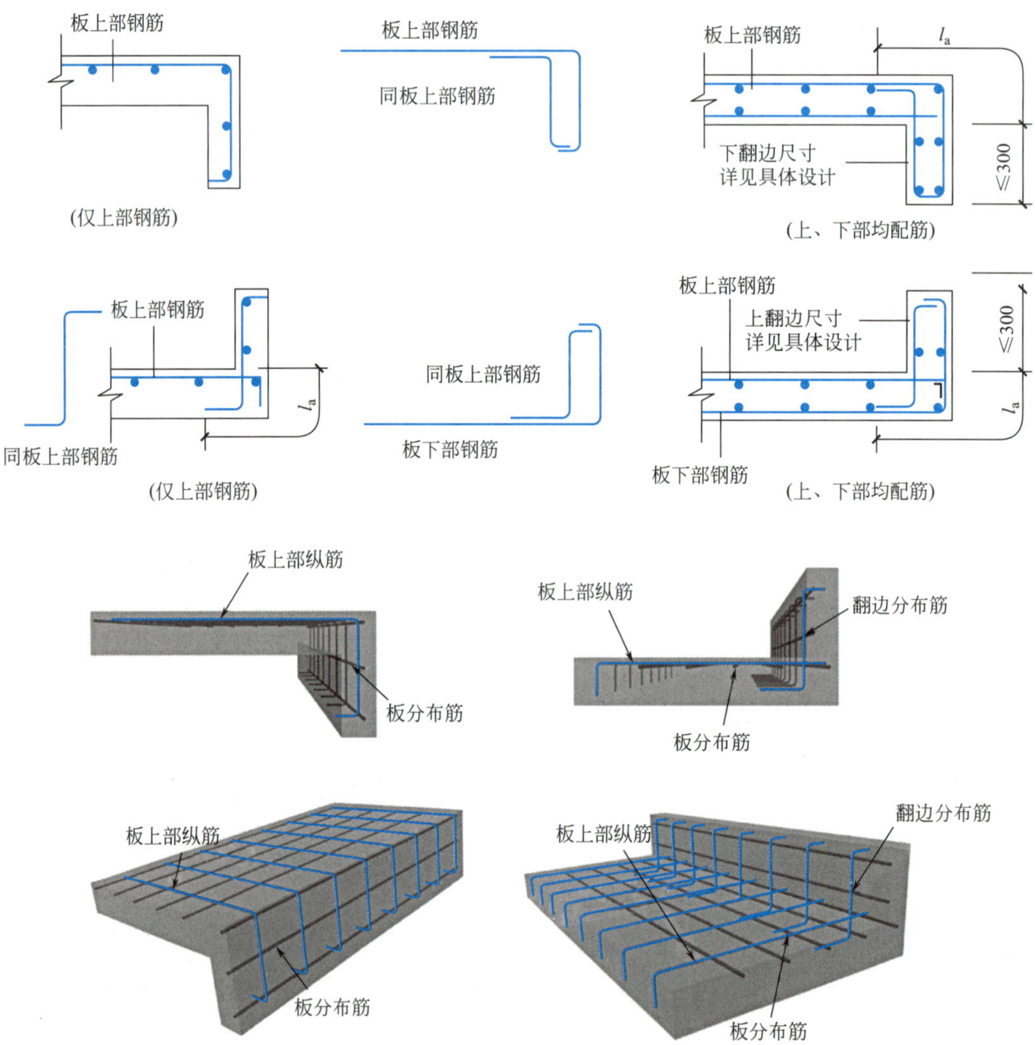

图 5-14　板翻边 FB 构造

5. 悬挑板阳角放射筋构造

悬挑板阳角放射筋构造如图 5-15 所示。

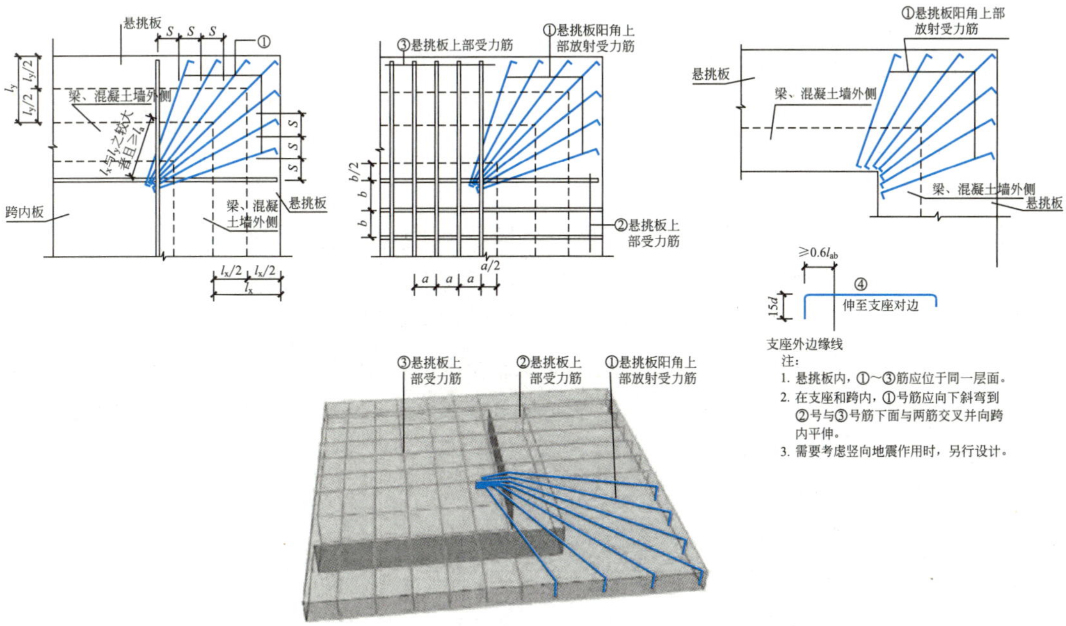

图 5-15　悬挑板阳角放射筋构造

5.2　叠合楼盖施工图制图规则

5.2.1　叠合楼盖施工图表示方法

叠合楼盖施工图主要包括预制底板平面布置图、现浇层配筋图、水平后浇带或圈梁布置图。

所有叠合板板块应逐一编号，相同编号的板块可择其一做集中标注，其他仅注写置于圆圈内的板编号，当板面标高不同时，在板编号的斜线下标注标高高差，下降为负（—）。叠合板编号，由叠合板代号和序号组成，表达形式应符合表 5-5 的要求。

叠合板编号　　**表 5-5**

叠合板类型	代号	序号
叠合楼面板	DLB	××
叠合屋面板	DWB	××
叠合悬挑板	DXB	××

注：序号可为数字或数字加字母。

例：DLB3，表示楼板为叠合板，序号为 3；
DWB2，表示屋面板为叠合板，序号为 2；
DXB1，表示悬挑板为叠合板，序号为 1。

5.2.2　叠合楼盖的注写

叠合楼盖的注写包括现浇层的标注、预制底板的标注和水平后浇带或圈梁的标注。具体注写内容如下：

1. 叠合楼盖现浇层的标注

叠合楼盖现浇层注写方法与 16G101-1 图集的“有梁楼盖板平法施工图的表示方法”相同。同时应标注叠合板编号。

2. 预制底板的标注

预制底板平面布置图中需要标注叠合板编号、预制底板编号、各块预制底板尺寸和定位。当选用标准图集中的预制底板时，可直接在板块上标注标准图集中的底板编号；当自行设计预制底板时，可参照标准图集的编号规定进行编号。

预制底板为单向板时，还应标注板边调节缝和定位；预制底板为双向板时还应标注接缝尺寸和定位；当板面标高不同时，标注底板标高高差，下降为负（－）。同时应给出预制底板表。

在注写时，还应注意：

（1）预制底板表中需要标明叠合板编号、板块内的预制底板编号及其叠合板编号的对应关系、所在楼层、构件重量和数量、构件详图页码（自行设计构件为图号）、构件设计补充内容（线盒、留洞位置等）。

（2）当选用标准图集的预制底板时，可选类型详见《桁架钢筋混凝土叠合板（60mm厚底板）》15G366-1。标准图集中预制底板编号规则见表 5-6～表 5-12。

标准图集中叠合板底板编号　　表 5-6

叠合板底板类型	编号
单向板	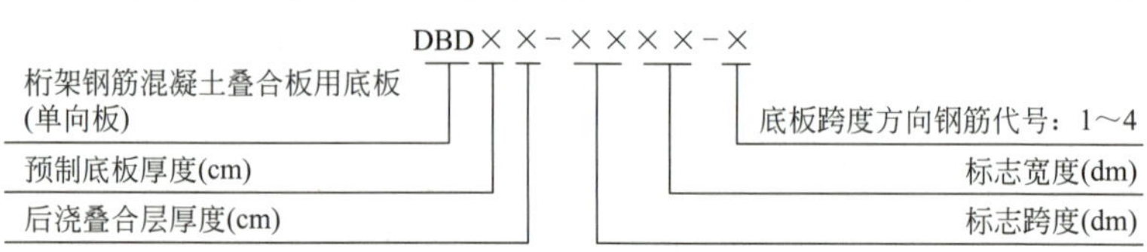 注：单向板底板钢筋代号见表 5-7，标志宽度和标志跨度见表 5-9 和 5-11。
	例：底板编号 DBD67-3324-2 表示为单向受力叠合板用底板，预制底板厚度为 60mm，后浇叠合层厚度为 70mm，预制底板的标志跨度为 3300mm，预制底板的标志宽度 2400mm，底板跨度方向配筋为Φ 8@150
双向板	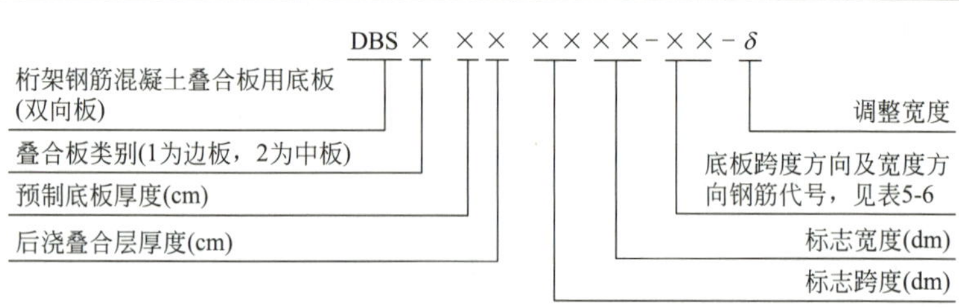 注：双向板钢筋代号见表 5-8，标志宽度和标志跨度见表 5-10 和 5-12。
	例：底板编号 DBS1-67-3924-22 表示为双向受力叠合板用底板，拼装位置为边板，预制底板厚度为 60mm，后浇叠合层厚度为 70mm，预制底板的标志跨度为 3900mm，预制底板的标志宽度 2400mm，底板跨度方向、宽度配筋均为Φ 8@150

单向板底板钢筋编号表　　表 5-7

代号	1	2	3	4
受力钢筋规格及间距	Φ8@200	Φ8@150	Φ10@200	Φ10@150
分布钢筋规格及间距	Φ6@200	Φ6@200	Φ6@200	Φ6@200

双向板底板跨度、宽度方向钢筋代号组合表　　表 5-8

编号 / 跨度方向钢筋 / 宽度方向钢筋	Φ8@200	Φ8@150	Φ10@200	Φ10@150
Φ8@200	11	21	31	41
Φ8@150	—	22	32	42
Φ8@100	—	—	—	43

单向板底板宽度（单位：mm）　　表 5-9

标志宽度	1200	1500	1800	2000	2400
实际宽度	1200	1500	1800	2000	2400

双向板底板宽度（单位：mm）　　表 5-10

标志宽度	1200	1500	1800	2000	2400
边板实际宽度	960	1260	1560	1760	2160
中板实际宽度	900	1200	1500	1700	2100

单向板底板跨度（单位：mm）　　表 5-11

标志宽度	2700	3000	3300	3600	3900	4200
实际宽度	2520	2820	3120	3420	3720	4020

双向板底板跨度（单位：mm）　　表 5-12

标志宽度	3000	3300	3600	3900	4200	4500
实际宽度	2820	3120	3420	3720	4020	4320
标志宽度	4800	5100	5400	5700	6000	
实际宽度	4620	4920	5220	5520	5820	

（3）叠合楼盖预制底板接缝需要在平面上标注其编号、尺寸和位置，并需给出接缝的详图，接缝编号规则见表 5-13。

叠合板底板接缝编号　　表 5-13

名称	代号	序号
叠合板底板接缝	JF	××
叠合板底板密拼接缝	MF	—

例：JF1，表示叠合板之间的接缝，序号为 1。

1）当叠合楼盖预制底板接缝选用标准图集时，可在接缝选用表中写明节点选用图集号、页码、节点号和相关参数。

2）当自行设计叠合楼盖预制底板接缝时，需由设计单位给出节点详图。

（4）若设计的预制底板与标准图集中板型的模板、配筋不同，应由设计单位进行构件详图设计。预制底板详图可参考《桁架钢筋混凝土叠合板（60mm 厚底板）》15G366-1。

3. 水平后浇带或圈梁的标注

需在平面上标注水平后浇带或圈梁的分布位置。水平后浇带编号由代号和序号组成，表达形式应符合表 5-14 的规定。水平后浇带表的内容包括：平面中的编号、所在平面位置、所在楼层及配筋。

水平后浇带编号　　表 5-14

类型	代号	序号
水平后浇带	SHJD	××

例：SHJD3，表示水平后浇带，序号为 3。

按上述标注要求，叠合楼盖平面布置图示例如图 5-16 所示。

5.2.3 叠合楼盖的基本构造要求

装配整体式结构的楼盖宜采用叠合楼盖。结构转换层、平面复杂或开洞较大的楼层、作为上部结构嵌固部位的地下室楼层宜采用现浇楼盖。

叠合板应按现行国家标准《混凝土结构设计规范（2015 年版）》GB 50010—2010 进行设计，并应符合下列规定：

（1）叠合板的预制板厚度不宜小于 60mm，后浇混凝土叠合层厚度不应小于 60mm；

（2）当叠合板的预制板采用空心板时，板端空腔应封堵；

（3）跨度大于 3m 的叠合板，宜采用桁架钢筋混凝土叠合板；

（4）跨度大于 6m 的叠合板，宜采用预应力混凝土预制板；

（5）板厚大于 180mm 的叠合板，宜采用混凝土空心板。

叠合板可根据预制板接缝构造、支座构造、长宽比按单向板或双向板设计。当预制板之间采用分离式接缝（图 5-17a）时，宜按单向板设计；对长宽比不大于 3 的四边支承叠合板，当其预制板之间采用整体式接缝（图 5-17b）或无接缝（图 5-17c）时，可按双向板设计。

叠合板的端部节点，叠合板的支座有板端支座和板侧支座两种情况。叠合板支座处的纵向钢筋应符合下列规定：

（1）板端支座处，预制板内的纵向受力钢筋宜从板端伸出并锚入支承梁或墙的后浇混凝土中，锚固长度不应小于 $5d$（d 为纵向受力钢筋直径），且宜伸过支座中心线（图 5-18a）；

（2）单向叠合板的板侧支座处，当预制板内的板底分布钢筋伸入支承梁或墙的后浇混凝土中时，应符合板端支座的要求；当板底分布钢筋不伸入支座时，宜在紧邻预制板顶面的后浇混凝土叠合层中设置附加钢筋，附加钢筋截面面积不宜小于预制板内的同向分布钢筋面积，间距不宜大于 600mm，在板中后浇混凝土叠合层内锚固长度不应小于 $15d$，在

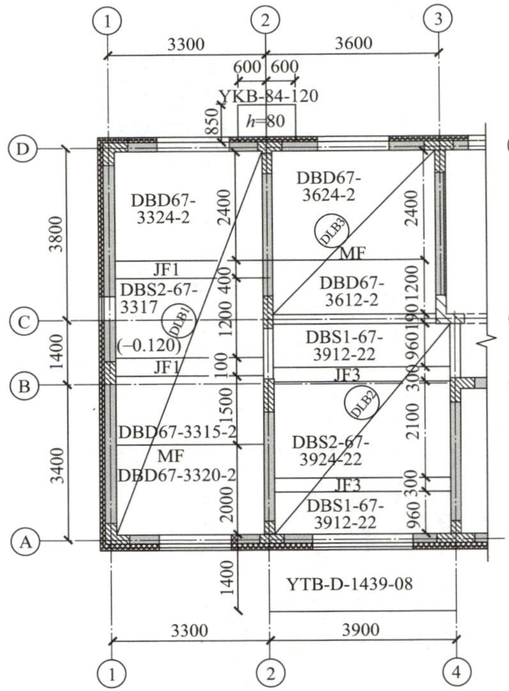

底板布置平面图

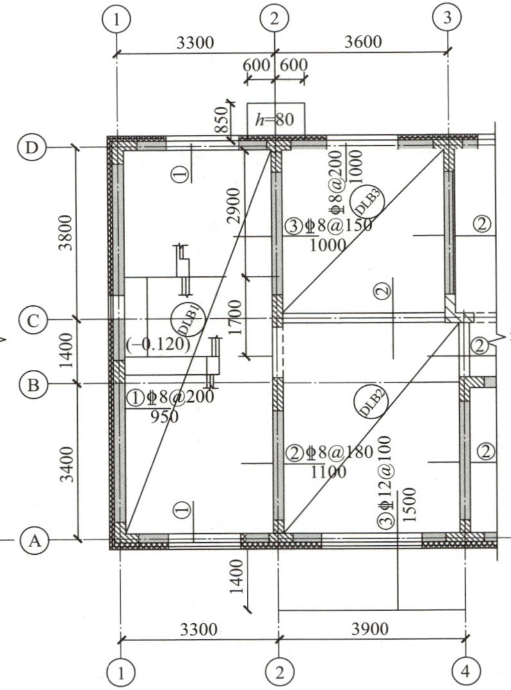

现浇层配筋平面图

5.500～55.900板结构平面图

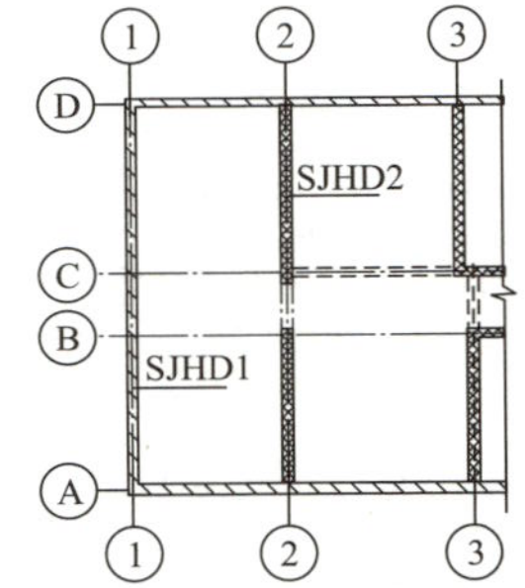

5.500～55.900水平后浇带平面布置图

注：表示外墙部分水平现浇带，编号为SJHD1；表示内墙部分水平现浇带，编号为SJHD2。

水平后浇带表

平面中编号	平面所在位置	所在楼层	配筋	箍筋/拉筋
SJHD1	外墙	3-21	2⏀14	1⏀8
SJHD2	内墙	3-21	2⏀12	1⏀8

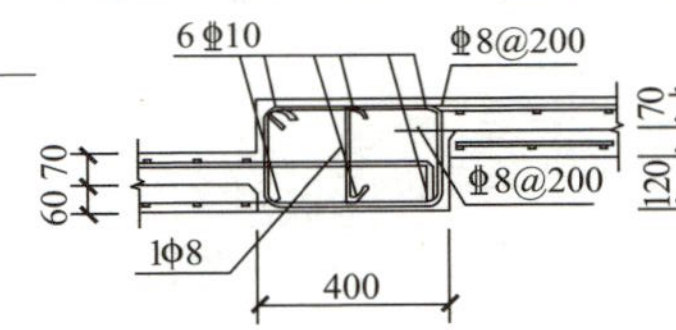

JF1

屋号	标高/m	层高/m
屋面2	61.900	
屋面1	58.800	3.100
21	55.900	2.900
20	53.100	2.800
19	50.300	2.800
18	47.500	2.800
17	44.700	2.800
16	41.900	2.800
15	39.100	2.800
14	36.300	2.800
13	33.500	2.800
12	30.700	2.800
11	27.900	2.800
10	25.100	2.800
9	22.300	2.800
8	19.500	2.800
7	16.700	2.800
6	13.900	2.800
5	11.100	2.800
4	8.300	2.800
3	5.500	2.800
2	2.700	2.800
1	−0.100	2.800
−1	−2.750	2.650
−2	−5.450	2.700
−3	−8.150	2.700

底部加强部位　约束边缘构件区域

结构层楼面标高

结　构　层　高

上部结构嵌固部位：−0.100

接缝表

平面图中编号	所在图层	节点详图页码(图号)
MF	3-21	15G310-1, 28, (B6-1)；A_{sd}为⏀8@200，附加通长构造钢筋为⏀6@200
JF2	3-21	15G310-1, 20, (B1-2)；A_{sd}为3⏀8@150
JF3	3-21	15G366-1，82
JF4	3-21	××，××

叠合板预制底板表

叠合板编号	选用构件编号	所在楼层	构件重量(t)	数量	构件详图页码(图号)
DLB1	DBD67-3320-2	3-21	0.93	19	15G366-1, 65
	DBD67-3315-2	3-21	0.7	19	15G366-1, 63
	DBS2-67-3317	3-21	0.87	19	结施-35
	DBD67-3324-2	3-21	1.23	19	15G366-1, 66
DLB2	DBS1-67-3912-22	3-21	0.56	38	15G366-1, 22
	DBS2-67-3924-22	3-21	1.23	19	15G366-1, 41
DLB3	DBD67-3612-2	3-21	0.62	19	15G366-1, 62
	DBD67-3624-2	3-21	1.23	19	15G366-1, 66

注：未注明的预制构件板底标高为本层标高减去叠合板板厚，降板部分的板底标高为叠合板底板标高减去降板所降高度。

图 5-16　叠合楼盖平面布置图示例

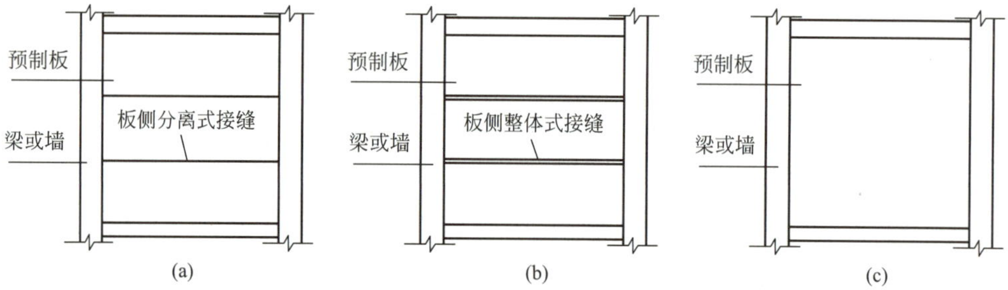

图 5-17　叠合板的预制板布置形式示意

（a）单向叠合板；（b）带接缝的双向叠合板；（c）无接缝双向叠合板

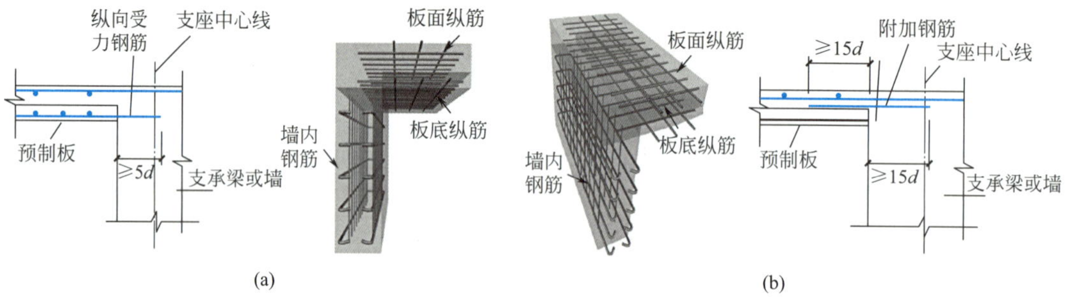

图 5-18　叠合板端及板侧支座构造示意

（a）板端支座；（b）板侧支座

支座内锚固长度不应小于 15d（d 为附加钢筋直径）且宜伸过支座中心线（图 5-18b）。

5.3　叠合板板间及梁和剪力墙支座连接节点构造

5.3.1　叠合板板间连接节点构造

叠合板板侧之间的连接接缝包括单向叠合板板侧的分离式接缝和双向叠合板板侧的整体式接缝。其具体构造要求如下：

1. 单向叠合板板侧的分离式接缝宜配置附加钢筋（图 5-19），并应符合下列规定：

（1）接缝处紧邻预制板顶面宜设置垂直于板缝的附加钢筋，附加钢筋伸入两侧后浇混凝土叠合层的锚固长度不应小于 15d（d 为附加钢筋直径）；

（2）附加钢筋截面面积不宜小于预制板中该方向钢筋面积，钢筋直径不宜小于 6mm，间距不宜大于 250mm。

2. 双向叠合板板侧的整体式接缝宜设置在叠合板的次要受力方向上且宜避开最大弯矩截面。接缝可采用后浇带形式，并应符合下列规定：

（1）后浇带宽度不宜小于 200mm；

（2）后浇带两侧板底纵向受力钢筋可在后浇带中焊接、搭接连接、弯折锚固；

（3）当后浇带两侧板底纵向受力钢筋在后浇带中弯折锚固时（图 5-20），应符合下列规定：

单向叠合板板侧分离式拼缝构造

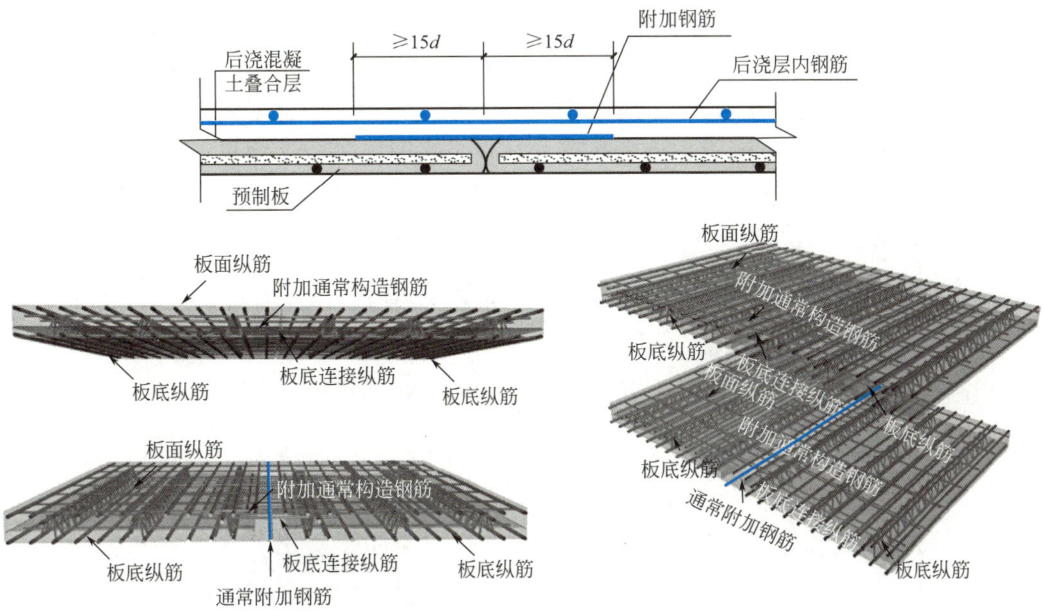

图 5-19　单向叠合板板侧分离式拼缝构造示意

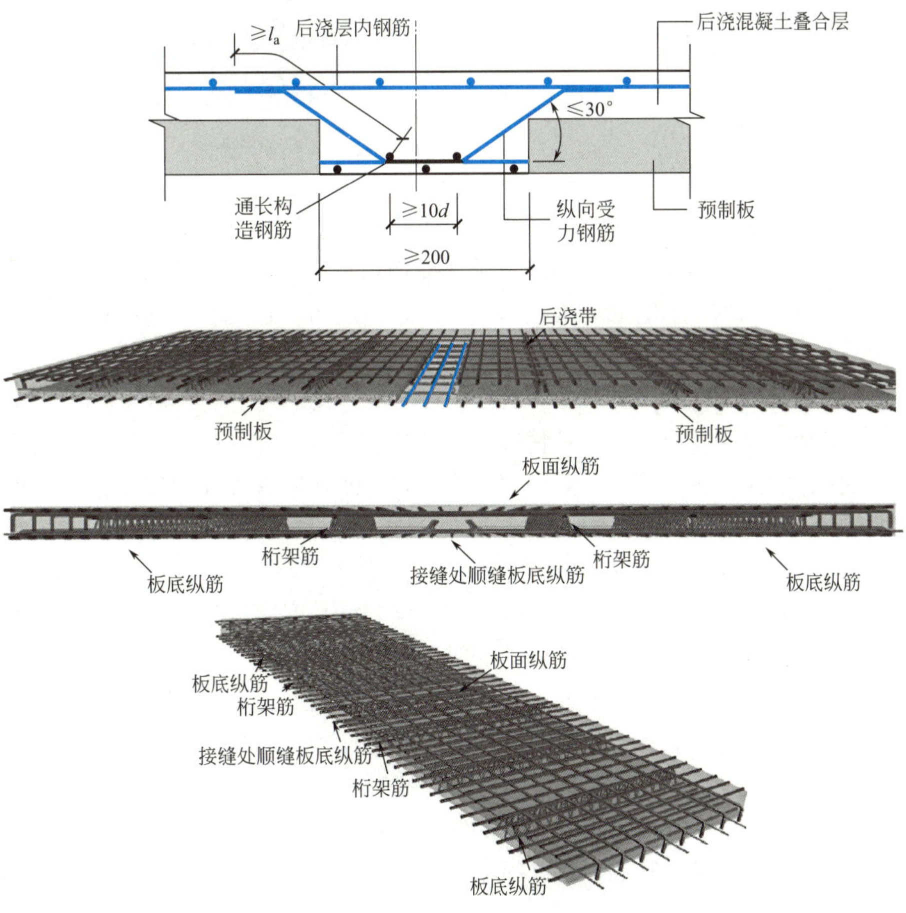

图 5-20　双向叠合板整体式拼缝构造示意

1）叠合板厚度不应小于 10d，且不应小于 120mm（d 为弯折钢筋直径的较大值）；

2）接缝处预制板侧伸出的纵向受力钢筋应在后浇混凝土叠合层内锚固，且锚固长度不应小于 l_a；两侧钢筋在接缝处重叠的长度不应小于 10d，钢筋弯折角度不应大于 30°，弯折处沿接缝方向应配置不少于 2 根通长构造钢筋，且直径不应小于该方向预制板内钢筋直径。

双向叠合板整体式接缝连接构造

5.3.2 叠合板与梁支座的板端连接节点构造

1. 边梁支座板端连接构造

预制板留有外伸板底纵筋时，边梁支座板端连接构造如图 5-21 所示。

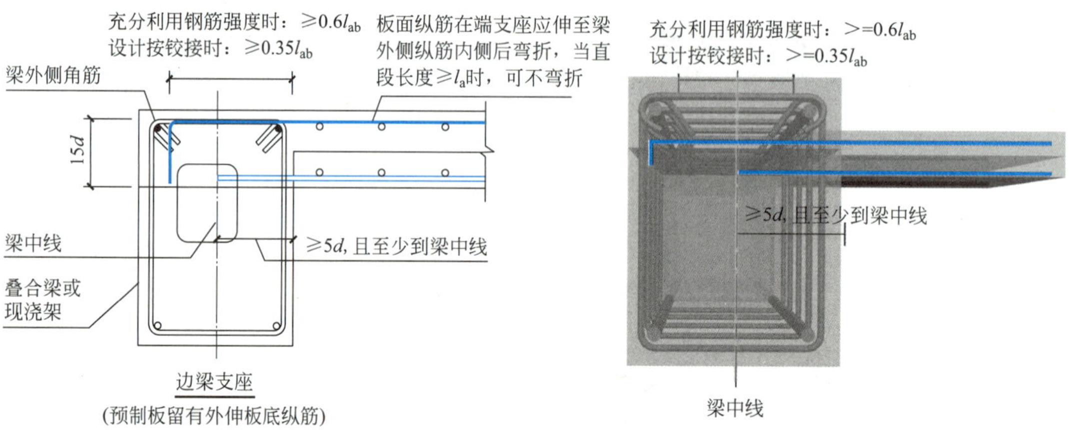

图 5-21　边梁支座板端连接构造

预制板板面纵筋在端支座处应伸至梁外侧纵筋内侧后弯折，弯折长度为 15d，直段长度应≥0. 6l_{ab}（铰接设计时应≥0. 35l_{ab}），当直段长度≥l_a 时，可不弯折；板底纵筋应伸至支座中线处，伸入支座内的长度应≥5d，且至少到梁中线。

2. 中间梁支座板端连接构造

中间梁支座板端连接构造有三种情况：一是预制板留有外伸板底纵筋；二是板顶有高差，预制板留有外伸板底纵筋；三是板底有高差，预制板留有外伸板底纵筋。其构造要求如图 5-22 所示。

（1）预制板留有外伸板底纵筋

预制板板底纵筋应伸至梁中线处，每边伸入梁内的长度应≥5d，且至少到梁中线。

（2）板顶有高差，预制板留有外伸板底纵筋

预制板高跨板面纵筋伸至梁纵筋内侧后弯折，弯折长度为 15d，直段长度应≥0. 6l_{ab}，当直段长度≥l_a 时，可不弯折；低跨板面纵筋应贯通于梁内并伸至高跨板内，伸入长度应≥l_a；板底纵筋应伸至梁中线处，每边伸入梁内的长度应≥5d，且至少到梁中线。

（3）板底有高差，预制板留有外伸板底纵筋

无论是低跨还是高跨预制板，板底纵筋均应伸至梁中线处，每边伸入梁内的长度应≥5d，且至少到梁中线。

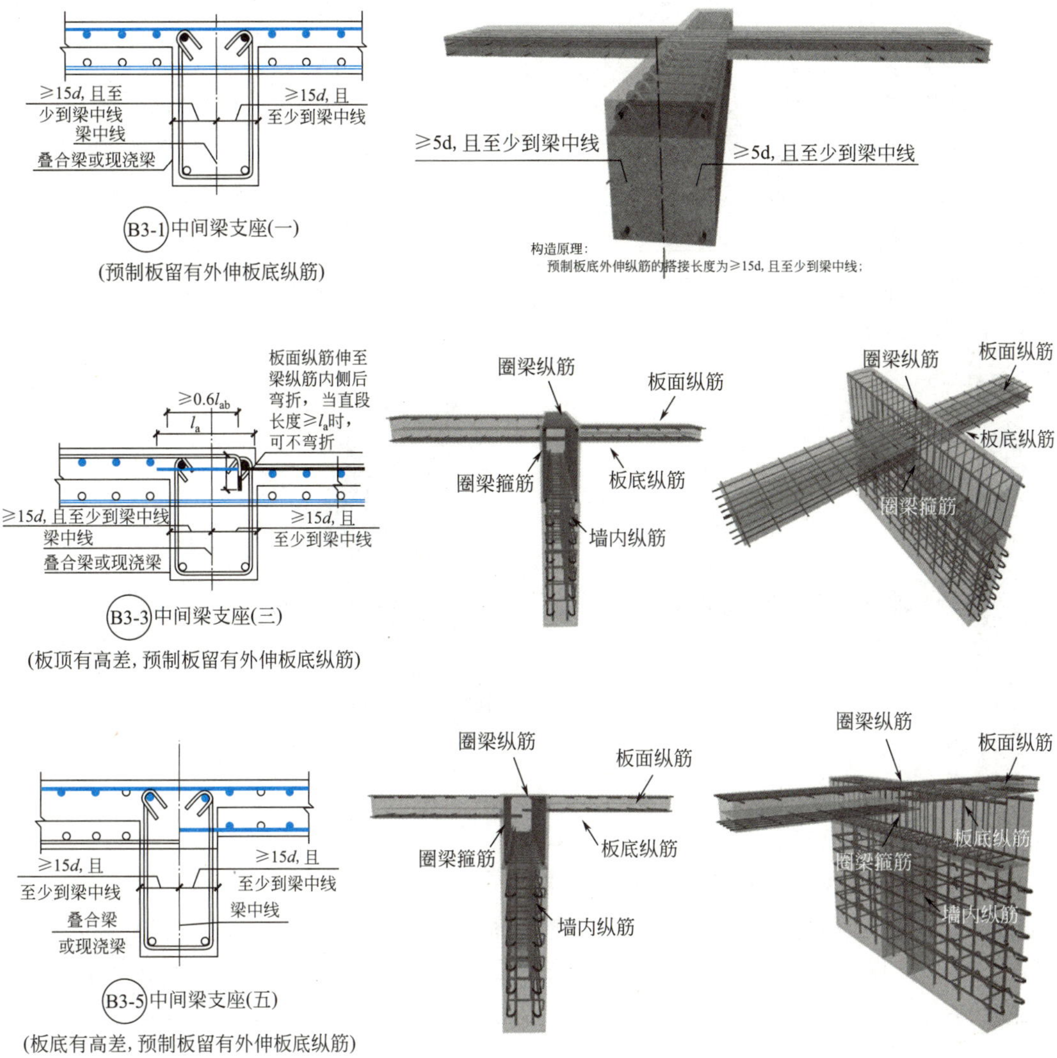

图 5-22 中间梁支座板端连接构造

5.3.3 叠合板与剪力墙支座的板端连接节点构造

1. 剪力墙边支座板端连接构造

当中间层和顶层剪力墙边支座的预制板留有外伸板底纵筋时，剪力墙边支座板端连接构造如图 5-23 所示。

中间层剪力墙边支座：预制板板面纵筋在端支座处应伸至墙外侧纵筋内侧后弯折，弯折长度为 15d，直段长度应≥0.4l_{ab}，当直段长度≥l_a 时，可不弯折；板底纵筋应伸至支座中线处，伸入支座内的长度应≥5d，且至少到墙中线。

顶层剪力墙边支座：预制板板面纵筋在端支座处应伸至圈梁外侧角筋内侧后弯折，弯折长度为 15d，直段长度应≥0.6l_{ab}（铰接设计时应≥0.35l_{ab}），当直段长度≥l_a 时，可不弯折；板底纵筋应伸至支座中线处，伸入支座内的长度应≥5d，且至少到墙中线。

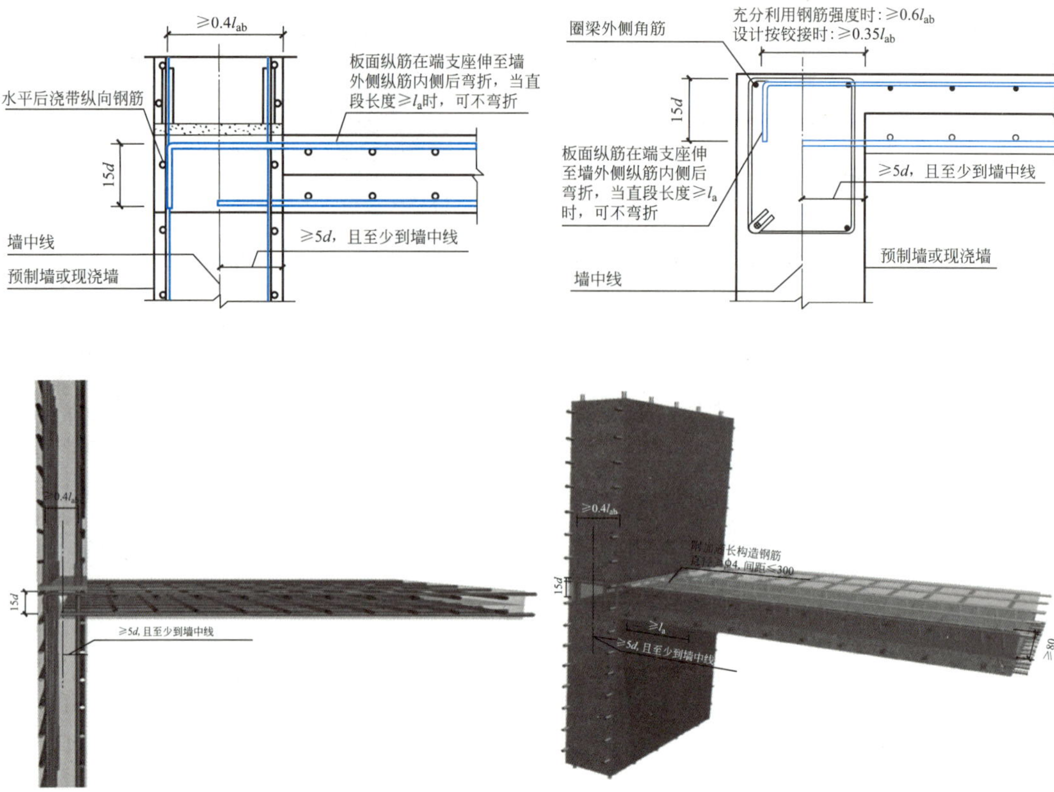

图 5-23　剪力墙边支座板端连接构造

2. 剪力墙中间支座板端连接构造

中间层和顶层剪力墙中间支座的板端连接有三种情况：一是预制板留有外伸板底纵筋；二是板顶有高差，预制板留有外伸板底纵筋；三是板底有高差，预制板留有外伸板底纵筋。其构造要求如图 5-24 所示。

剪力墙边支座板端构造

（1）预制板留有外伸板底纵筋

预制板板底纵筋应伸至墙中线处，每边伸入墙内的长度应≥5d，且至少到墙中线。

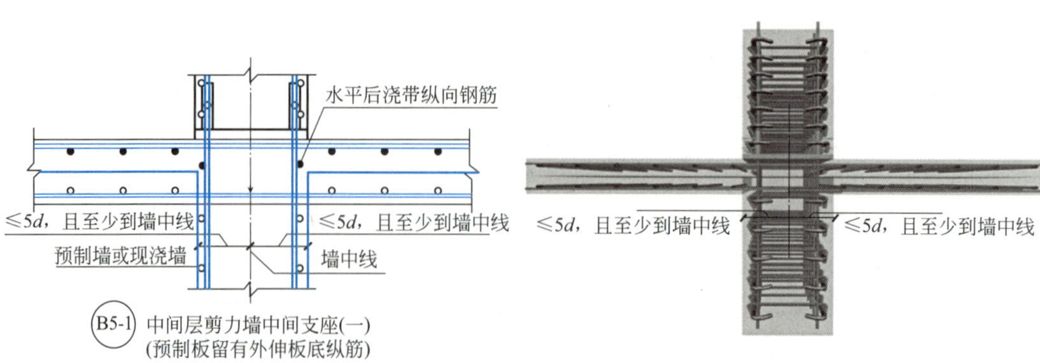

图 5-24　剪力墙中间支座板端连接构造（一）

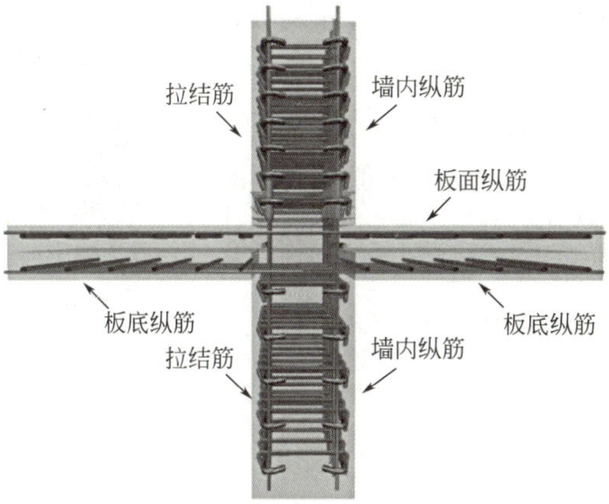

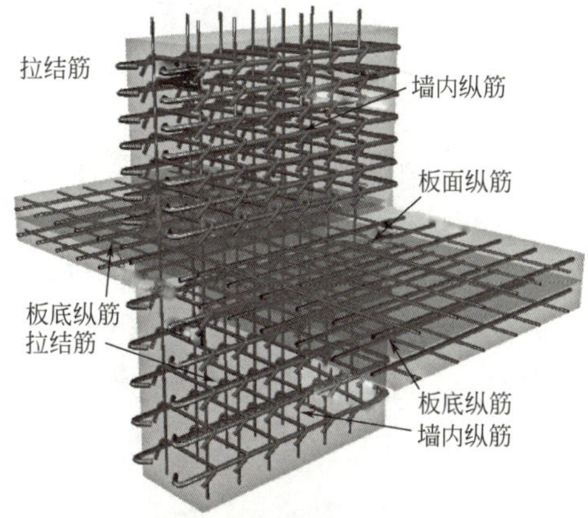

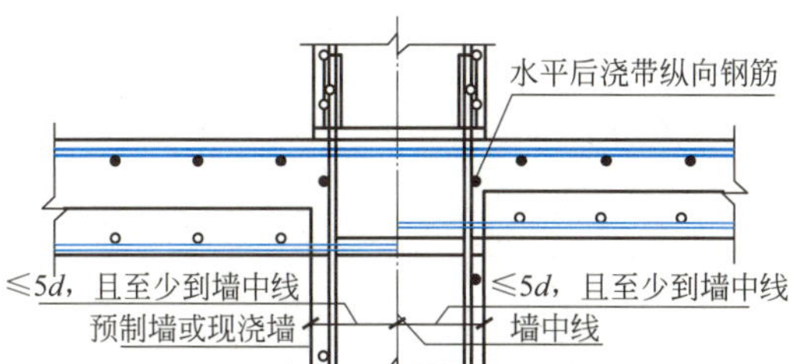

(B5-5) 中间层剪力墙中间支座(五)
(板底有高差，预制板留有外伸板底纵筋)

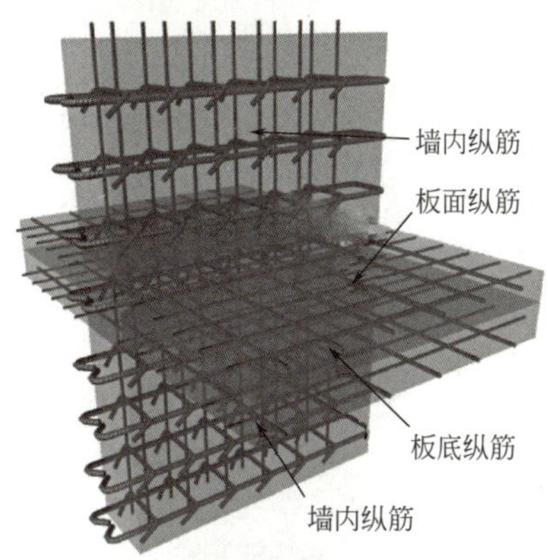

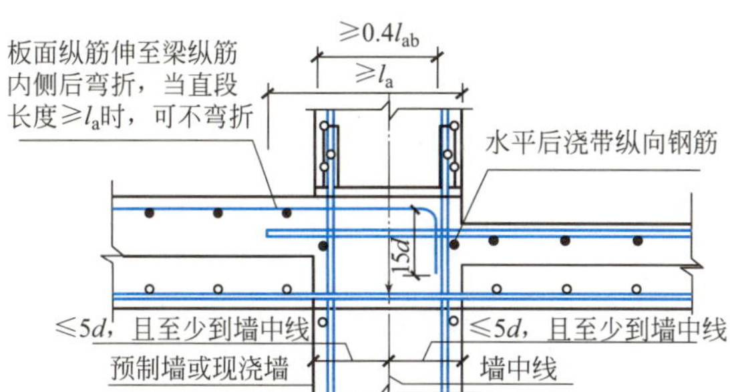

(B5-3) 中间层剪力墙中间支座(三)
(板顶有高差，预制板窗有外伸板底纵筋)

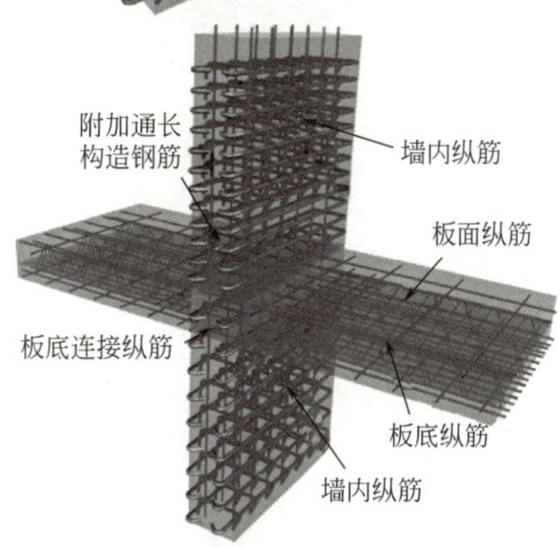

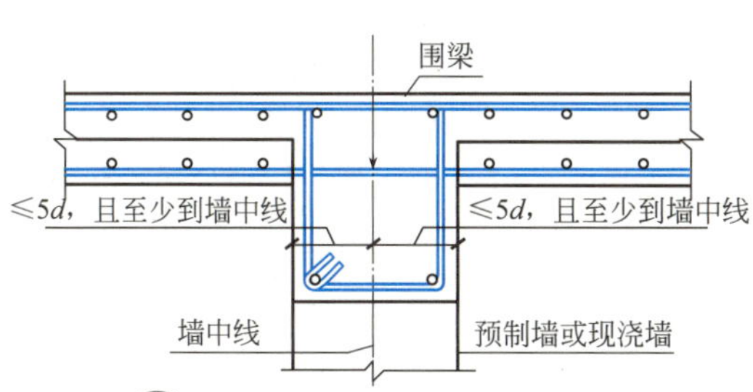

(B5-7) 顶层剪力墙中间支座(一)
(预制板留有外伸板底纵筋)

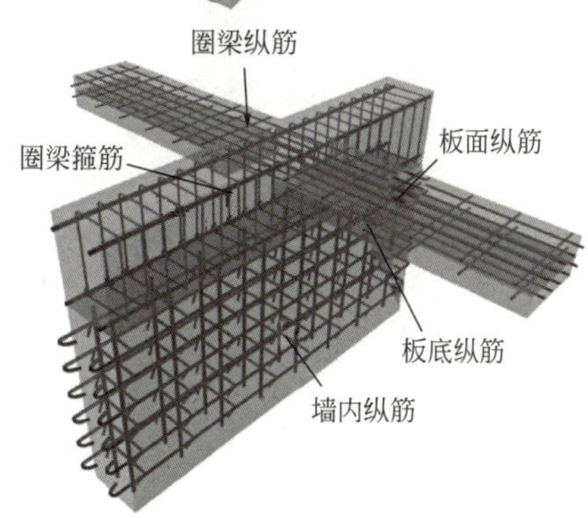

图 5-24　剪力墙中间支座板端连接构造（二）

（2）板顶有高差，预制板留有外伸板底纵筋

预制板高跨板面纵筋伸至梁纵筋内侧后弯折，弯折长度为 $15d$，直段长度应≥$0.4l_{ab}$，当直段长度≥l_a 时，可不弯折；预制板低跨板面纵筋应贯通于梁内并伸至高跨板内，伸入长度应≥l_a；板底纵筋应伸至墙中线处，每边伸入墙内的长度应≥$5d$，且至少到墙中线。

剪力墙中间支座板端构造

（3）板底有高差，预制板留有外伸板底纵筋

无论是低跨还是高跨预制板，板底纵筋均应伸至墙中线处，每边伸入墙内的长度应≥$5d$，且至少到梁中线。

模块后测

模块 5-测试 1　　　　模块 5-测试 2　　　　模块 5-测试 3

练习题

一、单选题

1.（　　）板优先选用叠合楼板。

A. 装配整体式结构　　　　B. 结构转换层楼层

C. 平面复杂结构　　　　D. 开洞较大的楼层

2. 叠合楼板是由预制板和现浇钢筋混凝土层叠合而成的装配整体式楼板，现浇叠合层内设置的钢筋主要是（　　）。

A. 构造钢筋　　　　B. 正弯矩钢筋

C. 负弯矩钢筋　　　　D. 下部受力钢筋

3. 如图 1 所示，底部受拉钢筋段内长度不应小于（　　）。

A. $5d$　　　　B. $10d$　　　　C. $15d$　　　　D. l_a

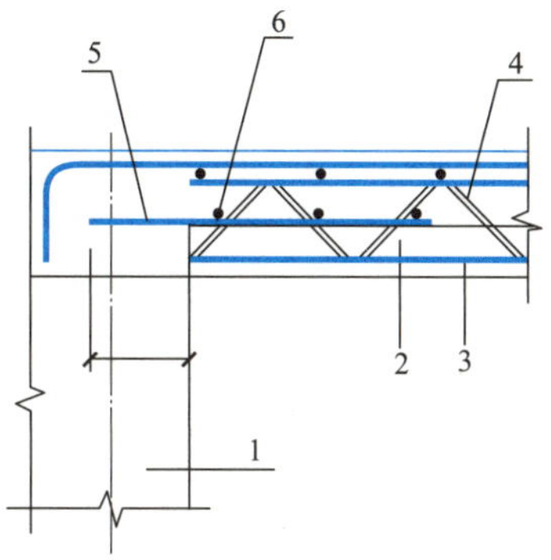

图 1　桁架钢筋混凝土叠合板板端构造示意

1—支承梁或墙；2—预制板；3—板底钢筋；

4—桁架钢筋；5—附加钢筋；6—横向分布钢筋

二、判断题

1. 叠合楼板是由预制板和现浇钢筋混凝土层叠合而成的装配整体式楼板。（　　）

2. 叠合楼板现浇叠合层内设置的钢筋主要是正弯矩钢筋。（　　）

学生任务单（含课程评价）5.1

<table>
<tr><td rowspan="5">前期导入</td><td colspan="2">任务名称</td><td colspan="5"></td></tr>
<tr><td colspan="2">学生姓名</td><td colspan="2"></td><td>班级学号</td><td colspan="2"></td></tr>
<tr><td colspan="2">同组成员</td><td colspan="5"></td></tr>
<tr><td colspan="2">负责任务</td><td colspan="5"></td></tr>
<tr><td colspan="2">完成日期</td><td colspan="2"></td><td>完成效果</td><td colspan="2">教师评价及签字</td></tr>
<tr><td rowspan="2">明确任务</td><td>任务目标</td><td colspan="6"></td></tr>
<tr><td>依据规范</td><td colspan="6">建议学生指明到条款</td></tr>
<tr><td rowspan="2">自学简述</td><td>课前布置</td><td colspan="6">主要根据老师的课前布置任务，说明自己学习了什么、浏览了什么资源、查阅了什么资料等</td></tr>
<tr><td>拓展学习</td><td colspan="6">主要说明除了老师布置的还自学了什么？查阅了什么资料等</td></tr>
<tr><td rowspan="2">任务实施</td><td rowspan="2">重点记录</td><td colspan="5" rowspan="2">主要记录完成任务过程中，用到的基本知识、公式、规范、方法和工具等</td><td>成果提交</td></tr>
<tr><td>可由教师提供相关二维码</td></tr>
<tr><td rowspan="3">学习反思</td><td>不足之处</td><td colspan="6"></td></tr>
<tr><td>待解问题</td><td colspan="6"></td></tr>
<tr><td>课后学习</td><td colspan="6"></td></tr>
<tr><td rowspan="5">过程评价</td><td rowspan="2">自我评价
（5 分）</td><td>课前学习</td><td>时间观念</td><td>实施方法</td><td>职业素养</td><td>成果质量</td><td>分值</td></tr>
<tr><td></td><td></td><td></td><td></td><td></td><td></td></tr>
<tr><td rowspan="2">小组评价
（5 分）</td><td>任务承担</td><td>时间观念</td><td>团队合作</td><td>能力素养</td><td>成果质量</td><td>分值</td></tr>
<tr><td></td><td></td><td></td><td></td><td></td><td></td></tr>
<tr><td>综合打分</td><td colspan="6">自我评价分值+小组评价分值：</td></tr>
</table>

单个构件钢筋放样下料计算书 5.2

<table>
<tr><td>工程名称</td><td colspan="3"></td><td>构件位置</td><td colspan="2">标明在第 N 层第 X 轴或第 Y 轴</td></tr>
<tr><td>构件名称及编号</td><td></td><td>构件数量</td><td></td><td>编制人</td><td></td><td>第　页</td></tr>
<tr><td>构件配筋示意图</td><td colspan="6"></td></tr>
<tr><td>构件钢筋分析放样图</td><td colspan="6"></td></tr>
<tr><td>钢筋下料计算</td><td colspan="6"></td></tr>
</table>

构件名称及编号		第　页

续表

接前页 钢筋下料计算		
构件名称及编号		第　页

单个构件钢筋下料长度汇总表 5.3

<table>
<tr><td colspan="2">工程名称：</td><td colspan="6"></td></tr>
<tr><td colspan="2">构件位置：</td><td colspan="2">构件名称及编号：</td><td colspan="2"></td><td colspan="2">构件数量：</td></tr>
<tr><td>钢筋编号</td><td>钢筋规格</td><td>钢筋简图</td><td>单根下料长度（mm）</td><td>钢筋根数（根）</td><td>钢筋总长度（m）</td><td>钢筋每米重（kg/m）</td><td>钢筋总重量（kg）</td></tr>
<tr><td>①</td><td></td><td></td><td></td><td></td><td></td><td></td><td></td></tr>
<tr><td>②</td><td></td><td></td><td></td><td></td><td></td><td></td><td></td></tr>
<tr><td>③</td><td></td><td></td><td></td><td></td><td></td><td></td><td></td></tr>
<tr><td>④</td><td></td><td></td><td></td><td></td><td></td><td></td><td></td></tr>
<tr><td>⑤</td><td></td><td></td><td></td><td></td><td></td><td></td><td></td></tr>
<tr><td>⑥</td><td></td><td></td><td></td><td></td><td></td><td></td><td></td></tr>
<tr><td>⑦</td><td></td><td></td><td></td><td></td><td></td><td></td><td></td></tr>
<tr><td>⑧</td><td></td><td></td><td></td><td></td><td></td><td></td><td></td></tr>
<tr><td>⑨</td><td></td><td></td><td></td><td></td><td></td><td></td><td></td></tr>
<tr><td>⑩</td><td></td><td></td><td></td><td></td><td></td><td></td><td></td></tr>
<tr><td>⑪</td><td></td><td></td><td></td><td></td><td></td><td></td><td></td></tr>
<tr><td>⑫</td><td></td><td></td><td></td><td></td><td></td><td></td><td></td></tr>
<tr><td>⑬</td><td></td><td></td><td></td><td></td><td></td><td></td><td></td></tr>
<tr><td>⑭</td><td></td><td></td><td></td><td></td><td></td><td></td><td></td></tr>
<tr><td>⑮</td><td></td><td></td><td></td><td></td><td></td><td></td><td></td></tr>
<tr><td>⑯</td><td></td><td></td><td></td><td></td><td></td><td></td><td></td></tr>
</table>

编制人：　　　　　　　　　　　　　　　　　　　　编制日期：

模块 6 Modular 06

楼梯构造

学习目标

（1）掌握现浇混凝土板式楼梯平法识图。

（2）掌握装配式钢筋混凝土板式楼梯平法制图规则。

（3）熟悉装配式钢筋混凝土板式楼梯构造。

育人目标

引入思政元素，以灾后重建为融入点，结合唐山地震和汶川地震的破坏情况，说明地震的破坏作用及表现形式。通过新唐山、新汶川建设的具体数据，今昔对比照片和视频，向学生展示唐山和汶川的新风貌，进而展示我国抗震救灾以及灾后重建是中国速度和力量的充分体现。

建议课时：8 课时＋课余时间。

建议教学形式：配套使用《22G101-2》《15G367-1》图集和教材提供的数字资源。

思维导图

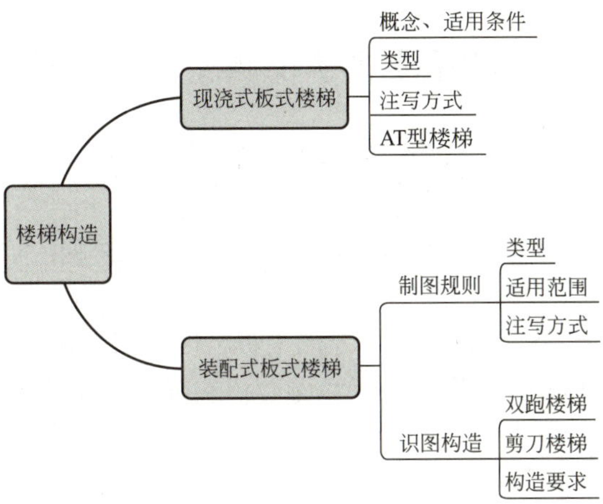

任务点

1. 现浇板式楼梯的组成部分。
2. AT 型楼梯平面注写方式和配筋构造。
3. 预制楼梯的类型和制图规则。

预制楼梯构造

模块前测：思考

1. 板式楼梯的组成部分有哪些？
2. 现浇混凝土板式楼梯平法施工图的表达方式有哪些？
3. 预制楼梯的类型有哪些？
4. 预制剪刀楼梯梯段的安装连接方式有哪些？
5. 预制双跑楼梯梯段的安装连接方式有哪些？
6. 预制楼梯的适用范围有哪些？

预习笔记（思政微课）

模块中测

6.1 现浇板式楼梯制图规则与构造

6.1.1 楼梯基本知识

板式楼梯是指由梯段板承受该梯段全部荷载的楼梯。适用于荷载较小，楼梯跨度不大的房屋。

板式楼梯主要由踏步段、层间梯梁、层间平板、楼层梯梁和楼层平板等组成，如图 6-1 所示。板式楼梯按梯段形式的不同可分为单跑楼梯和双跑楼梯。

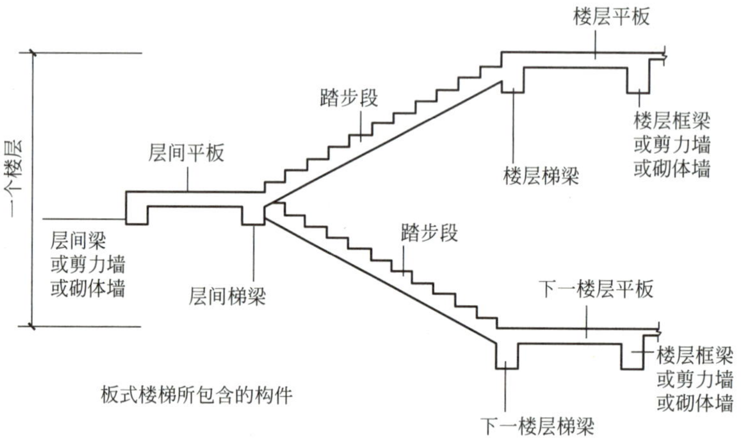

图 6-1　板式楼梯的组成

1. 踏步段

踏步段是梯段，俗称“跑”，是由一阶阶的踏步组成。每个踏步的高度和宽度一般以上下楼梯是否舒适为准，且各段应该相等。

2. 层间梯梁

楼梯的层间梯梁起到支承层间平板和踏步段的作用。

3. 层间平板

楼梯的层间平板就是人们常说的“休息平台”。但应注意在“双跑楼梯”中包含层间平板，而“单跑楼梯”不包含层间平台。

4. 楼层梯梁

楼梯的楼层梯梁起到支承楼层平板和踏步段的作用。

5. 楼层平板

楼层平板是每个楼层中连接楼层梯梁或踏步段的平板，但并不是所有楼梯间都包含楼层平板的。

在《22G101-2》中将楼梯划分为 14 种类型，单跑楼梯包括 AT～ET 5 种和 ATa、ATb、ATc、CTa、CTb、BTb、DTb 7 种，双跑楼梯包括 FT、GT 2 种。其中 10 种楼梯的截面形状与支座位置示意图如图 6-2 和图 6-3 所示。

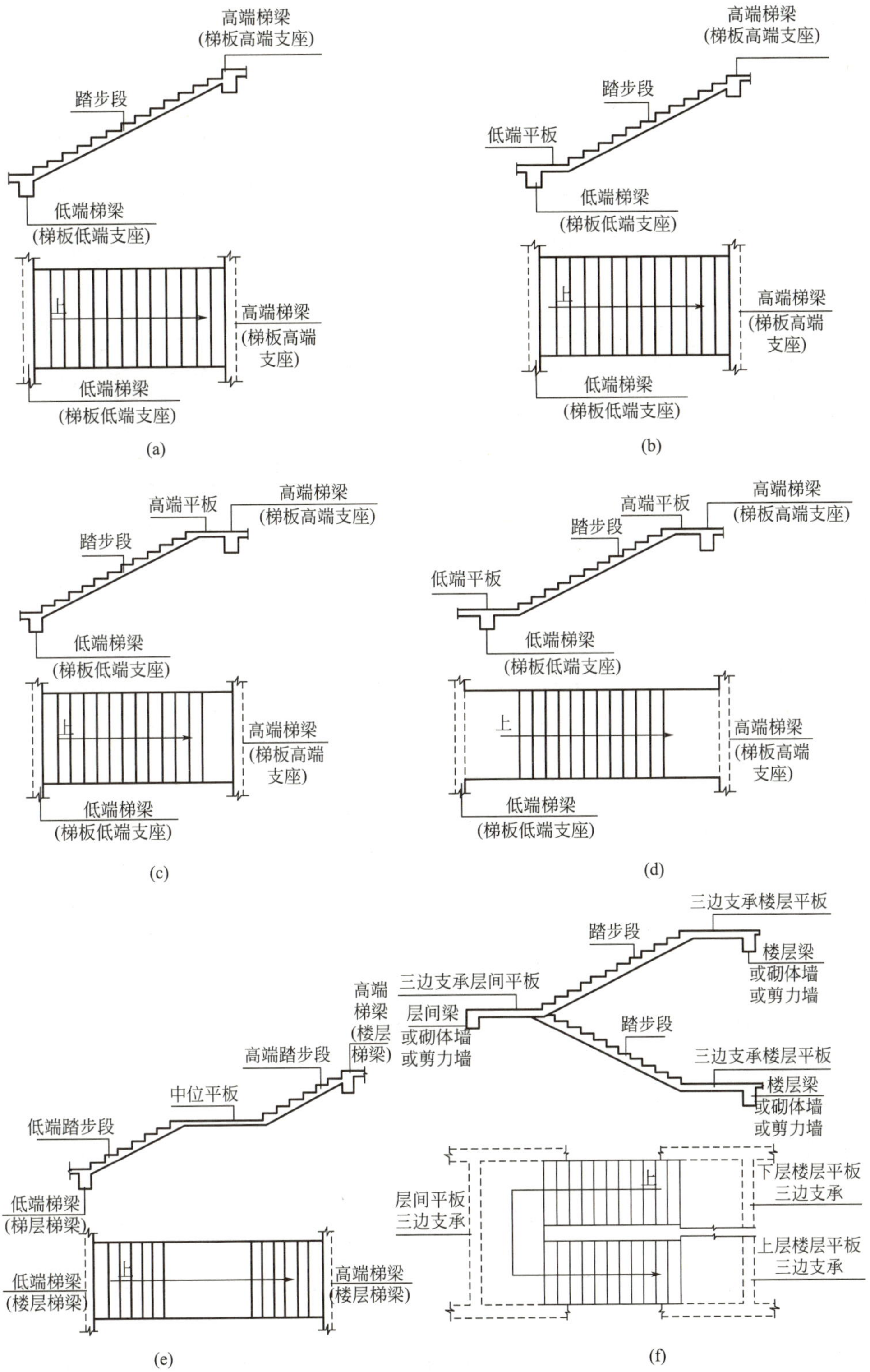

图 6-2　AT～GT 型楼梯截面形状与支座位置示意图（一）

(a) AT 型；(b) BT 型；(c) CT 型；(d) DT 型；(e) ET 型；(f) FT 型

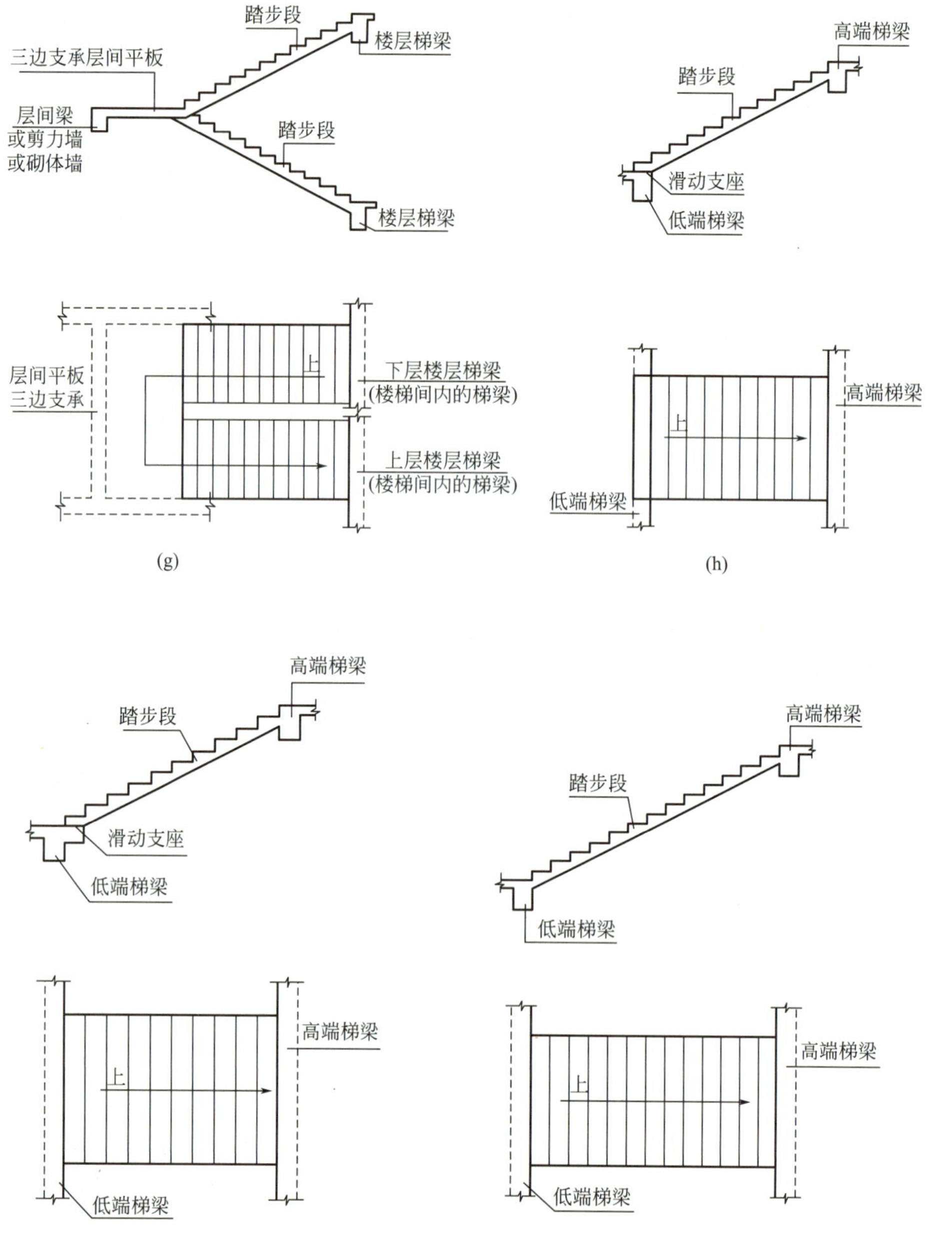

图 6-2　AT～GT 型楼梯截面形状与支座位置示意图（二）

（g）GT 型；（h）ATa 型；（i）ATb 型；（j）ATc 型

AT～ET 型板式楼梯每个代号代表一段带上下支座的梯板。梯板的主体为踏步段，除踏步段之外，梯板可包括低端平板、高端平板以及中位平板。

FT、GT 型板式楼梯每个代号代表两跑踏步段和连接它们的楼层平板及层间平板。

楼梯类型见表 6-1。

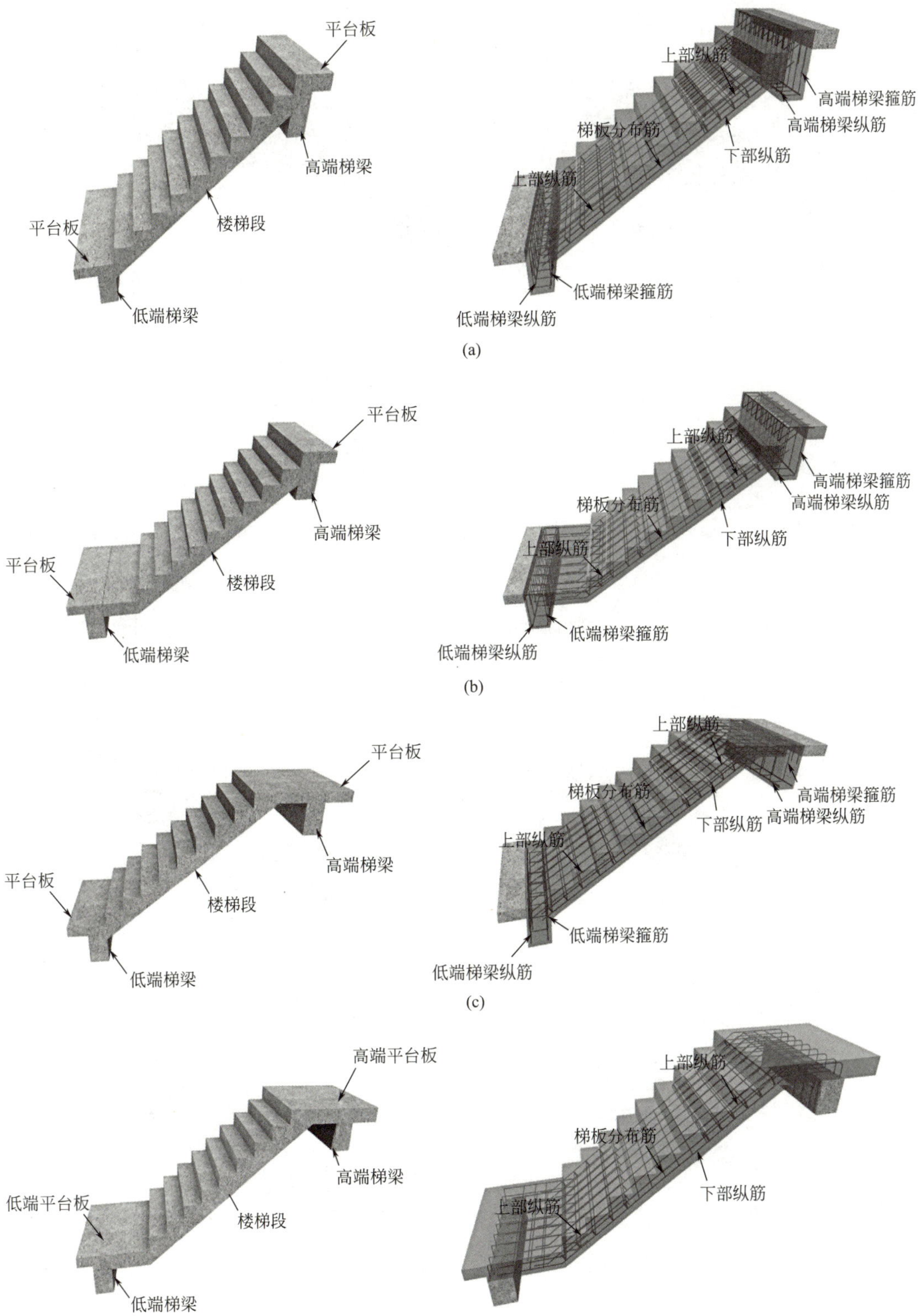

图 6-3　AT～GT 型楼梯截面形状与支座位置三维示意图（一）

(a) AT 型三维示意图；(b) BT 型三维示意图；(c) CT 型三维示意图；(d) DT 型三维示意图

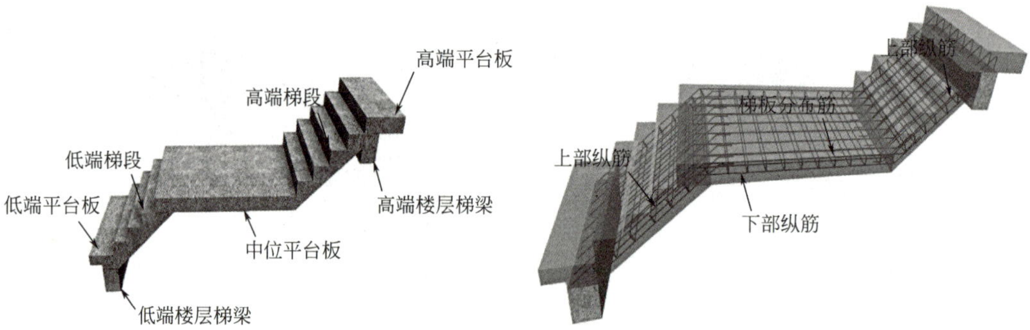

(e)

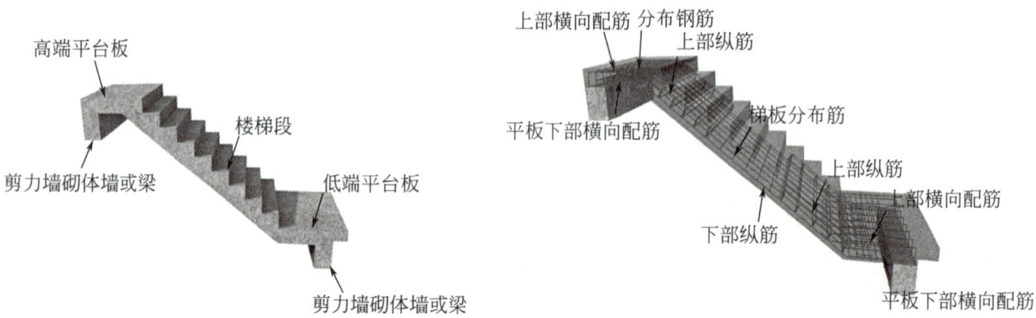

(f)

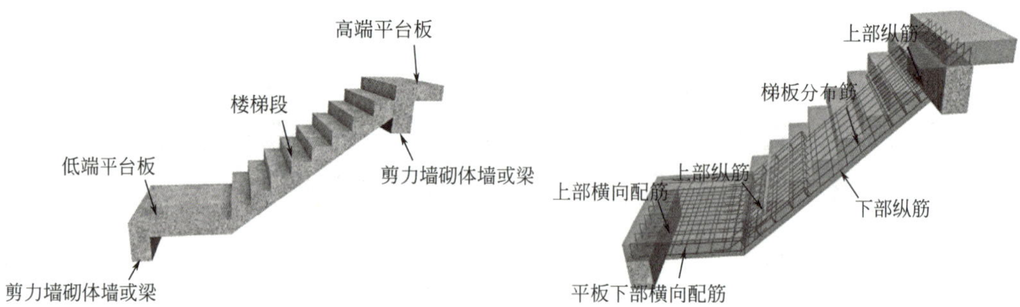

(g)

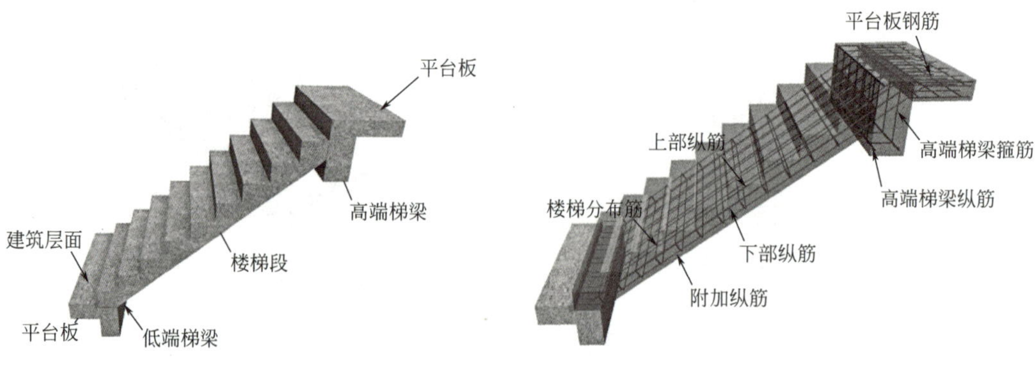

(h)

图 6-3　AT～GT 型楼梯截面形状与支座位置三维示意图（二）

(e) ET 型三维示意图；(f) FT 型三维示意图；(g) GT 型三维示意图；(h) ATa 型三维示意图

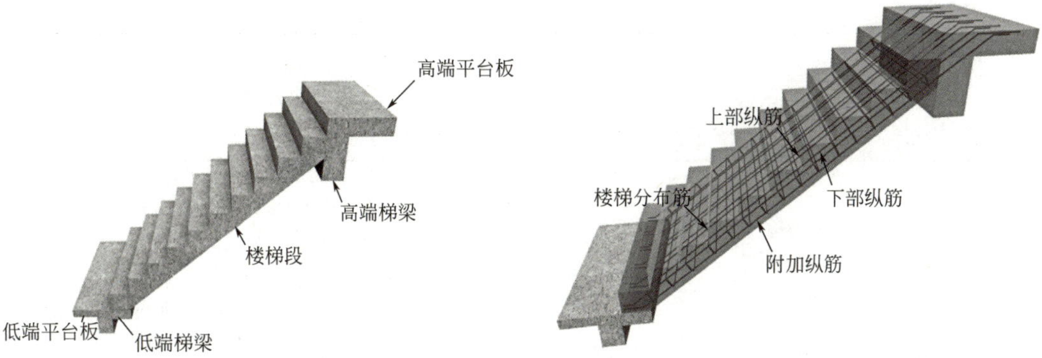

(i)

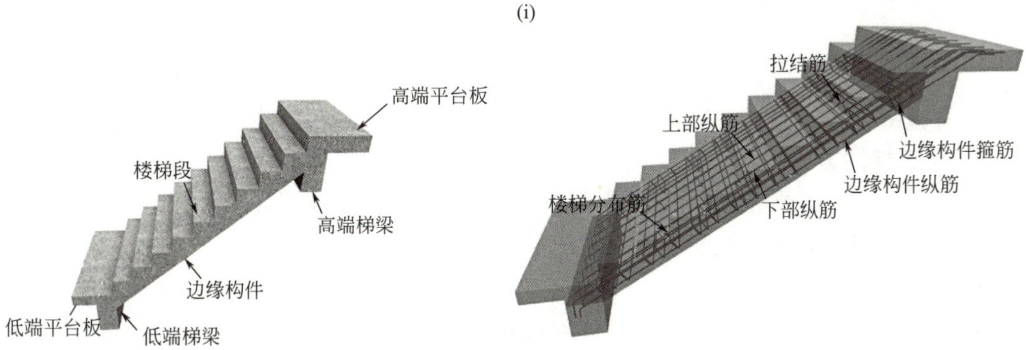

(j)

图 6-3　AT～GT 型楼梯截面形状与支座位置三维示意图（三）

(i) ATb 型；(j) ATc 型

楼梯类型　　**表 6-1**

梯板代号	适用范围		是否参与整体抗震计算	特征
	抗震构造措施	适用结构		
AT	无	剪力墙、砌体结构	不参与	全部由踏步段构成
BT				由低端平板和踏步段构成
CT				由踏步段和高端平板构成
DT				由低端平板、踏步板和高端平板构成
ET				由低端踏步段、中位平板和高端踏步段构成
FT				由层间平板、踏步段和楼层平板构成
GT				由层间平板和踏步段构成
ATa	有	框架结构、框剪结构中框架部分	不参与	带滑动支座的板式楼梯，梯段全部由踏步段构成，其支承方式为梯板高端均支承在梯梁上。梯板低端带滑动支座支承在梯梁上
ATb				带滑动支座的板式楼梯，梯段全部由踏步段构成，其支承方式为梯板高端均支承在梯梁上。梯板低端带滑动支座支承在挑板上
ATc			参与	全部由踏步段构成，其支承方式为梯段两端均支承在梯梁上
BTb			不参与	带滑动支座的板式楼梯。梯板由踏步段和低端平板构成，其支承方式为梯板高端支承在梯梁上，梯板低端带滑动支座支承在挑板上

续表

梯板代号	适用范围		是否参与整体抗震计算	特征
	抗震构造措施	适用结构		
CTa	有	框架结构、框剪结构中框架部分	不参与	带滑动支座的板式楼梯，梯板由踏步段和高端平板构成，其支承方式为梯板高端均支承在梯梁上。梯板低端带滑动支座支承在梯梁上
CTb				带滑动支座的板式楼梯，梯板由踏步段和高端平板构成，其支承方式为梯板高端均支承在梯梁上。梯板低端带滑动支座支承在挑板上
DTb				带滑动支座的板式楼梯。梯板由低端平板、踏步板和高端平板构成，其支承方式为梯板高端平板支承在梯梁上，梯板低端带滑动支承在挑板上

6.1.2 现浇混凝土板式楼梯平法施工图制图规则

现浇混凝土板式楼梯平法施工图有平面标注、剖面标注和列表标注三种表达方式。

1. 平面标注方式

平面标注方式是指在楼梯平面布置图上以注写截面尺寸和配筋具体数值的方式来表达楼梯施工图，包括集中标注和外围标注两部分。

(1) 集中标注

楼梯集中标注的内容有五项，具体规定如下：

1) 梯板类型代号与序号，如 AT××；

2) 梯板厚度，注写为 h=×××。当为带平板的梯板且梯段板厚度和平板厚度不同时，可在梯段板厚度后面括号内以字母 P 打头注写平板厚度；

例如：h=130 (P150)，130 表示梯板踏步段厚度，150 表示梯板平板的厚度。

3) 踏步段总高度和踏步级数，之间以斜线“/”分隔；

4) 梯板支座上部纵筋、下部纵筋，之间以分号“;”分隔；

5) 梯板分布筋，以 F 打头注写分布钢筋具体值，该项也可在图中统一说明。

对于 ATc 型楼梯尚应注明梯板两侧边缘构件纵向钢筋及箍筋。

如图 6-4 所示，平面图中梯板类型及配筋的标注表达的内容是：

AT3，h=120　　表示梯板类型及编号，梯板板厚；

1800/12　　表示踏步段总高度/踏步级数；

Φ10@200；Φ12@150　　表示梯板支座上部纵筋、下部纵筋；

FΦ8@250　　表示梯板分布筋。

(2) 外围标注

楼梯外围标注的内容，包括楼梯间的平面尺寸、楼层结构标高、层间结构标高、楼梯的上下方向、梯板的平面几何尺寸、平台板配筋、梯梁及梯柱配筋等。

2. 剖面标注方式

剖面标注方式需在楼梯平法施工图中绘制楼梯平面布置图和楼梯剖面图，注写方式分平面标注、剖面标注两部分。

楼梯平面布置图标注的内容，包括楼梯间的平面尺寸、楼层结构标高、层间结构标高、楼梯的上下方向、梯板的平面几何尺寸、梯板类型及编号、平台板配筋、梯梁及梯柱配筋等。

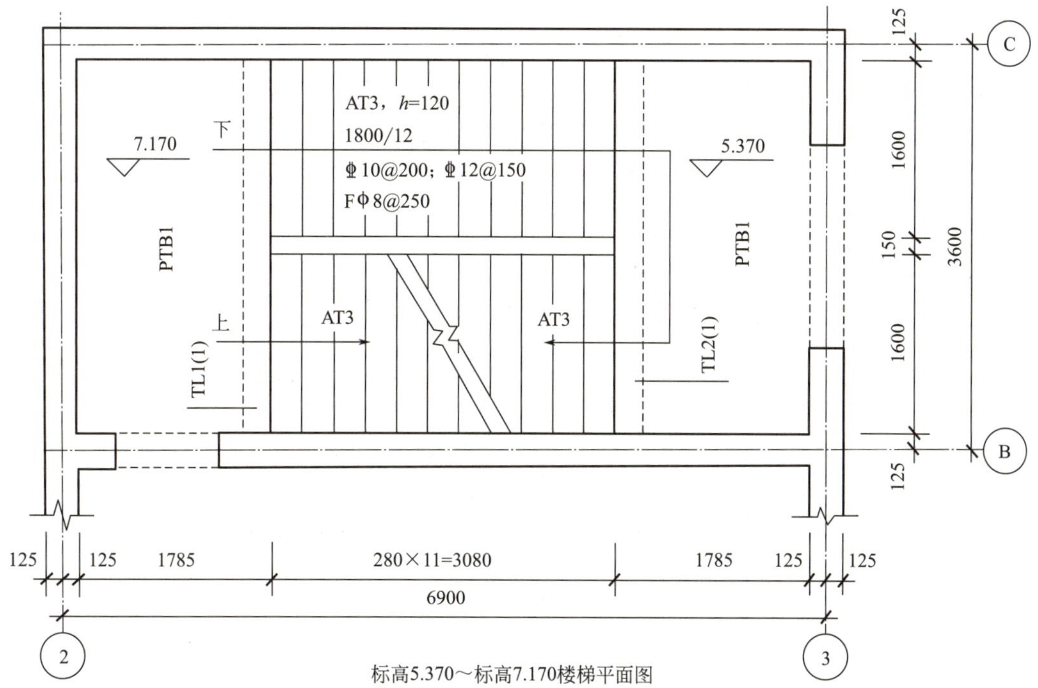

图 6-4　AT 型楼梯平面标注方式

楼梯剖面图标注的内容，包括梯板集中标注、梯梁梯柱编号、梯板水平及竖向尺寸、楼层结构标高、层间结构标高等。

梯板集中标注的内容有四项，具体规定如下：

1）梯板类型代号与序号，如 AT××；

2）梯板厚度，注写为 h＝×××。当梯板由踏步段和平板构成，且踏步段梯板厚度和平板厚度不同时，可在梯板厚度后面括号内以字母 P 打头注写平板厚度；

3）梯板配筋。注明梯板上部纵筋和梯板下部纵筋，用分号“；”将上部纵筋与下部纵筋的配筋值分隔开来；

4）梯板分布筋，以 F 打头注写分布钢筋具体值，该项也可在图中统一说明。

对于 ATc 型楼梯尚应注明梯板两侧边缘构件纵向钢筋及箍筋。

如图 6-5 所示，剖面图中梯板类型及配筋的标注表达的内容是：

AT1，h＝120　　表示梯板类型及编号，梯板板厚；

Φ10@200；Φ12@150　　表示梯板上部纵筋、下部纵筋；

FΦ8@250　　表示梯板分布筋。

3. 列表标注方式

列表标注方式是指用列表方式注写梯板截面尺寸和配筋具体数值的方式来表达楼梯施工图。

列表标注方式的具体要求同剖面标注方式，仅将剖面标注方式中的梯板配筋标注项改为列表标注项即可。

梯板列表格式见表 6-2。

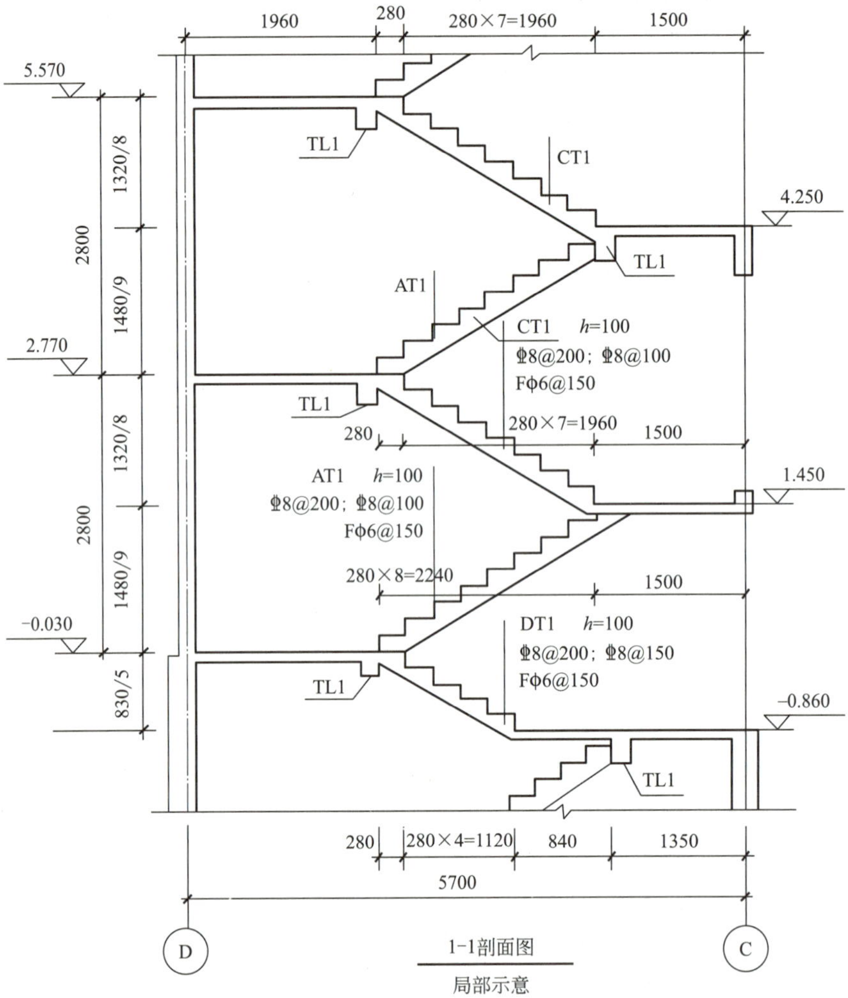

图 6-5 楼梯的剖面标注方式

梯板几何尺寸和配筋 表 6-2

梯板编号	踏步段总高度/踏步级数	板厚 h	上部纵向钢筋	下部纵向钢筋	分布筋

注：对于 ATc 型楼梯尚应注明梯板两侧边缘构件纵向钢筋及箍筋。

6.1.3 AT 型楼梯平面标注方式与钢筋构造

1. AT 型楼梯平面标注方式与适用条件

（1）AT 型楼梯的适用条件

AT 型楼梯适用于两梯梁之间的矩形梯板全部由踏步段构成，即踏步段两端均以梯梁为支座。凡是满足该条件的楼梯均可为 AT 型，如：双跑楼梯、双分平行楼梯和剪刀楼梯。如图 6-6 所示。

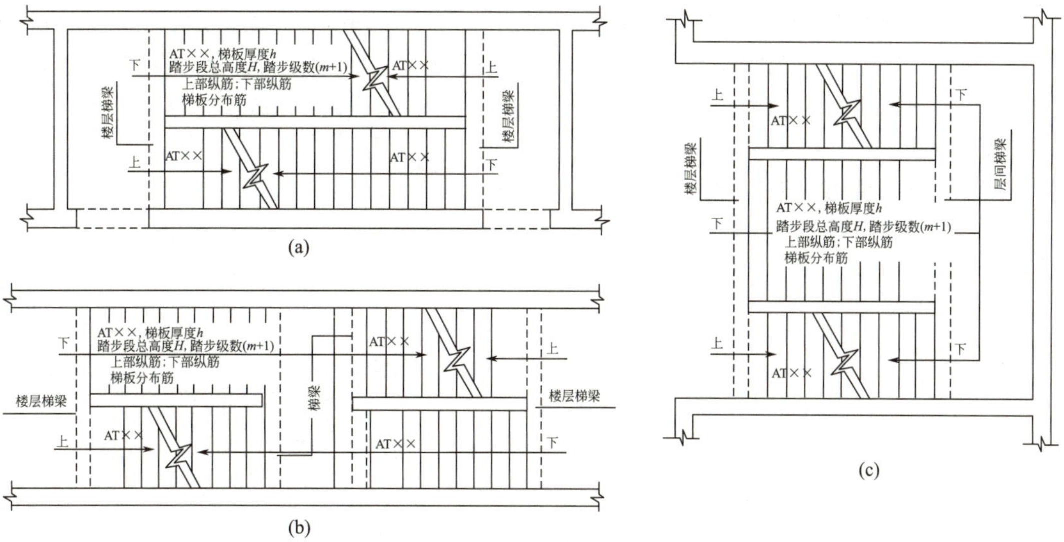

图 6-6　AT 型楼梯常见形式

（a）剪刀楼梯（无层间平台板）；（b）剪刀楼梯；（c）双分平行楼梯

（2）AT 型楼梯的平面标注方式

如图 6-7 所示，AT 型楼梯集中标注的内容有 5 项：第 1 项为梯板类型代号与序号 AT××；第 2 项为梯板厚度 h；第 3 项为踏步段总高度 H_s/踏步级数（$m+1$）；第 4 项为上部纵筋及下部纵筋；第 5 项为梯板分布筋。梯板的分布钢筋可直接标注，也可统一说明。示例如图 6-4 所示。

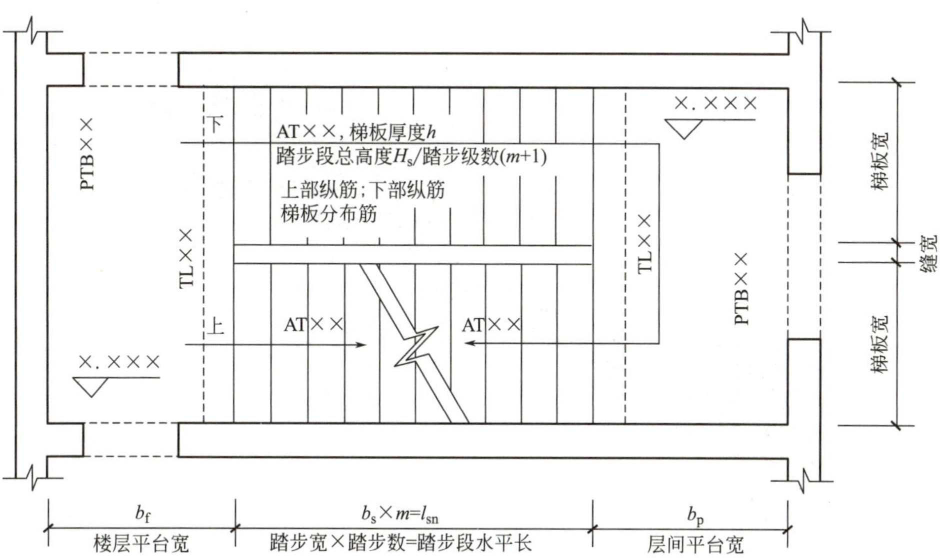

图 6-7　AT 型楼梯平面标注方式

如图 6-4 所示，AT 型楼梯集中标注的内容为 5 项：第 1 项为梯板编号 AT3；第 2 项为梯板厚度 h＝120mm；第 3 项为踏步段总高度 H_s＝1800mm，踏步级数为 12；第 4 项为上部纵筋为 Φ10@200，下部纵筋为 Φ12@150；第 5 项为梯板分布筋 FΦ8@250。

AT 型楼梯外围标注的内容包括楼梯间的开间为 3600mm、进深为 6900mm；楼层结构标高为 5.370m；层间结构标高为 7.170m；梯板的宽度为 1600mm，梯板的水平投影长度为 3080mm、梯井宽度为 150mm、楼层和层间的平台宽度为 1785mm、墙厚为 250mm；楼梯为上下方向。

2. AT 型楼梯板配筋构造

AT 型楼梯板配筋构造如图 6-8～图 6-10 所示。其构造要求：

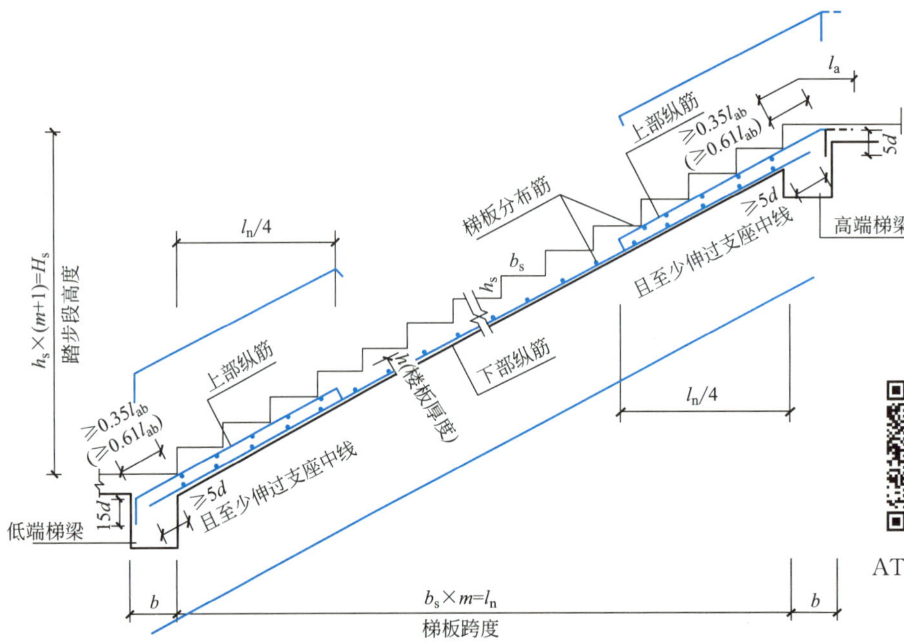

AT 型楼梯板构造

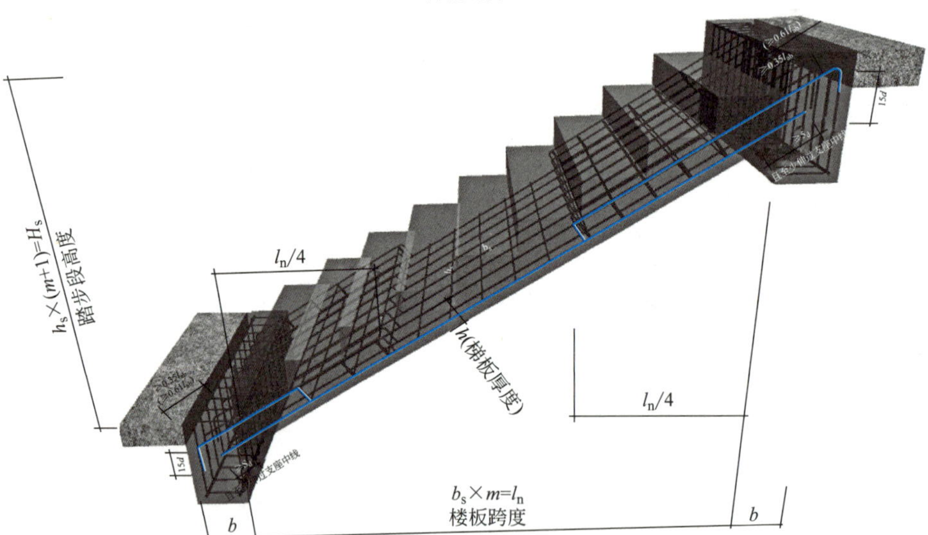

构造要求：

1.楼梯段的梯台高度为h_s，踏板高度为b_s，梯板厚度为h；高低端梯梁的宽度为b；
2.上部纵筋在高低端支座的布置水平长度为$l_n/4$(l_n为梯板跨度)；
3.上部纵筋外伸至梯梁内，伸入长度当用于设计按铰接的情况取≥$0.35l_{ab}$；当用于设计考虑充分发挥钢筋抗拉强度的情况时，应≥$0.6l_{ab}$；弯折后的直线段长度为15d；
4.下部纵筋的伸入梯梁的长度应≥5d；
5.高端支撑的上部纵筋如果伸入平台板进行搭接设计时，伸入长度应为l_a

图 6-8　AT 型楼梯板配筋构造

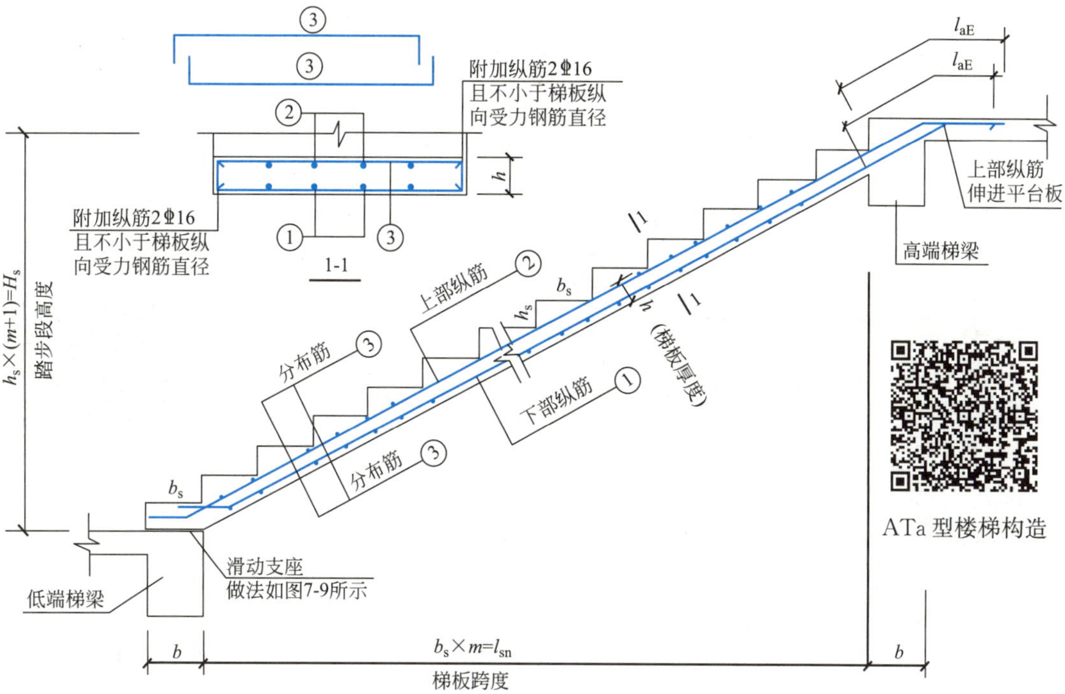

ATa 型楼梯构造

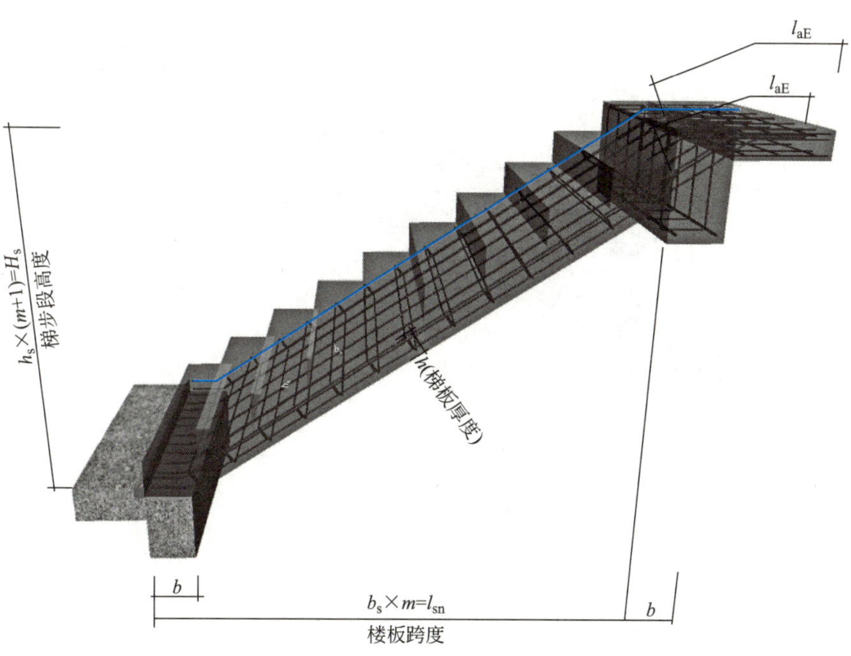

构造要求:

1.楼梯段的梯台高度为h_s，踏板高度为b_s，梯板厚度为h；高低端梯梁的宽度为b；楼梯的整体高度为H_s；踏步段水平长为l_{sn}；
2.上部楼梯段边缘附加2根直径为16mm的钢筋，且不小于楼板纵向受力钢筋直径；
3.楼梯段上下纵筋伸入高端平台板的长度为l_{aE}

图 6-9 ATa 型楼梯板配筋构造

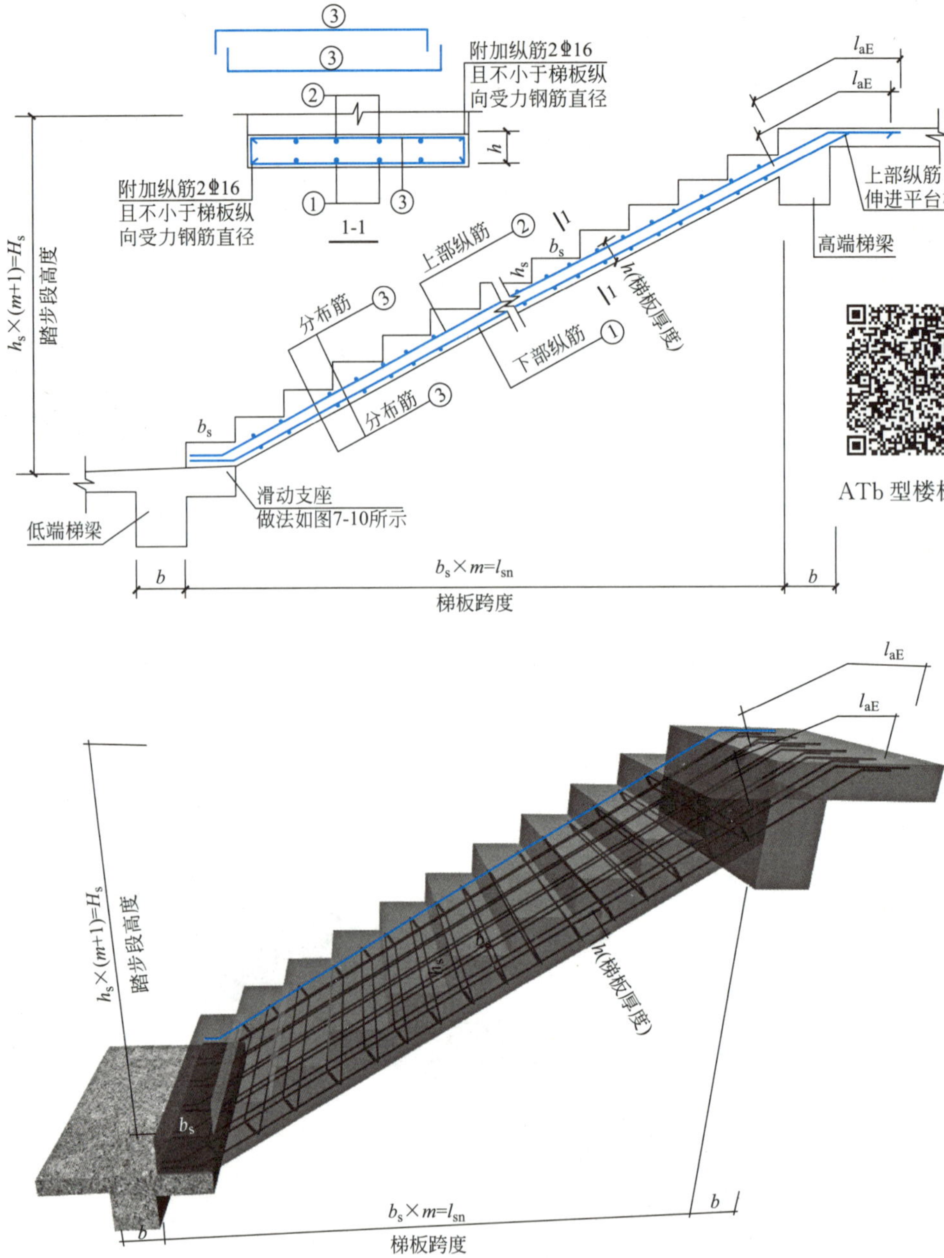

ATb 型楼梯构造

构造要求：

1.楼梯段的梯台高度为h_s，踏板高度为b_s，梯板厚度为h；高低端梯梁的宽度为b；楼梯的整体高度为H_s；踏步段水平长为l_{sn}；
2.上部楼梯段边缘附加2根直径为16的钢筋，且不小于楼板纵向受力钢筋直径；
3.楼梯段上下纵筋伸入高端平台板的长度为l_{aE}

图 6-10 ATb 型楼梯板配筋构造

（1）上部纵向钢筋

1）上部纵筋锚固长度为 $0.35l_{ab}$，用于设计铰接的情况；括号内数据为 $0.6l_{ab}$，用于设计考虑充分发挥钢筋抗拉强度的情况。具体工程中设计应指明采用何种情况；

2）上部纵筋需伸至支座对边再向下弯折；

3）上部纵筋有条件时可直接伸入平台板内锚固，从支座内边算起总锚固长度不小于 l_a，如图中虚线所示。

（2）下部纵向钢筋

下部纵筋在支座的锚固长度应≥5d，且至少伸过支座中线。

（3）分布筋

1）上层分布钢筋设置在上部纵向钢筋的内侧；

2）下层分布钢筋设置在下部纵向钢筋的内侧。

6.2　装配式板式楼梯制图规则

6.2.1　预制楼梯的类型

装配式钢筋混凝土楼梯是将组成楼梯的各个部分分成若干个小构件。在预制厂预制，再到现场组装，或在现场预制好组装。装配式钢筋混凝土楼梯能够提高建筑工业化程度，具有施工进度快，受气候影响小，构件由工厂生产、质量容易保证等优点。

预制钢筋混凝土板式楼梯的常用类型有双跑楼梯和剪刀楼梯，如图 6-11 和图 6-12 所示。

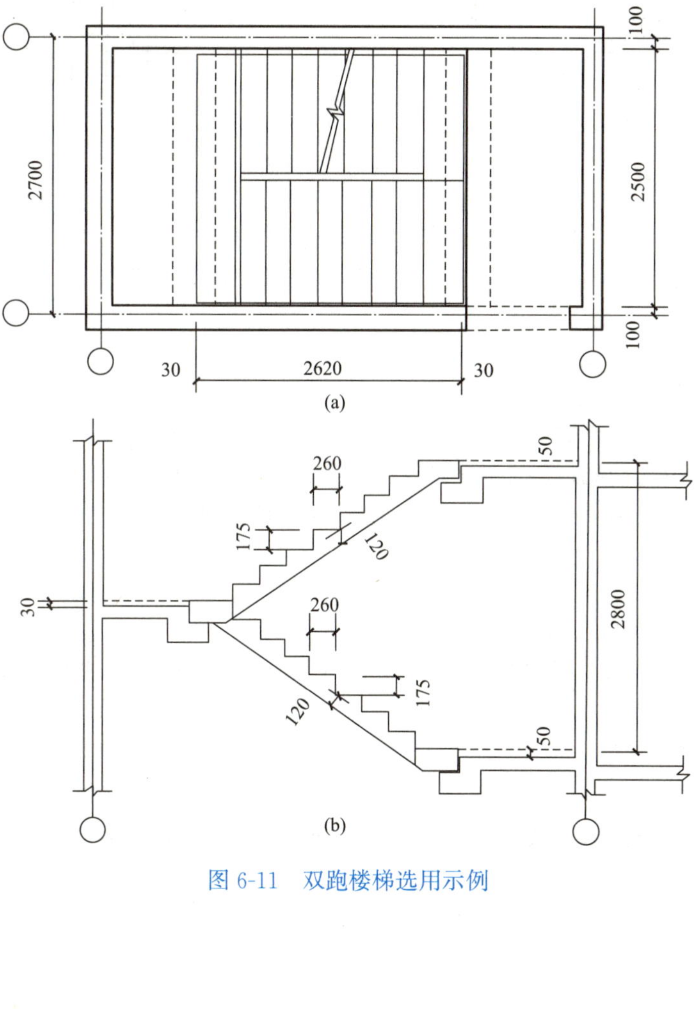

图 6-11　双跑楼梯选用示例

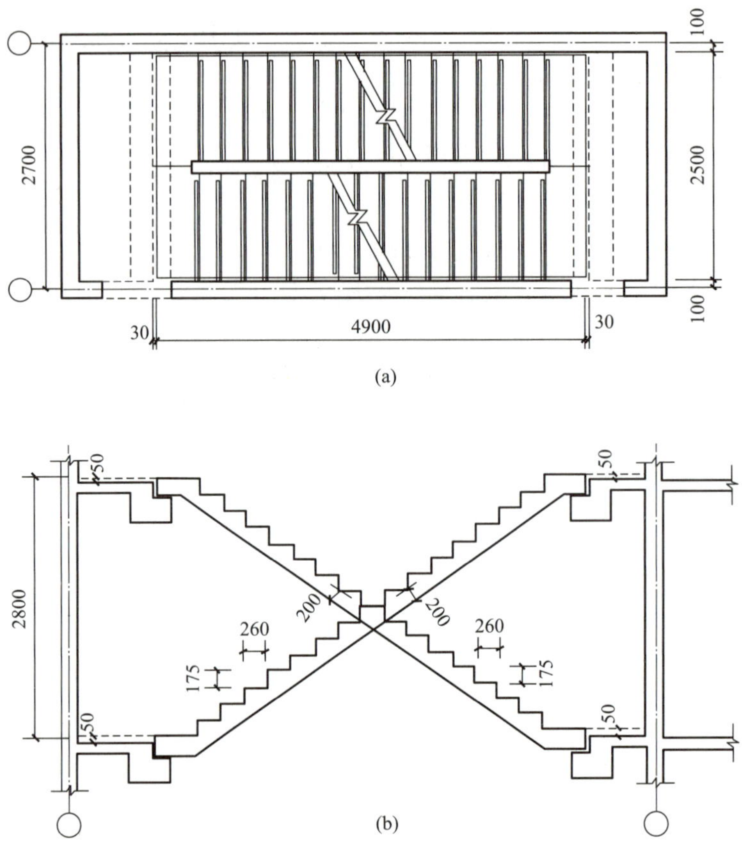

图 6-12　剪刀楼梯选用示例

预制钢筋混凝土板式楼梯的层高为 2.8m、2.9m 和 3.0m；楼梯间净宽为：双跑楼梯 2.4m、2.5m，剪刀楼梯 2.5m、2.6m。楼梯入户处建筑面层厚度 50mm，楼梯平台处建筑面层厚度 30mm。

6.2.2　预制楼梯的适用范围

适用于非抗震设计和抗震设防烈度为 6、7、8 度地区的多层、高层剪力墙结构体系的住宅。楼梯梯段板为预制混凝土构件时，平台梁、平台板可采用现浇混凝土。梯段板采用立模生产工艺，当采用其他生产工艺时，还应进行脱模验算。

6.2.3　预制板式楼梯制图规则

1. 预制楼梯的表示方法

预制楼梯施工图包括按标准层绘制的平面布置图、剖面图、预制梯段板的连接节点、预制楼板构件表等内容。

2. 预制楼梯的编号

（1）双跑楼梯

用 ST 代表双跑楼梯。双跑楼梯的注写为楼梯类型-层高-楼梯间净宽，即 ST-××-××。如图 6-13 所示。

例：ST-28-25 表示双跑楼梯，建筑层高为 2.8m，楼梯间净宽为 2.5m 所对应的预制混凝土板式双跑楼梯梯段板。

（2）剪刀楼梯

用 JT 代表剪刀楼梯。剪刀楼梯的注写为楼梯类型-层高-楼梯间净宽，即 JT-××-××。如图 6-14 所示。

图 6-13　双跑楼梯注写示例

图 6-14　剪刀楼梯注写示例

例：JT-28-25 表示剪刀楼梯，建筑层高为 2.8m，楼梯间净宽为 2.5m 所对应的预制混凝土板式剪刀楼梯梯段板。

如果设计的预制楼梯与标准图集中预制楼梯尺寸、配筋不同，应由设计单位自行设计。预制楼梯详图可参考《预制钢筋混凝土板式楼梯》15G367-1 绘制。

3. 预制楼梯平面布置图标注和剖面图标注的内容

预制楼梯平面布置图注写内容包括楼梯间的平面尺寸、楼层结构标高、楼梯的上下方向、预制梯板的平面几何尺寸、梯板类型及编号、定位尺寸和连接作法索引号等，如图 6-15 所示。

预制楼梯剖面注写内容，包括预制楼梯编号、梯梁梯柱编号、预制梯板水平及竖向尺寸、楼层结构标高、层间结构标高、建筑楼面做法厚度等，如图 6-15 所示。

4. 预制楼梯表的主要内容

预制楼梯表的主要内容包括：构件编号、所在层号、构件重量、构件数量、构件详图页码（选用标准图集的楼梯注写具体图集号和相应页码；自行设计的构件需注写施工图图

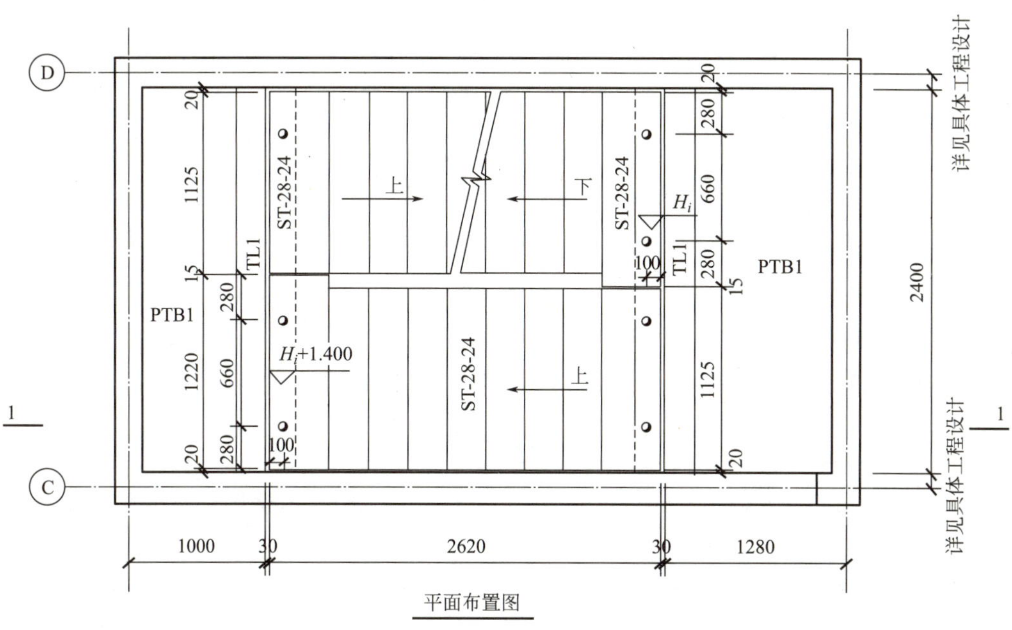

图 6-15　标准楼梯选用示例（一）

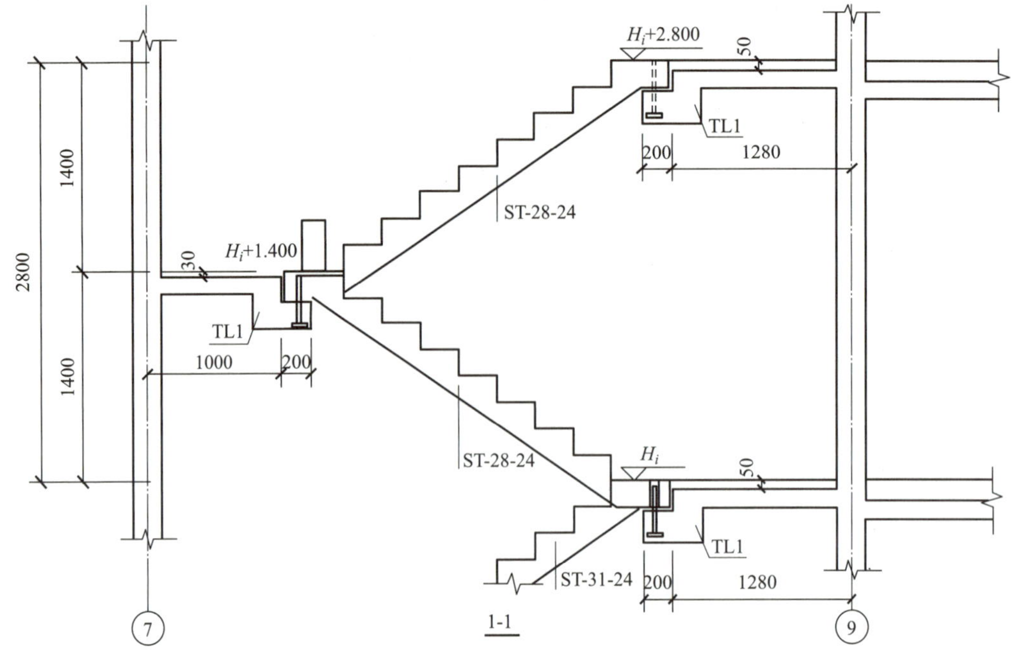

图 6-15 标准楼梯选用示例（二）

号）、连接索引（标准构件应注写具体图集号、页码和节点号；自行设计时需注写施工图页码）和备注中可标明该预制构件是“标准构件”和“自行设计”。预制楼梯表见表 6-3。

预制楼梯表 表 6-3

构件编号	所在楼层	构件重量(t)	数量(个)	构件详图页码(图号)	连接索引
ST-28-24	3～20	1.61	72	《15G367-1》P8-10	—
ST-31-24	1～2	1.8	8	结施-24	《15G367-1》P27① ②

注：TL1、PTB1 详具体工程设计。

6.3 装配式板式楼梯构造

6.3.1 双跑楼梯

1. 双跑楼梯选用表

双跑楼梯选用表，见表 6-4。双跑楼梯尺寸示意图如图 6-16 所示。

双跑楼梯选用表 表 6-4

层高(m)	楼梯间净宽(mm)	梯井宽度(mm)	梯段板水平投影长(mm)	梯段板宽(mm)	踏步高(mm)	踏步宽(mm)	钢筋重量(kg)	混凝土方量(m^3)	梯段板重(t)	梯段板型号
2.8	2400	110	2620	1125	175	260	72.18	0.6524	1.61	ST-28-24
	2500	70	2620	1195	175	260	73.32	0.6931	1.72	ST-28-25

续表

层高（m）	楼梯间净宽（mm）	梯井宽度（mm）	梯段板水平投影长（mm）	梯段板宽（mm）	踏步高（mm）	踏步宽（mm）	钢筋重量（kg）	混凝土方量（m^3）	梯段板重（t）	梯段板型号
2.9	2400	110	2880	1125	161.1	260	74.15	0.724	1.81	ST-29-24
	2500	70	2880	1195	161.1	260	75.29	0.7688	1.92	ST-29-25
3.0	2400	110	2880	1125	166.6	260	74.83	0.7352	1.84	ST-30-24
	2500	70	2880	1195	166.6	260	75.97	0.7807	1.95	ST-30-25

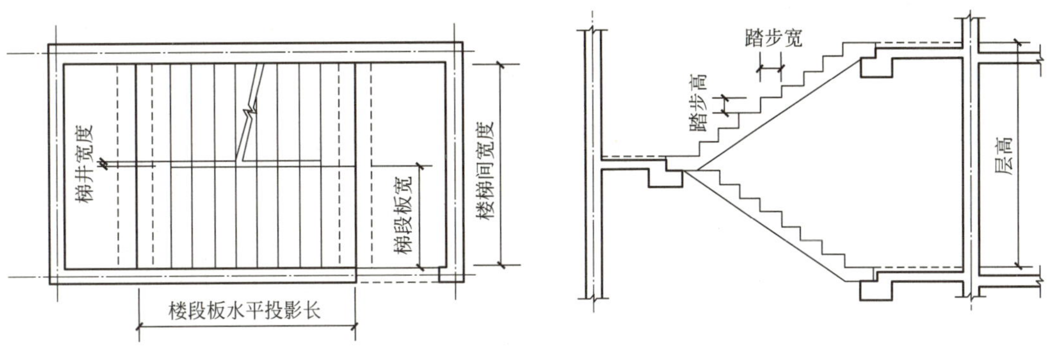

图 6-16　双跑楼梯尺寸示意图

2. 双跑楼梯的模板及配筋要求

以 ST-28-24 型为例说明一下双跑楼梯的模板及配筋要求，其余型号详见图集《预制钢筋混凝土板式楼梯》15G367-1。具体内容如下：

（1）安装图（图 6-17）

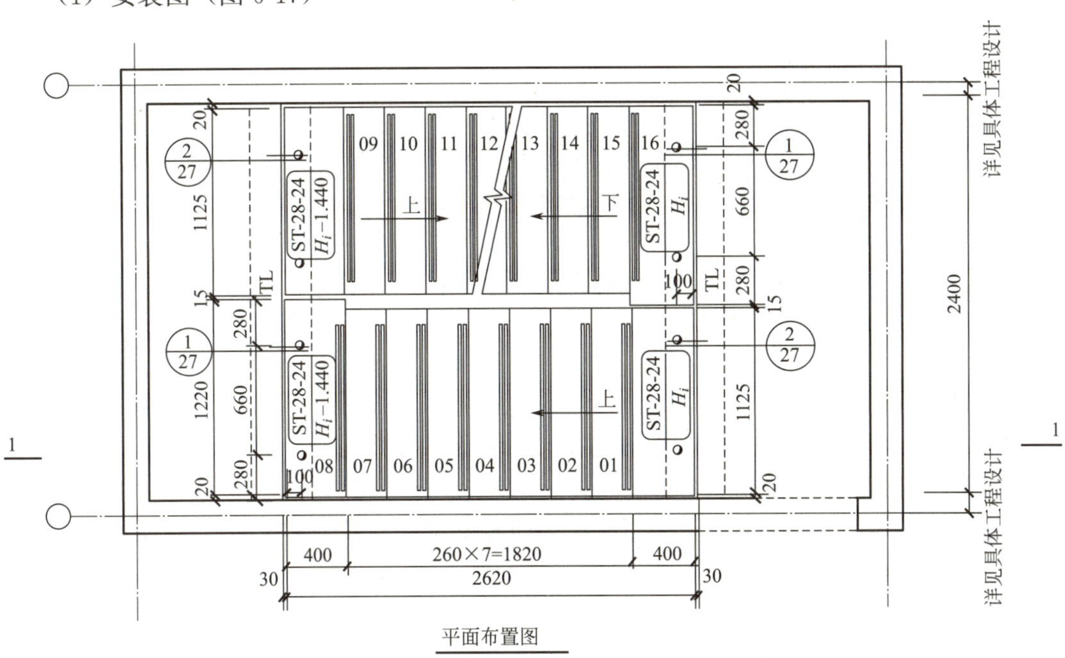

图 6-17　ST-28-24 安装图（一）

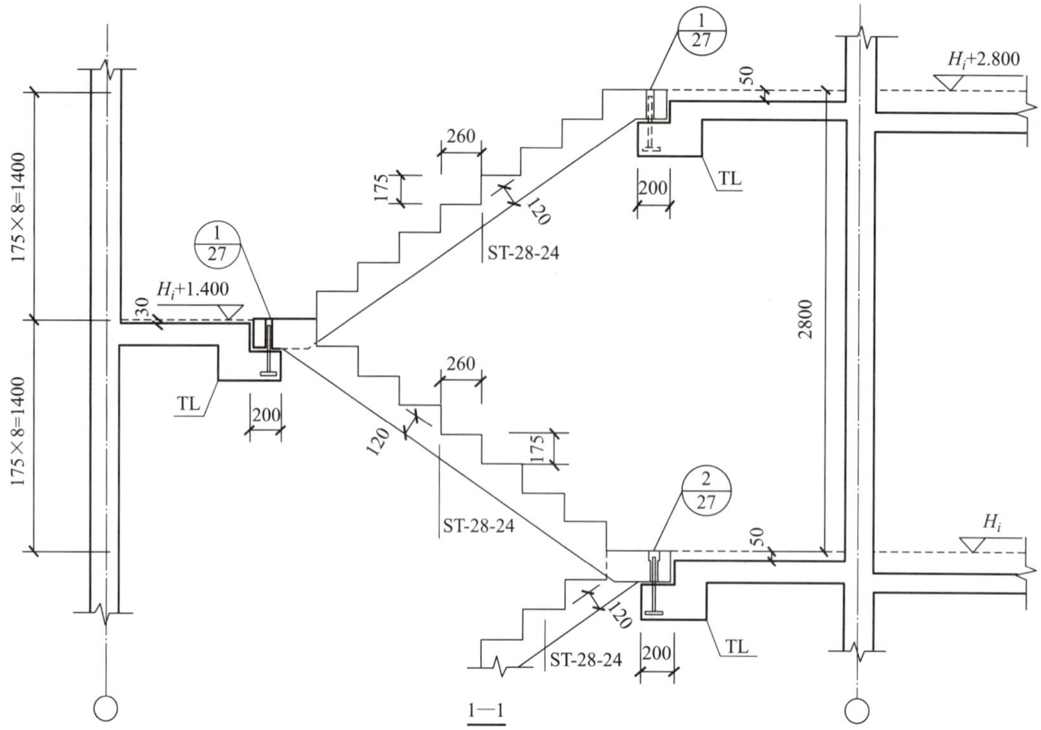

图 6-17　ST-28-24 安装图（二）

构造要求：

1）梯梁截面高度应满足建筑梯段的净高要求，避免碰头；

2）本图仅适用于标准层；

3）H_i 表示楼层标高；TL 详具体工程设计。

（2）模板图（图 6-18）

构造要求：

1）本图用于表示梯段板具体尺寸、梯板上埋件具体定位和预留洞尺寸定位；

2）本图中构件脱模用的预埋件 M2 采用吊环，也可选用内埋式螺母等其他形式。

（3）配筋图

具体的钢筋名称、钢筋规格、配筋数量、配筋形状和钢筋搭接要求如图 6-19 所示。

6.3.2　剪刀楼梯

1. 剪刀楼梯选用表

剪刀楼梯选用表，见表 6-5。剪刀楼梯尺寸示意图如图 6-20 所示。

2. 剪刀楼梯的模板及配筋要求

以 JT-28-25 型为例说明一下剪刀楼梯的模板及配筋要求，其余型号详见图集《预制钢筋混凝土板式楼梯》15G367-1。

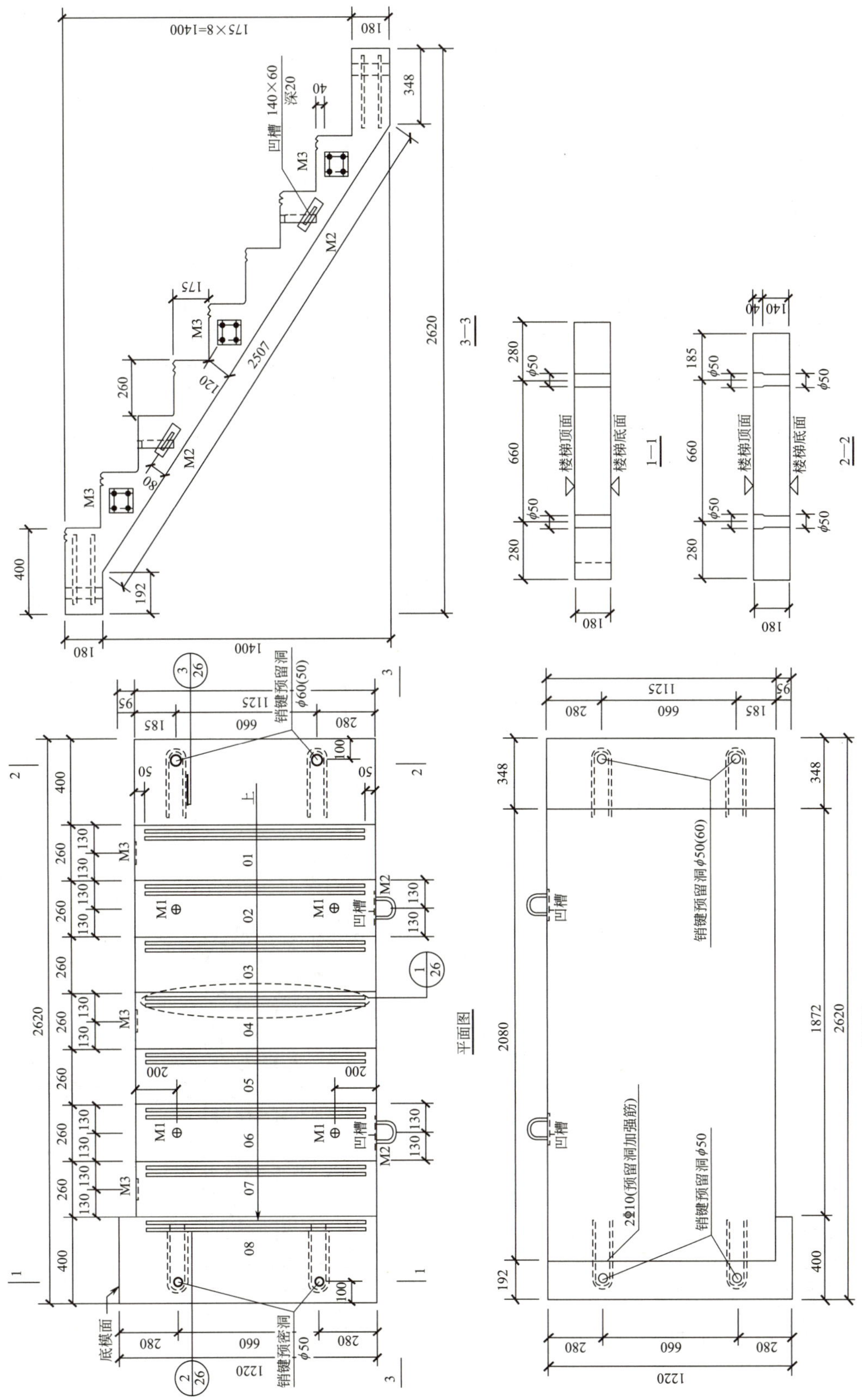

图 6-18　ST-28-24 模板图

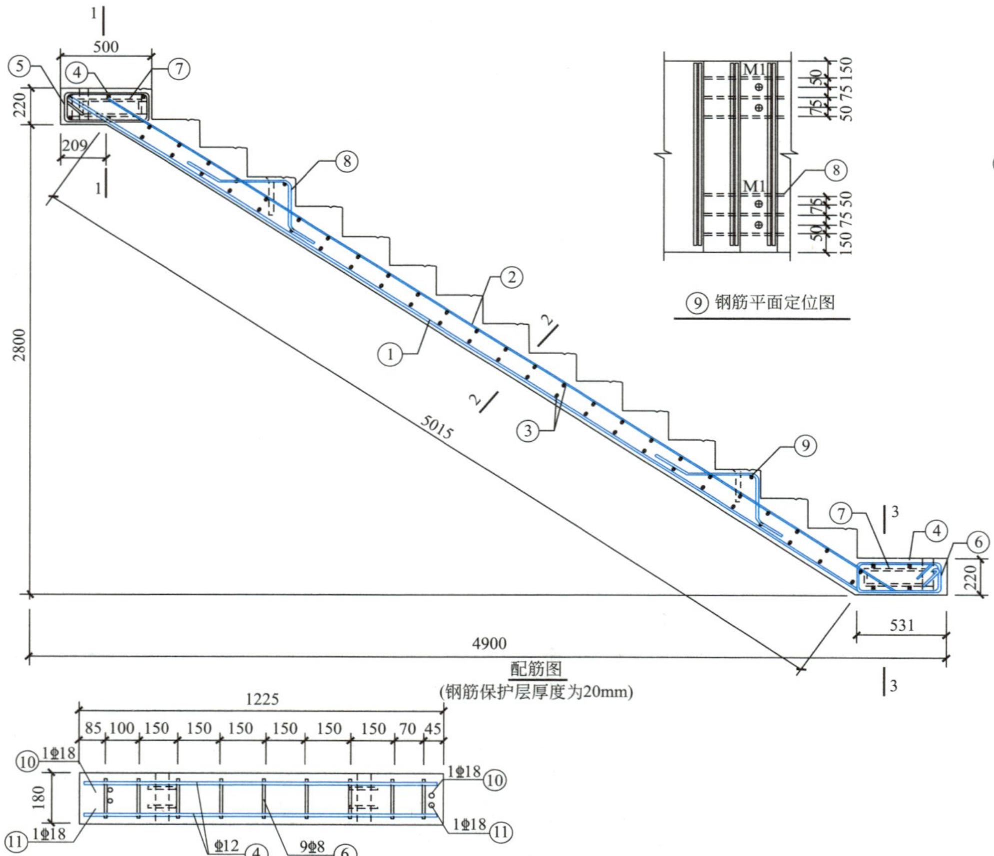

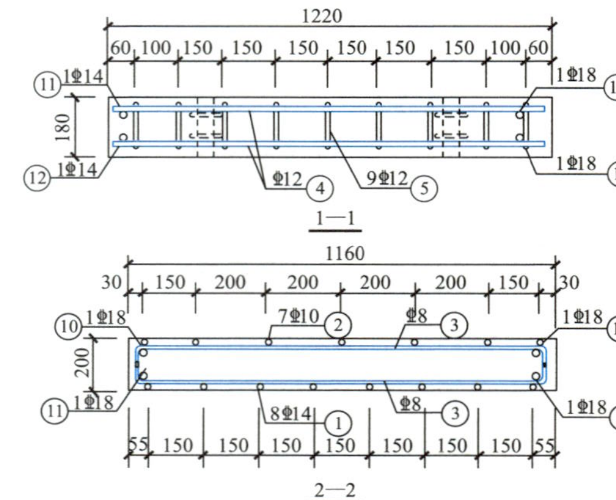

钢筋明细表

编号	数量	规格	形状	钢筋名称	质量/kg	钢筋总质量/kg	混凝土/m³
①	8	⌀14	5269 473	下部纵筋	55.56	194.25	1.736
②	7	⌀10	5234	上部纵筋	22.61		
③	50	⌀8	150 1120 150	上、下部纵筋	28.04		
④	12	⌀12	1185	边缘纵筋	12.64		
⑤	9	⌀12	460 180	边缘纵筋	10.24		
⑥	9	⌀12	500 180	边缘纵筋	10.88		
⑦	8	⌀10	300	加强筋	3.51		
⑧	12	⌀8	100 383 170 100	吊点加强筋	3.36		
⑨	2	⌀10	1120	吊点加强筋	1.39		
⑩	2	⌀18	180 5173 340	边缘加强筋	22.76		
⑪	2	⌀18	5245 572	边缘加强筋	23.26		

图 6-19　ST-28-24 配筋图

剪刀楼梯选用表　　表 6-5

层高（m）	楼梯间净宽（mm）	梯井宽度（mm）	梯段板水平投影长度（mm）	梯段板宽（mm）	踏步高（mm）	踏步宽（mm）	钢筋重量（kg）	混凝土方量（m^3）	梯段板重（t）	梯段板型号
2.8	2500	140	4900	1160	175	260	194.35	1.736	4.34	JT-28-25
	2600	140	4900	1210	175	260	193.77	1.813	4.5	JT-28-26
2.9	2500	140	5160	1160	170.6	260	206.67	1.856	4.64	JT-29-25
	2600	140	5160	1210	170.6	260	208.51	1.930	4.83	JT-29-26
3.0	2500	140	5420	1160	166.7	260	213.26	1.993	4.98	JT-30-25
	2600	140	5420	1210	166.7	260	215.20	2.078	5.20	JT-30-26

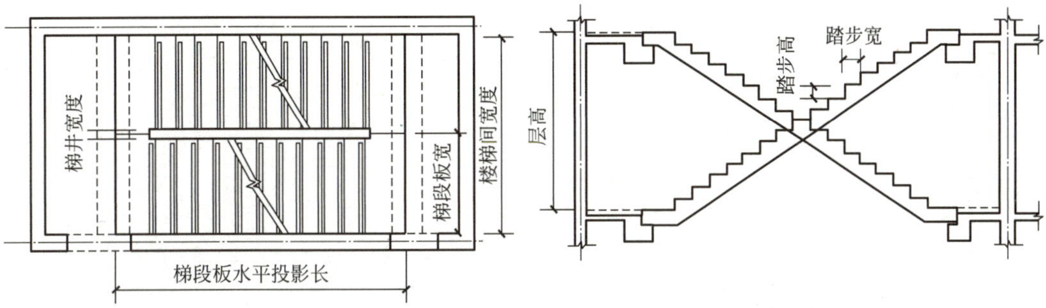

图 6-20　剪刀楼梯尺寸示意图

（1）安装图（图 6-21）

构造要求：

1）梯梁截面高度应满足建筑梯段的净高要求，避免碰头；

2）本图仅适用于标准层；

3）H_i 表示楼层标高；TL 详具体工程设计；

4）因隔墙做法不同，预制楼梯的形状也可采用做法一。

（2）模板图（图 6-22）

构造要求：

1）本图用于表示梯段板具体尺寸、梯板上埋件具体定位和预留洞尺寸定位；

2）本图中构件脱模用的预埋件 M2 采用吊环，也可选用内埋式螺母等其他形式。

（3）配筋图

具体的钢筋名称、钢筋规格、配筋数量、配筋形状和钢筋搭接要求如图 6-23 所示。

6.3.3　预制混凝土楼梯构造要求

1. 预制混凝土楼梯的基本构造要求

《装配式混凝土结构设计规程》JGJ 1—2014 中规定：

（1）预制板式楼梯的梯段板应配置通长的纵向钢筋。板面宜配置通长的纵向钢筋；当楼梯两端均不能滑动时，板面应配置通长的纵向钢筋。

（2）预制楼梯与支承构件之间宜采用简支连接。采用简支连接时，应符合下列规定：

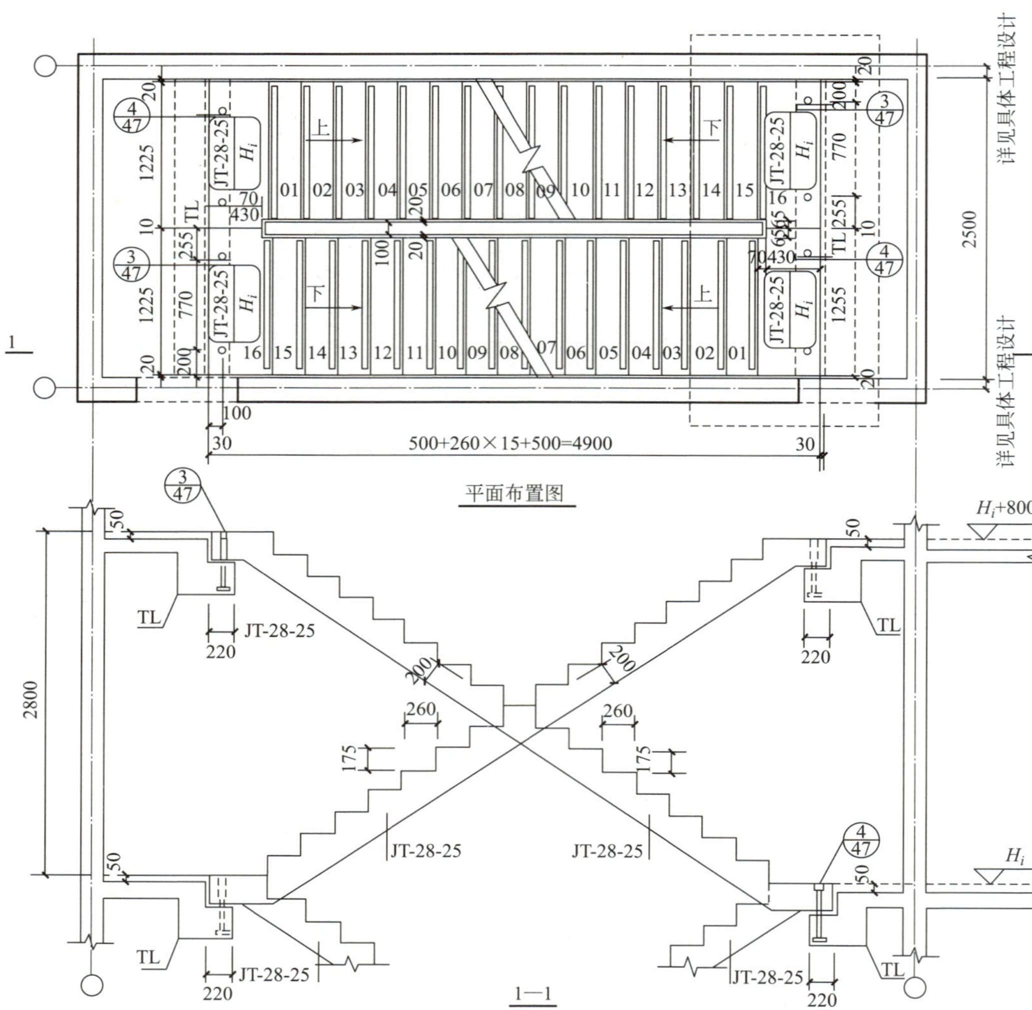

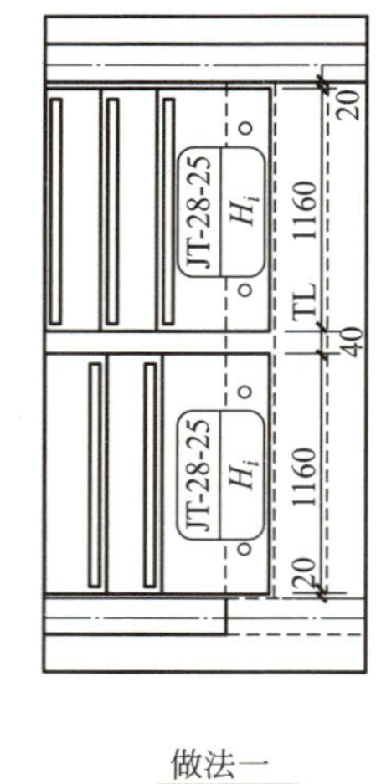

注：
1. 梯梁截面高度应满足建筑梯段的净高要求(避免碰头)。
2. 本图仅适用于标准层。
3. 因隔墙做法不同，预制楼梯的形状也可采用做法一。
4. H_i表示楼层标高；TL详具体工程设计。

图 6-21　JT-28-25 安装图

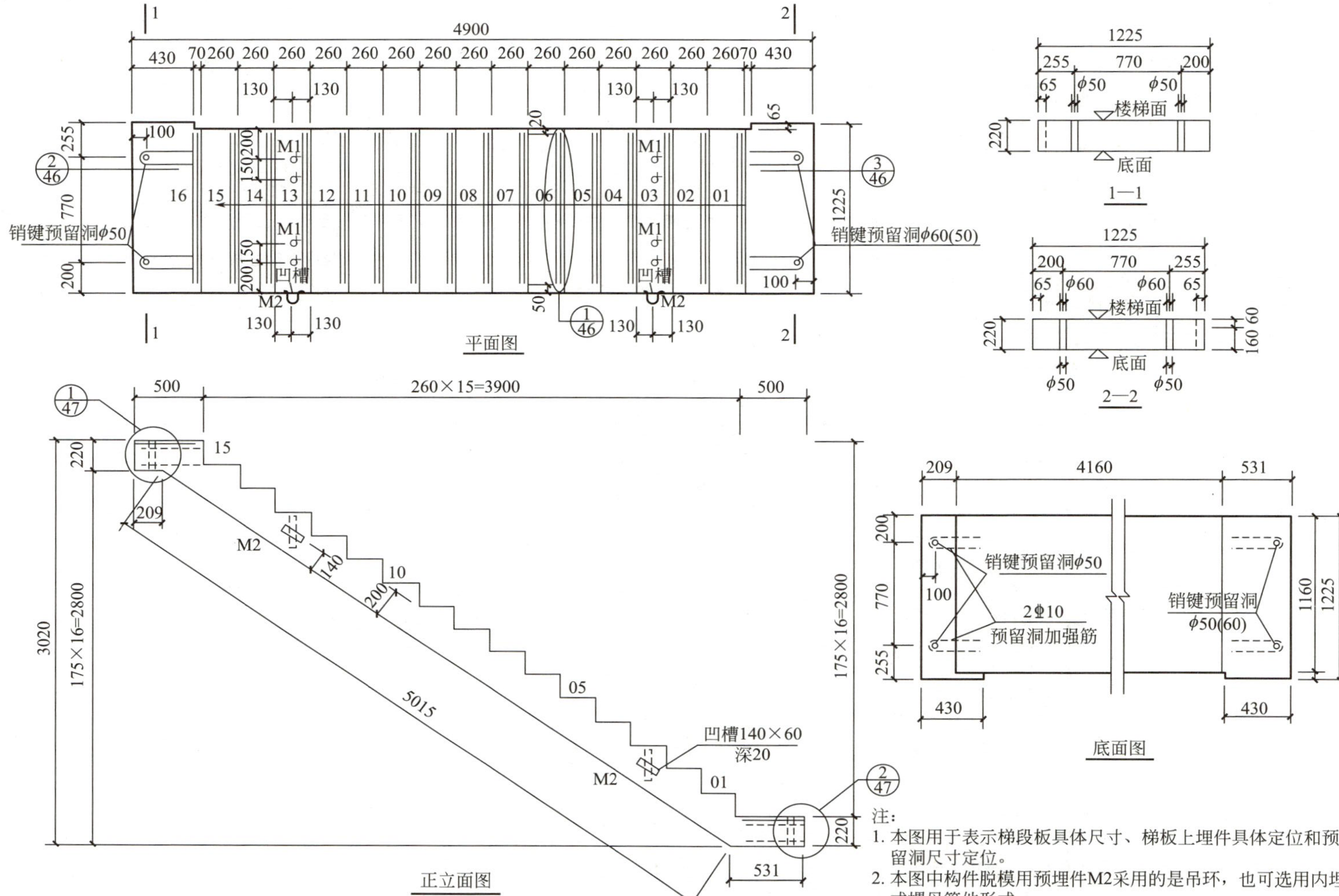

注：
1. 本图用于表示梯段板具体尺寸、梯板上埋件具体定位和预留洞尺寸定位。
2. 本图中构件脱模用预埋件M2采用的是吊环，也可选用内埋式螺母等他形式。

图 6-22　JT-28-25 模板图

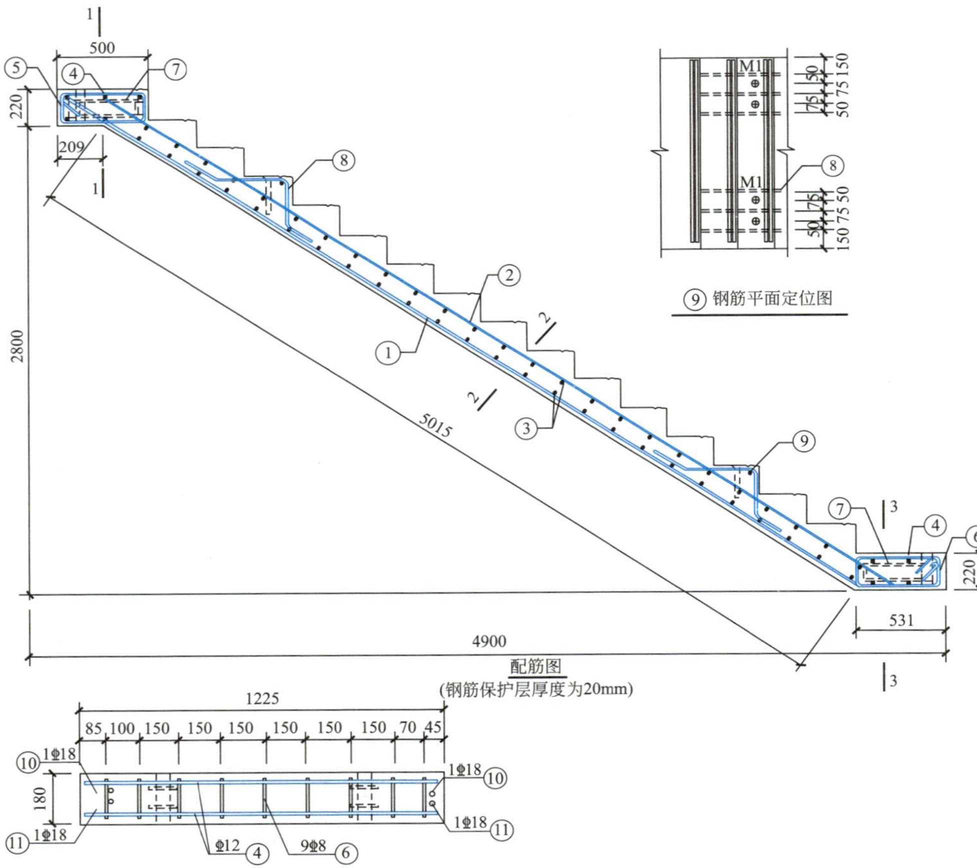

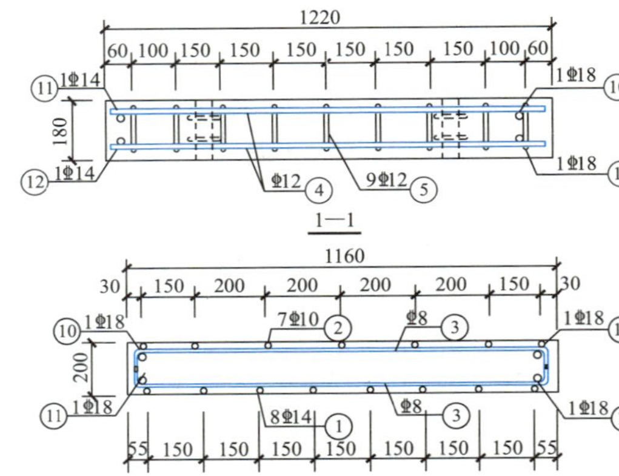

钢筋明细表

编号	数量	规格	形状	钢筋名称	质量/kg	钢筋总质量/kg	混凝土/m³
①	8	Φ14	5269 473	下部纵筋	55.56	194.25	1.736
②	7	Φ10	5234	上部纵筋	22.61		
③	50	Φ8	150 1120 150	上、下部纵筋	28.04		
④	12	Φ12	1185	边缘纵筋	12.64		
⑤	9	Φ12	460 180	边缘纵筋	10.24		
⑥	9	Φ12	500 180	边缘纵筋	10.88		
⑦	8	Φ10	300	加强筋	3.51		
⑧	12	Φ8	100 383 170 100	吊点加强筋	3.36		
⑨	2	Φ10	1120	吊点加强筋	1.39		
⑩	2	Φ18	180 5173 340	边缘加强筋	22.76		
⑪	2	Φ18	5245 572	边缘加强筋	23.26		

图 6-23 JT-28-25 配筋图

1）预制楼梯宜一端设置固定铰，另一端设置滑动铰，其转动及滑动变形能力应满足结构层间位移的要求，且预制楼梯端部在支承构件上的最小搁置长度应满足表 6-6 的规定。

预制楼梯在支承构件上的最小搁置长度（单位：mm）　　表 6-6

抗震设防烈度	6 度	7 度	8 度
最小搁置长度	75	75	100

2）预制楼梯设置滑动铰的端部应采取防止滑落的构造措施。

2. 预制混凝土楼梯的连接构造要求

预制楼梯的连接可分为三种情况：第一种是高端支承为固定铰支座，低端支承为滑动铰支座；第二种是高端支承为固定支座，低端支承为滑动支座；第三种是高端支承和低端支承均为固定支座。

（1）高端支承为固定铰支座，低端支承为滑动铰支座（图 6-24）

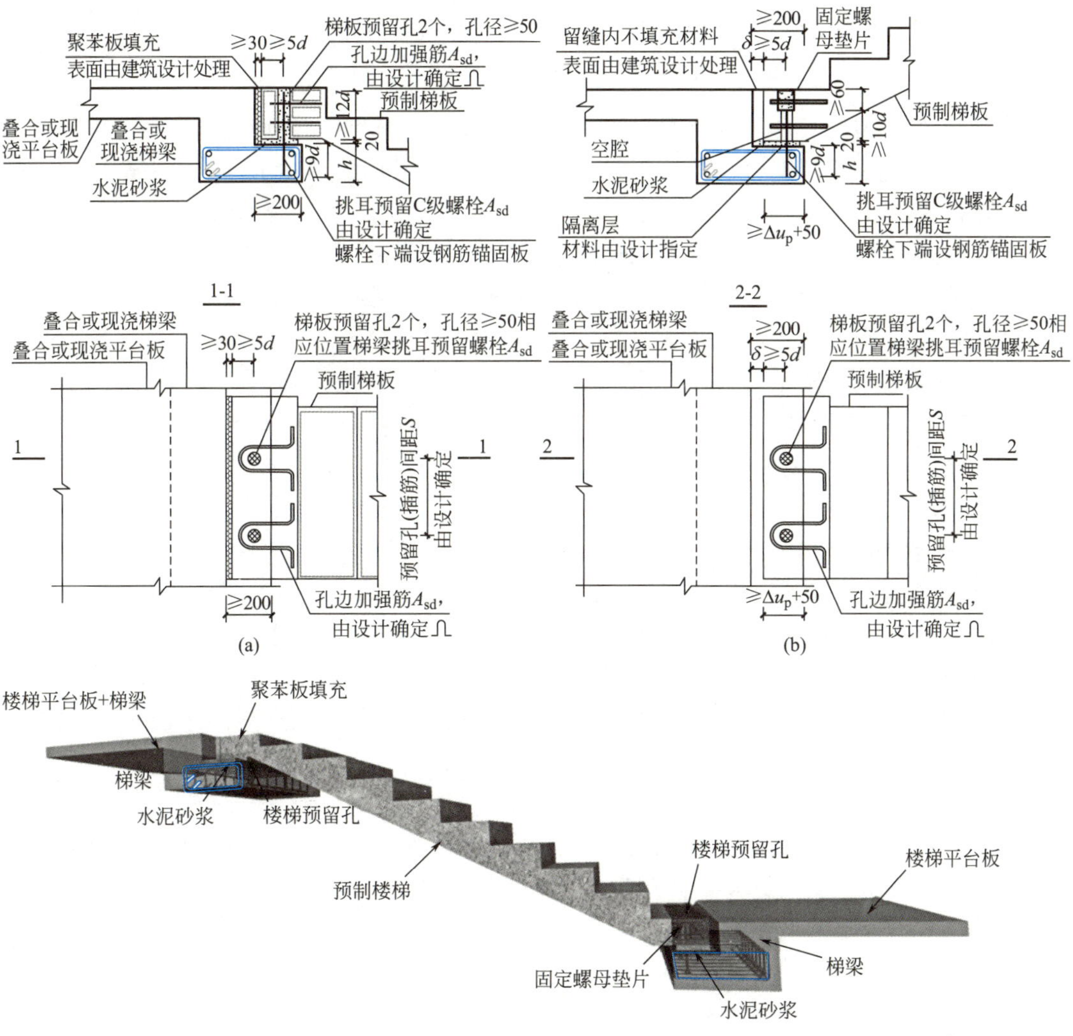

图 6-24　高端支承为固定铰支座，低端支承为滑动铰支座（一）

高端支承为固定铰支座，低端支承为滑动铰支座

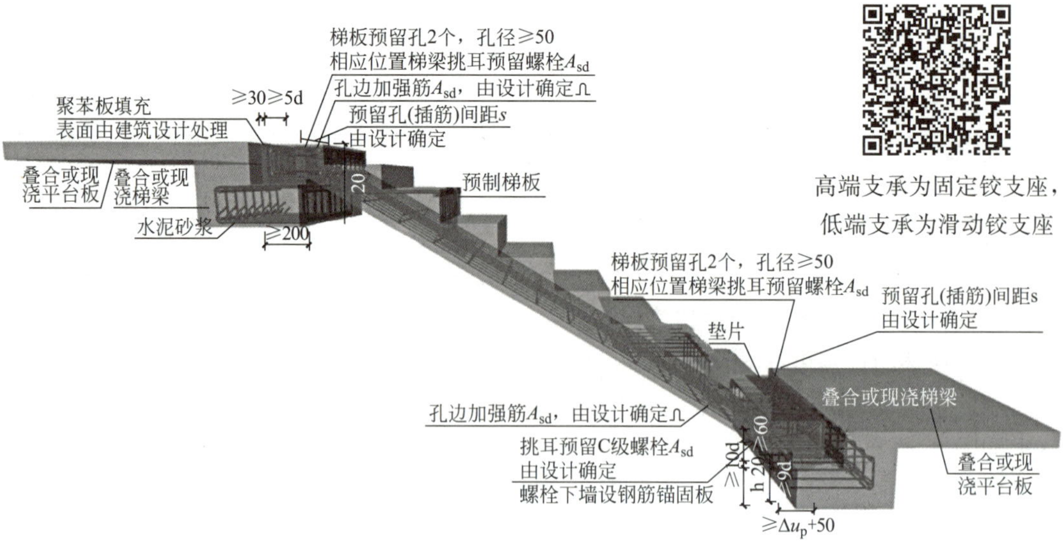

图 6-24　高端支承为固定铰支座，低端支承为滑动铰支座（二）

（a）高端支承固定铰支座；（b）低端支承滑动铰支座

高端梯板预留 2 个孔，孔径不小于 50mm，预留孔的间距由设计确定，并在预留孔相应位置的梯梁挑耳预留螺栓 A_{sd}，螺栓 A_{sd} 等级为 C 级，由设计确定，螺栓下端用钢筋锚固板锚固。挑耳厚度图中用 h 表示，由设计确定，但应不小于梯板厚度。孔边加强筋 A_{s1}，由设计确定。预制梯板与叠合或现浇梯梁之间的缝隙用聚苯板填充，表面由建筑设计处理，缝隙间距应≥30mm，预留孔中心距梯板边缘的距离应≥5d。

低端梯板预留 2 个孔，孔径不小于 50mm，预留孔的间距由设计确定，并在预留孔相应位置的梯梁挑耳预留螺栓 A_{sd}，螺栓 A_{sd} 等级为 C 级，由设计确定，螺栓下端用钢筋锚固板锚固。挑耳厚度图中用 h 表示，由设计确定，但应不小于梯板厚度。孔边加强筋 A_{s1}，由设计确定。预制梯板与叠合或现浇梯梁之间的缝隙不用填充材料，表面由建筑设计处理。

（2）高端支承为固定支座，低端支承为滑动支座（图 6-25）

高端梯板上部钢筋应外伸至现浇或叠合梯梁的钢筋内侧，并向下弯折 15d，外伸水平段长度应≥0.6l_{ab}（按铰接设计时应≥0.35l_{ab}）。下部钢筋应外伸至梁中线，长度应≥5d 且至少到梁中线。低端梯板与梯梁之间应留缝，缝宽为 δ，由设计确定，且应大于 Δu_p，留缝内不填充材料，表面由建筑设计处理。预制梯板与叠合或现浇梯梁之间采用预埋件连接，预埋件 M 由设计确定，钢板之间满铺石墨粉（或采用聚四氟乙烯板）。

（3）高端支承和低端支承均为固定支座（图 6-26）

高端梯板或低端梯板的上部钢筋应外伸至现浇或叠合梯梁的钢筋内侧，并向下弯折 15d，外伸水平段长度应≥0.6l_{ab}（按铰接设计时应≥0.35l_{ab}）。下部钢筋应外伸至梁中线，长度应≥5d 且至少到梁中线。

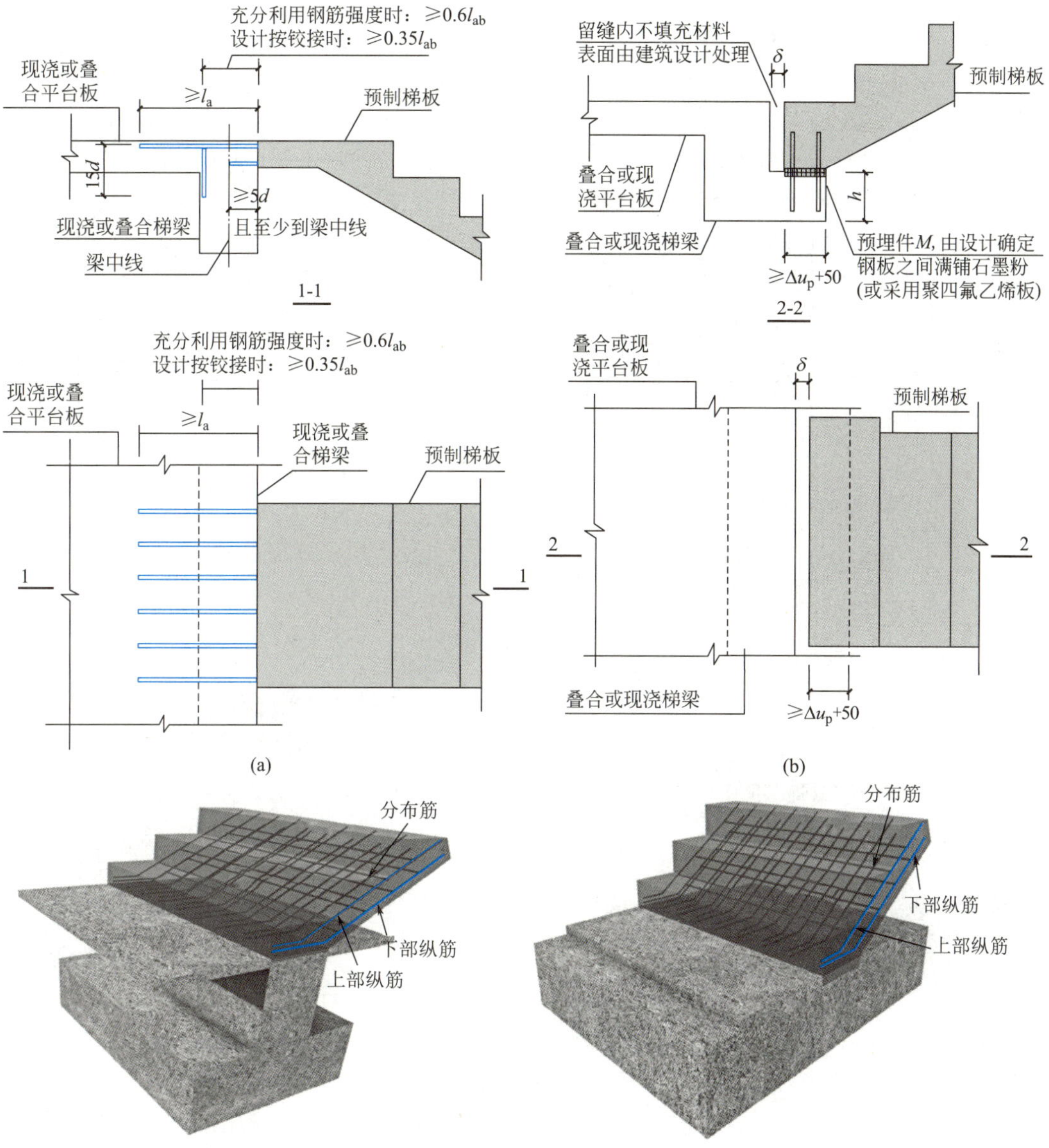

图 6-25　高端支承为固定支座，低端支承为滑动支座

（a）高端支承固定支座；（b）低端支承滑动支座

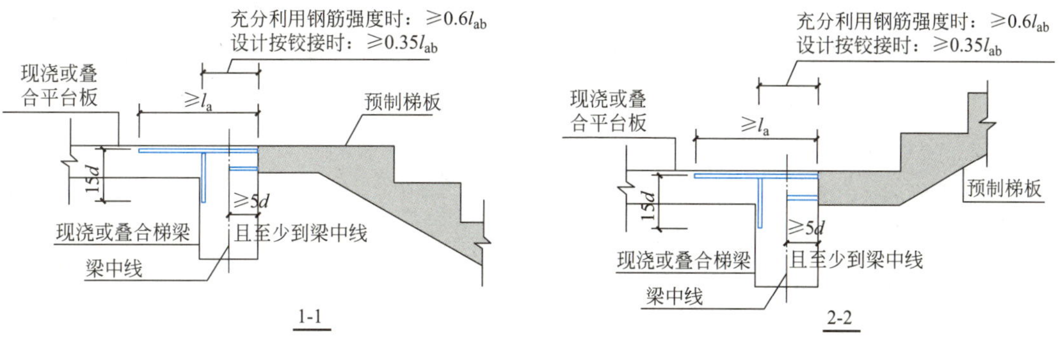

图 6-26　高端支承和低端支承均为固定支座（一）

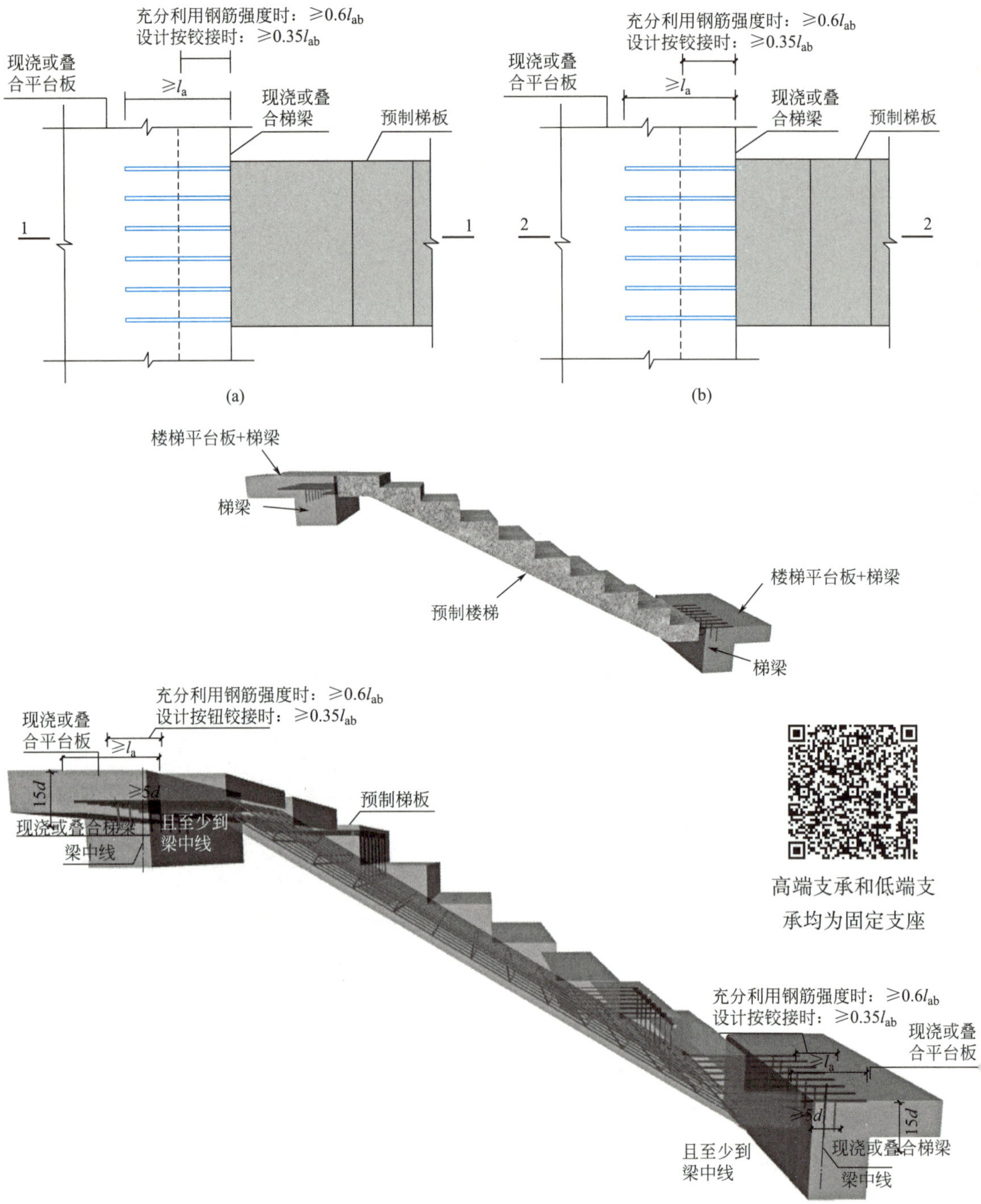

高端支承和低端支承均为固定支座

图 6-26　高端支承和低端支承均为固定支座（二）

（a）高端支承固定支座；（b）低端支承固定支座

模块后测

模块 6-测试 1　　模块 6-测试 2　　模块 6-测试 3

练习题

一、单选题

1. 现浇混凝土板式楼梯平法施工图的表达方式不包含（　　）。

A. 平面标注　　B. 立面标注　　C. 剖面标注　　D. 列表标注

2. 现浇混凝土板式楼梯集中标注的内容有（　　）项。

A. 3　　B. 4　　C. 5　　D. 6

3. 预制钢筋混凝土板式楼梯的常用类型是（　　）。

A. 螺旋楼梯　　B. 弧形楼梯　　C. 扇形楼梯　　D. 剪刀楼梯

4. 预制双跑楼梯防滑槽之间的距离为（　　）mm。

A. 30　　B. 40　　C. 50　　D. 60

5. 预制楼梯在 6 度抗震设防烈度区的支承构件上的最小搁置长度为（　　）mm。

A. 120　　B. 100　　C. 75　　D. 50

6. 如图所示，通过识读楼梯的三维模型，该楼梯的具体连接形式是（　　）。

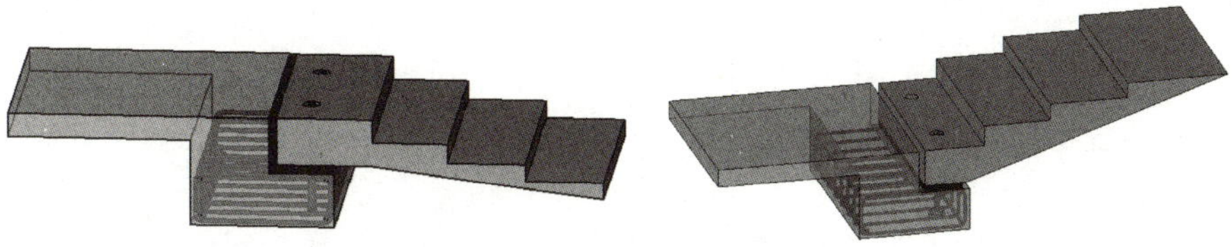

A. 高端支承为固定铰支座，低端支承为滑动铰支座

B. 高端支承为固定支座，低端支承为滑动支座

C. 高端支承和低端支承均为固定支座

D. 高端支承和低端支承均为固定铰支座

二、名词解释

1. 装配式钢筋混凝土楼梯

2. 板式楼梯层间平台

学生任务单（含课程评价）6.1

<table>
<tr><td rowspan="5">前期导入</td><td>任务名称</td><td colspan="6"></td></tr>
<tr><td>学生姓名</td><td colspan="3"></td><td>班级学号</td><td colspan="2"></td></tr>
<tr><td>同组成员</td><td colspan="6"></td></tr>
<tr><td>负责任务</td><td colspan="6"></td></tr>
<tr><td>完成日期</td><td colspan="3"></td><td>完成效果</td><td colspan="2">教师评价及签字</td></tr>
<tr><td rowspan="2">明确任务</td><td>任务目标</td><td colspan="6"></td></tr>
<tr><td>依据规范</td><td colspan="6">建议学生指明到条款</td></tr>
<tr><td rowspan="2">自学简述</td><td>课前布置</td><td colspan="6">主要根据老师的课前布置任务，说明自己学习了什么、浏览了什么资源、查阅了什么资料等</td></tr>
<tr><td>拓展学习</td><td colspan="6">主要说明除了老师布置的还自学了什么？查阅了什么资料等</td></tr>
<tr><td rowspan="2">任务实施</td><td rowspan="2">重点记录</td><td colspan="4" rowspan="2">主要记录完成任务过程中，用到的基本知识、公式、规范、方法和工具等</td><td colspan="2">成果提交</td></tr>
<tr><td colspan="2">可由教师提供相关二维码</td></tr>
<tr><td rowspan="3">学习反思</td><td>不足之处</td><td colspan="6"></td></tr>
<tr><td>待解问题</td><td colspan="6"></td></tr>
<tr><td>课后学习</td><td colspan="6"></td></tr>
<tr><td rowspan="5">过程评价</td><td rowspan="2">自我评价
（5分）</td><td>课前学习</td><td>时间观念</td><td>实施方法</td><td>职业素养</td><td>成果质量</td><td>分值</td></tr>
<tr><td></td><td></td><td></td><td></td><td></td><td></td></tr>
<tr><td rowspan="2">小组评价
（5分）</td><td>任务承担</td><td>时间观念</td><td>团队合作</td><td>能力素养</td><td>成果质量</td><td>分值</td></tr>
<tr><td></td><td></td><td></td><td></td><td></td><td></td></tr>
<tr><td>综合打分</td><td colspan="6">自我评价分值＋小组评价分值：</td></tr>
</table>

模块 7 Modular 07

剪力墙构造

学习目标

(1) 掌握预制混凝土剪力墙平法制图规则和注写方式。

(2) 掌握预制混凝土剪力墙标准构造详图中的钢筋构造。

(3) 掌握预制混凝土剪力墙后浇段的钢筋构造要求。

育人目标

培养学生精益求精的工匠精神，要有扎实的专业知识和技能，良好的职业素养，保持对工作的专注和坚定，具备严谨、认真的态度和高度的责任感。

建议课时：12 课时+课余时间。

建议教学形式：配套使用《22G101-1》《15G310-1～2》《15G107-1》图集和教材提供的数字资源。

思维导图

- 剪力墙构造
  - 装配式剪力墙制图规则与构造
    - 预制混凝土剪力墙平法施工图的表示方法
      - 预制混凝土剪力墙平面布置图的表示方法
      - 列表注写方式
      - 后浇段表示方法
    - 预制混凝土剪力墙编号规定
    - 预制混凝土剪力墙基本构造要求
  - 装配式剪力墙构造
    - 预制混凝土外墙板基本构造要求
    - 预制墙间的竖向接缝构造
      - 预制墙间的竖向接缝构造
      - 预制墙与现浇墙间的竖向接缝构造
      - 预制墙与后浇边缘暗柱间的竖向接缝构造
      - 预制墙与后浇端柱间的竖向接缝构造
      - 预制墙在转角墙处的竖向接缝构造
      - 预制墙在有翼墙处的竖向接缝构造
    - 预制墙水平接缝连接构造
      - 预制墙水平接缝连接构造
  - 装配式内墙板和后浇竖向钢筋构造
    - 预制混凝土内墙板基本构造要求
    - 后浇剪力墙竖向钢筋连接构造
      - 预制墙竖向钢筋顶部构造
      - 预制墙变截面处竖向分布钢筋构造
    - 连梁及楼(屋)面梁与预制墙连接构造
      - 预制连梁与墙后浇段的连接构造
      - 预制连梁与缺口墙的连接构造
      - 后浇连梁与预制墙连接构造
      - 预制连梁对接连接构造

任务点

1. 装配式剪力墙制图规则。
2. 装配式剪力墙构造。
3. 装配式内墙板和后浇竖向钢筋构造。

预制墙竖向接缝构造　　预制墙水平接缝构造

模块前测：思考

1. 预制混凝土剪力墙的基本构造要求有哪些？
2. 预制墙间的竖向接缝构造有哪几种类型？其具体的构造要求有哪些？
3. 预制墙间的水平接缝的连接有哪几种类型？其具体的构造要求有哪些？
4. 预制墙竖向钢筋的连接构造的要求是什么？

预习笔记（思政微课）

模块中测

7.1 装配式剪力墙制图规则

7.1.1 预制混凝土剪力墙平面布置图的表示方法

(1) 预制混凝土剪力墙平面布置图应按标准层绘制，内容包括：预制剪力墙、现浇混凝土墙体、后浇段、现浇梁、楼面梁、水平后浇段或圈梁等。

(2) 剪力墙平面布置图应按以下两条规定标注结构楼层标高表，并注明上部结构嵌固部位位置。

设计绘制预制混凝土结构施工图时，标高注写应满足以下要求：

1) 用表格或其他方式注明包括地下和地上各层的结构层楼（地）面标高、结构层高及相应的结构层号。

2) 其结构层楼面标高和结构层高在单项工程中必须统一，为方便施工，应将统一的结构楼面标高和结构层高分别放在墙、板等各类构件的施工图中。

这里需要特别说明一下：结构层楼面标高是指将建筑图中的各层地面和楼面标高值扣除建筑面层及垫层做法厚度后的标高，结构层号应与建筑层号一致。

(3) 在平面布置图中，应标注未居中承重墙体与轴线的定位，需标明预制混凝土剪力墙的门窗洞口、结构洞的尺寸和定位，还需标明预制混凝土剪力墙的装配方向。

(4) 在平面布置图中，还应标注水平后浇带或圈梁的位置。

1. 列表注写方式

为表达清楚、简便，装配式剪力墙墙体结构可视为由预制剪力墙、后浇段、现浇剪力墙身、现浇剪力墙柱、现浇剪力墙梁等构件构成。其中，现浇剪力墙身、现浇剪力墙柱和现浇剪力墙梁的注写方式应符合《22G101-1》图集的规定。

对应于预制剪力墙平面布置图上的编号，在预制墙板表中，选用标准图集中的预制剪力墙或引用施工图中自行设计的预制剪力墙；在后浇段表中，绘制截面配筋图并注写几何尺寸与配筋具体数值。

2. 后浇段表示方法

后浇段编号由后浇段类型代号和序号组成，表达形式应符合表7-1的规定。

后浇段编号　　表7-1

后浇段类型	代号	序号
约束边缘构件后浇段	YHJ	××
构造边缘构件后浇段	GHJ	××
非边缘构件后浇段	AHJ	××

注：在编号中，如若干后浇段的截面尺寸与配筋均相同，仅截面与轴线的关系不同时，可将其编为同一后浇段号；约束边缘构件后浇段包括有翼墙和转角墙两种（图7-1）；构造边缘构件后浇段包括构造边缘翼墙、构造边缘转角墙、边缘暗柱三种（图7-2）；非边缘构件后浇段（图7-3）。

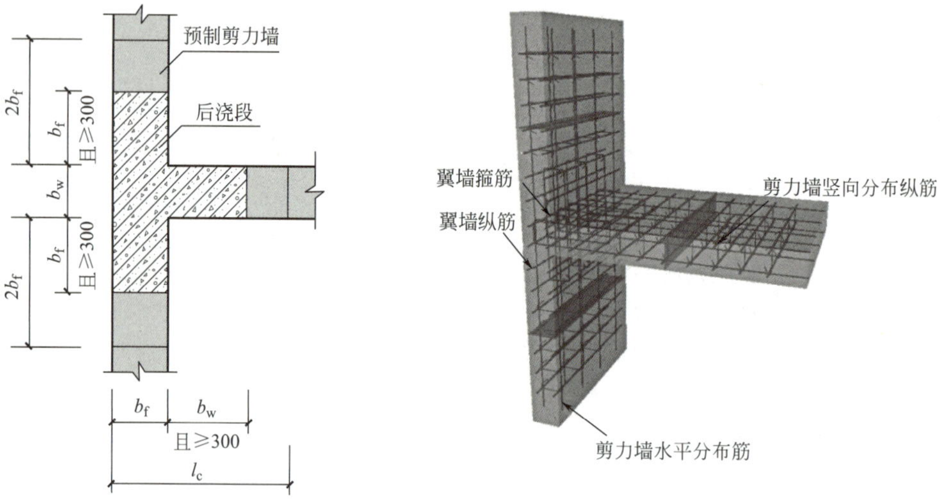

(a)

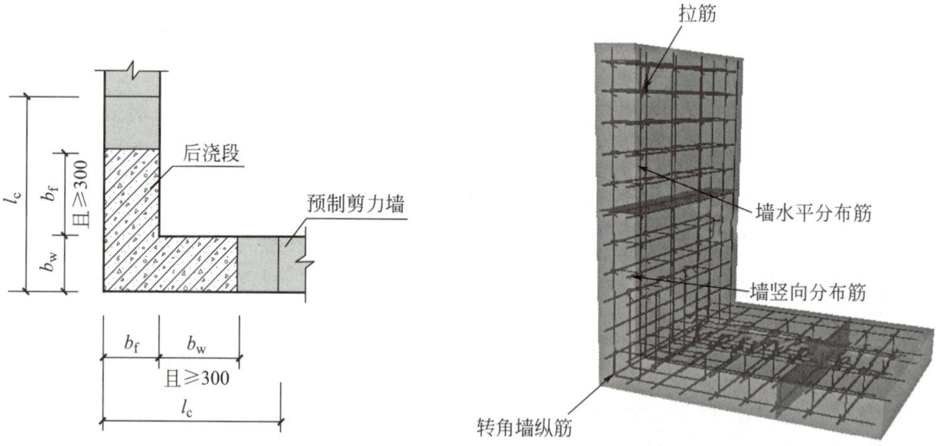

(b)

图 7-1 约束边缘构件后浇段示意图

(a) 有翼墙；(b) 转角墙

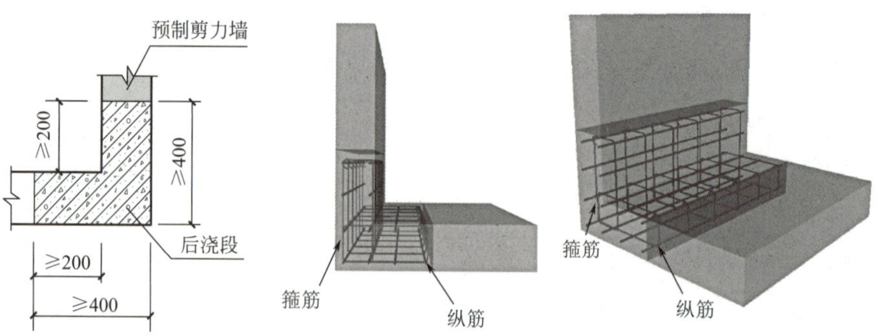

(a)

图 7-2 构造边缘构件后浇段示意图（一）

(a) 转角墙

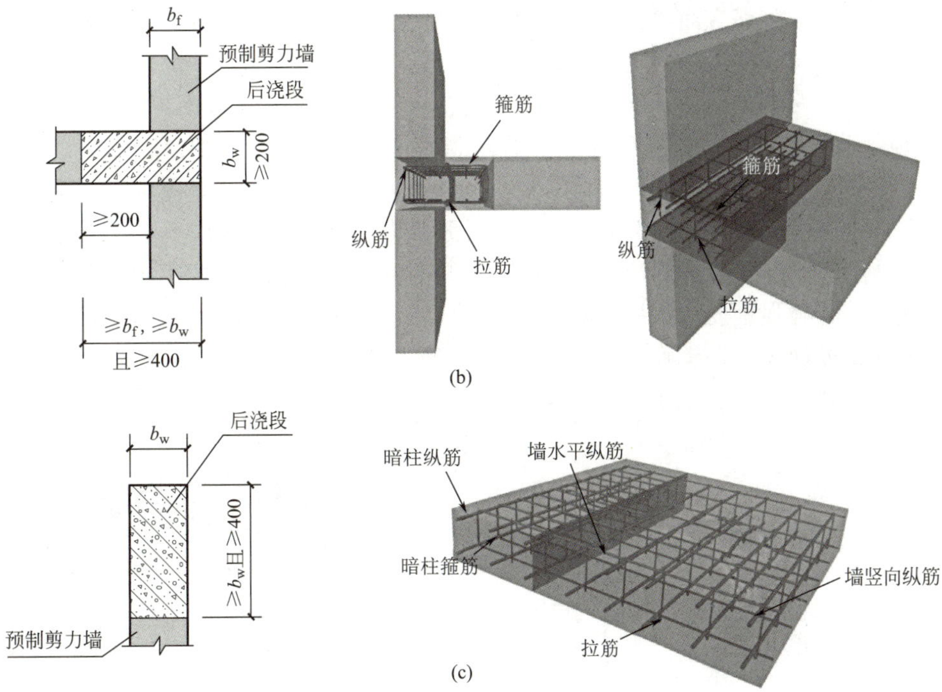

图 7-2　构造边缘构件后浇段示意图（二）

（b）有翼墙；（c）边缘暗柱

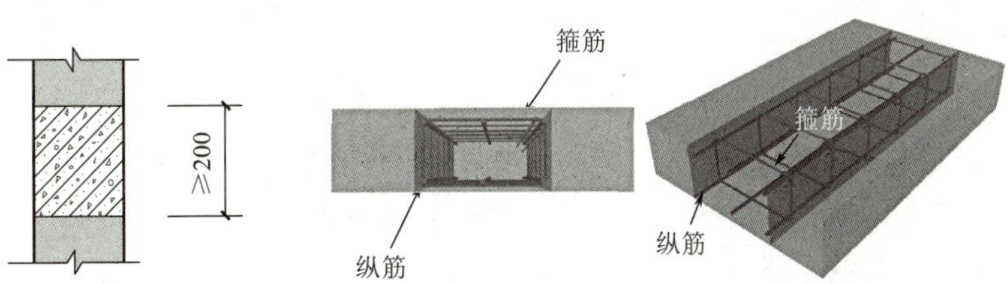

图 7-3　非边缘构件后浇段示意图

7.1.2　预制混凝土剪力墙编号规则

预制混凝土编号由墙板代号、序号组成，表达形式应符合表 7-2 的规定。

预制混凝土剪力墙编号　　　　表 7-2

预制墙板类型	代号	序号
预制外墙	YWQ	××
预制内墙	YNQ	××

注：1. 在编号中，如若干预制混凝土剪力墙的模板、配筋、各类预埋件完全一致，仅墙厚与轴线的关系不同，也可将其编为同一预制混凝土剪力墙编号，但应在图中注明与轴线的几何关系。

2. 序号可为数字，或数字加字母。

7.1.3　预制混凝土剪力墙基本构造要求

1. 装配整体式剪力墙结构的布置应满足下列要求：

（1）应沿两个方向布置剪力墙；

(2）剪力墙的截面宜简单、规则；预制墙的门窗洞口宜上下对齐、成列布置。

2. 预制剪力墙宜采用一字形，也可采用 L 形、T 形或 U 形；开洞预制剪力墙洞口宜居中布置，洞口两侧的墙肢宽度不应小于 200mm，洞口上方连梁高度不宜小于 250mm。

3. 预制剪力墙的连梁不宜开洞；当需开洞时，洞口宜预埋套管，洞口上、下截面的有效高度不宜小于梁高的 1/3，且不宜小于 200mm；被洞口削弱的连梁截面应进行承载力验算，洞口处应配置补强纵向钢筋和箍筋，补强纵向钢筋的直径不应小于 12mm。

4. 预制剪力墙开有边长小于 800mm 的洞口且在结构整体计算中不考虑其影响时，应沿洞口周边配置补强钢筋；补强钢筋的直径不应小于 12mm，截面面积不应小于同方向被洞口截断的钢筋面积；该钢筋自孔洞边角算起伸入墙内的长度，非抗震设计时不应小于 l_a，抗震设计时不应小于 l_{aE}。如图 7-4 所示。

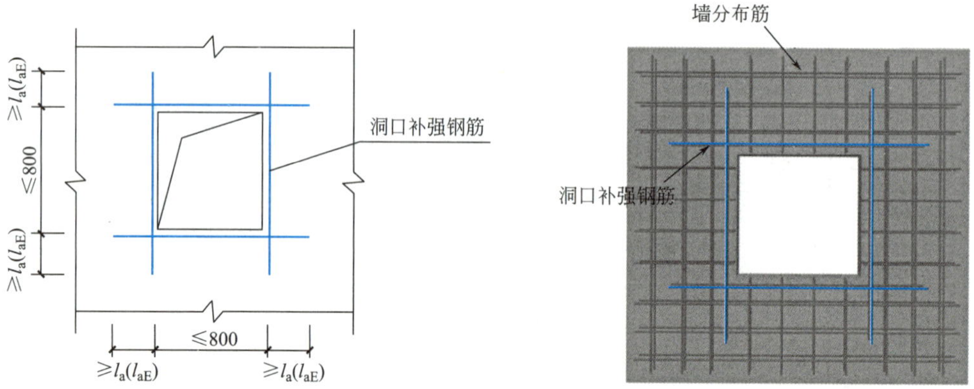

图 7-4 预制剪力墙洞口补强钢筋配置示意图

5. 当采用套筒灌浆连接时，自套筒底部至套筒顶部并向上延伸 300mm 范围内，预制剪力墙的水平分布筋应加密（图 7-5），加密区水平分布筋的最大间距及最小直径应符合表 7-3 的规定，套筒上端第一道水平分布钢筋距离套筒顶部不应大于 50mm。

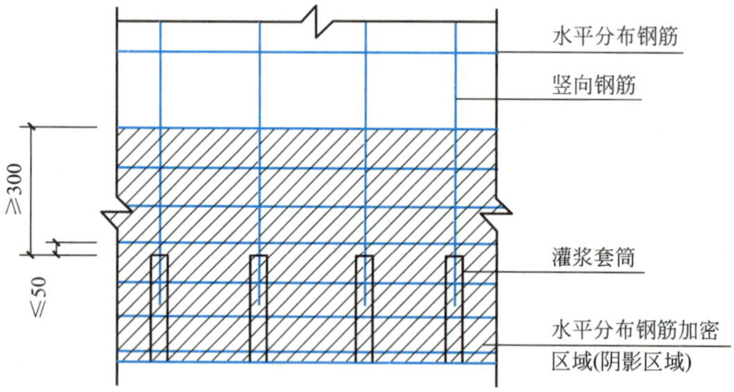

图 7-5 钢筋套筒灌浆连接部位水平分布钢筋的加密构造示意图

加密区水平分布钢筋的要求（单位：mm） 表 7-3

抗震等级	最大间距	最小直径
一、二级	100	8
三、四级	150	8

6. 当采用浆锚搭接连接时，应符合以下规定：

(1) 墙体底部预留灌浆孔道直线段长度应大于下层预制剪力墙连接钢筋伸入孔道内的长度30m，孔道上部应根据灌浆要求设置合理弧度。孔道直径不宜小于40mm和2.5d（d为伸入孔道的连接钢筋直径）的较大值，孔道之间的水平净间距不宜小于50mm；孔道外壁至剪力墙外表面的净间距不宜小于30mm。当采用预埋金属波纹管成孔时，金属波纹管的钢带厚度不宜小于0.3mm，波纹高度不应小于2.5mm；当采用其他成孔方式时，应对不同预留成孔工艺、孔道形状、孔道内壁的粗糙度或花纹深度及间距等形成的连接接头进行力学性能以及适用性的试验验证。

(2) 竖向钢筋连接长度范围内的水平分布钢筋应加密，加密范围自剪力墙底部至预留灌浆孔道顶部（图7-6），且不应小于300mm。加密区水平分布钢筋的最大间距及最小直径应符合表7-3的规定，最下层水平分布钢筋距离墙身底部不应大于50mm。剪力墙竖向分布钢筋连接长度范围内未采取有效横向约束措施时，水平分布钢筋加密范围内的拉筋应加密；拉筋沿竖向的间距不宜大于300mm且不少于2排；拉筋沿水平方向的间距，不宜大于竖向分布钢筋间距，直径不应小于6mm；拉筋应紧靠被连接钢筋，并钩住最外层分布钢筋。

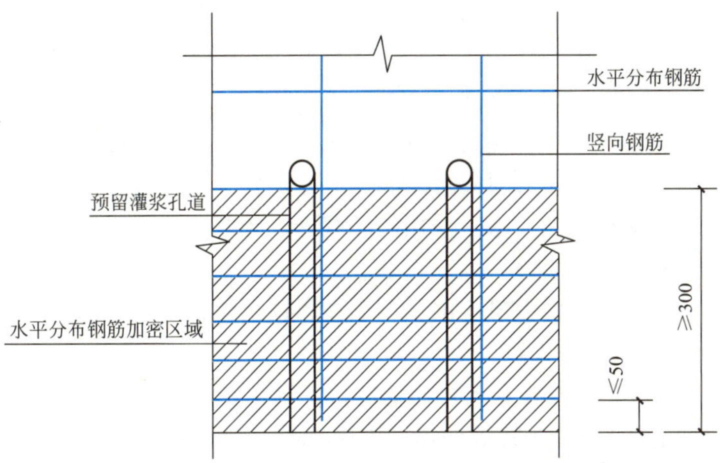

图7-6　钢筋浆锚搭接连接部位水平分布钢筋加密构造示意图

(3) 边缘构件竖向钢筋连接长度范围内应采取加密水平封闭箍筋的横向约束措施或其他可靠措施。当采用加密水平封闭箍筋约束时，应沿预留孔道直线段全高加密。箍筋沿竖向的间距，一级不应大于75mm，二、三级不应大于100mm，四级不应大于150mm；箍筋沿水平方向的肢距不应大于竖向钢筋间距，且不宜大于200mm；箍筋直径一、二级不应小于10mm，三、四级不应小于8mm，宜采用焊接封闭箍筋。如图7-7所示。

7. 端部无边缘构件的预制剪力墙，宜在端部配置2根直径不小于12mm的竖向构造钢筋；应沿该钢筋竖向配置拉筋，拉筋直径不宜小于6mm，间距不宜大于250mm。

8. 当预制外墙采用夹芯墙板时，应满足下列要求：

1）外叶墙板厚度不应小于50mm，且外叶墙板应与内叶墙板可靠连接；

2）夹芯外墙板的夹层厚度不宜大于120mm；

3）当作为承重墙时，内叶墙板应按剪力墙进行设计。

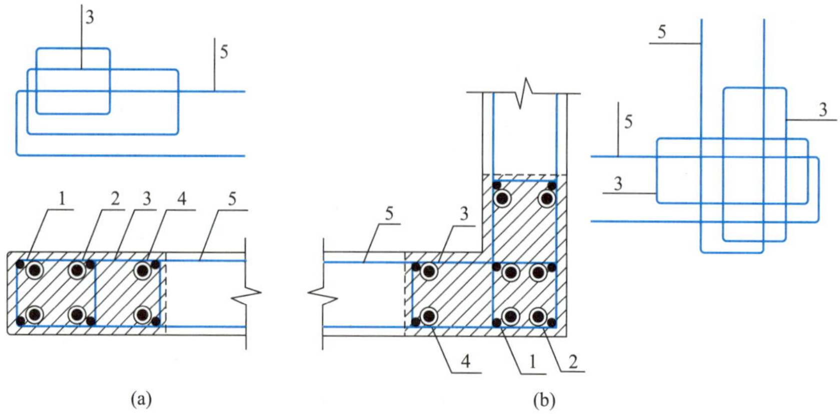

图 7-7　钢筋浆锚搭接连接长度范围内加密水平封闭箍筋约束构造示意图

1—上层预制剪力墙边缘构件竖向钢筋；2—下层预制剪力墙边缘构件竖向钢筋；
3—封闭箍筋；4—预留灌浆孔道；5—水平分布钢筋
(a) 暗柱；(b) 转角墙

7.2　装配式剪力墙构造

7.2.1　预制混凝土外墙板基本构造要求

预制混凝土外墙板中承重内叶墙板厚度为 200mm、外叶墙板厚度为 60mm、中间夹芯保温层厚度 t 为 30～100mm。预制混凝土外墙板中保温材料采用挤塑聚苯板（XPS），其应满足国家现行有关标准的要求。采用的灌浆套筒和套筒灌浆料应符合国家现行有关标准的规定。

预制混凝土外墙板与后浇混凝土的结合面按粗糙面设计，粗糙面的凹凸深度不应小于 6mm，预制墙板侧面也可按图 7-8 所示设置键槽。

预制混凝土外墙板与后浇混凝土相连的部位，通常在内叶墙板预留凹槽 30mm×5mm，既保障预制混凝土与后浇混凝土接缝外观平整度，同时也能够防止后浇混凝土漏浆。

7.2.2　预制墙间的竖向接缝构造

1. 预制墙间的竖向接缝构造（无附加连接钢筋）

预制墙间的竖向接缝构造适用于剪力墙非边缘构件部分。竖向接缝构造常用的连接方法有预留直线钢筋搭接、预留弯钩钢筋连接、预留 U 形钢筋连接、预留半圆形钢筋连接 4 种形式。后浇段的宽度不应小于墙厚且不宜小于 200mm；后浇段内应设置不少于 4 根竖向钢筋，钢筋直径不应小于墙体竖向分布钢筋直径且不应小于 8mm，后浇段宽度 L_g、竖向分布钢筋 A_s 及半圆形钢筋中心弯弧直径 $D_{l_{ap}}$ 由设计标注。其构造要求如图 7-9 所示。

2. 预制墙间的竖向接缝构造（有附加连接钢筋）

预制墙间的竖向接缝构造适用于剪力墙非边缘构件部分。竖向接缝构造常用的连接方法有附加封闭连接钢筋与预留 U 形钢筋连接、附加封闭连接钢筋与预留弯钩钢筋连接、附加弯钩连接钢筋与预留 U 形钢筋连接、附加弯钩连接钢筋与预留弯钩钢筋连接、附加长圆环连接钢筋与预留半圆形钢筋连接 5 种形式。后浇段宽度 L_g、竖向分布钢筋 A_s、附

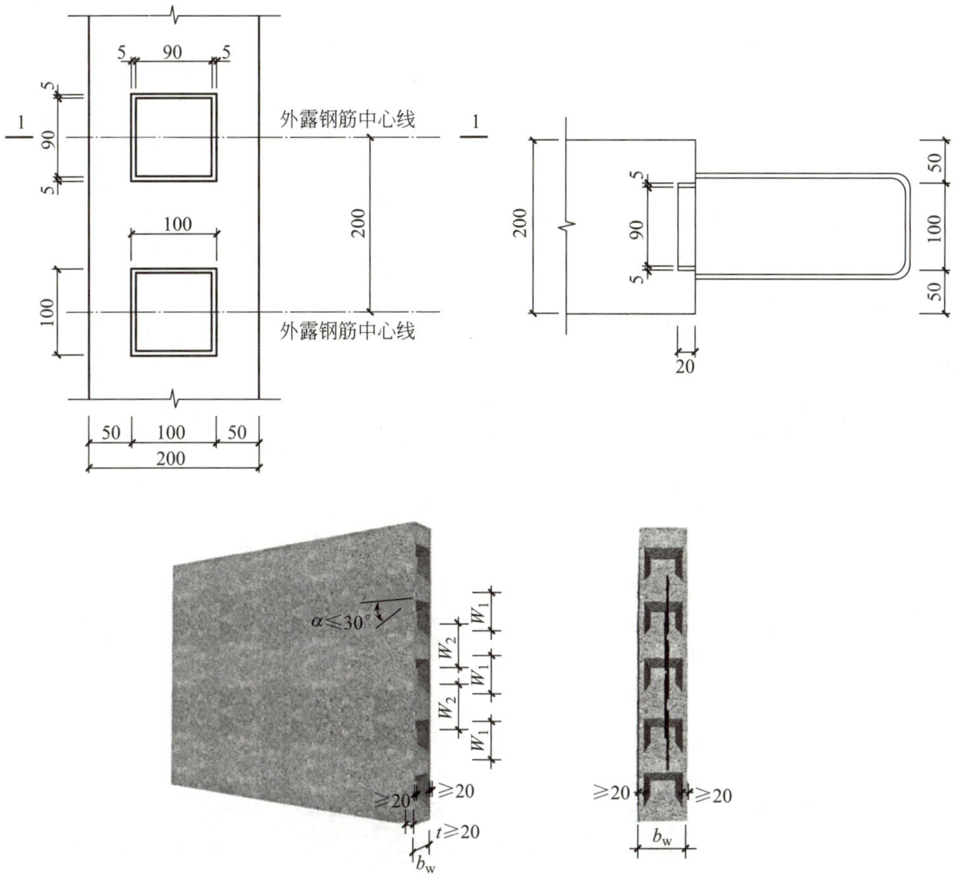

图 7-8　预制外墙板两侧键槽示意图

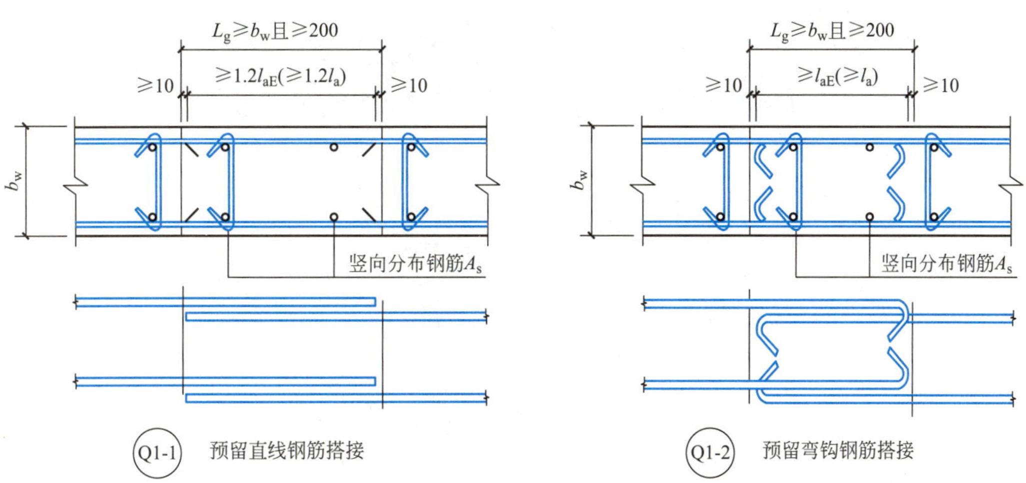

图 7-9　预制墙间的竖向接缝构造示意图（无附加连接钢筋）（一）

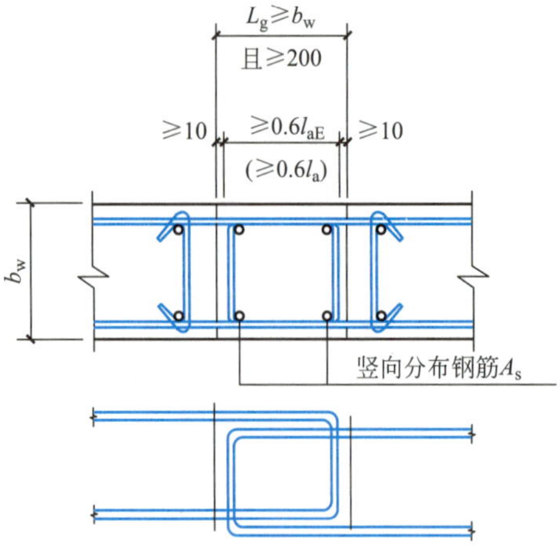

Q1-3 预留U形钢筋搭接

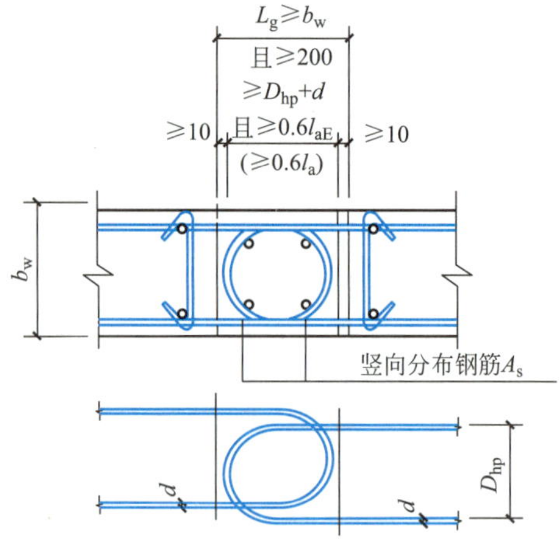

Q1-4 预留半圆形钢筋搭接

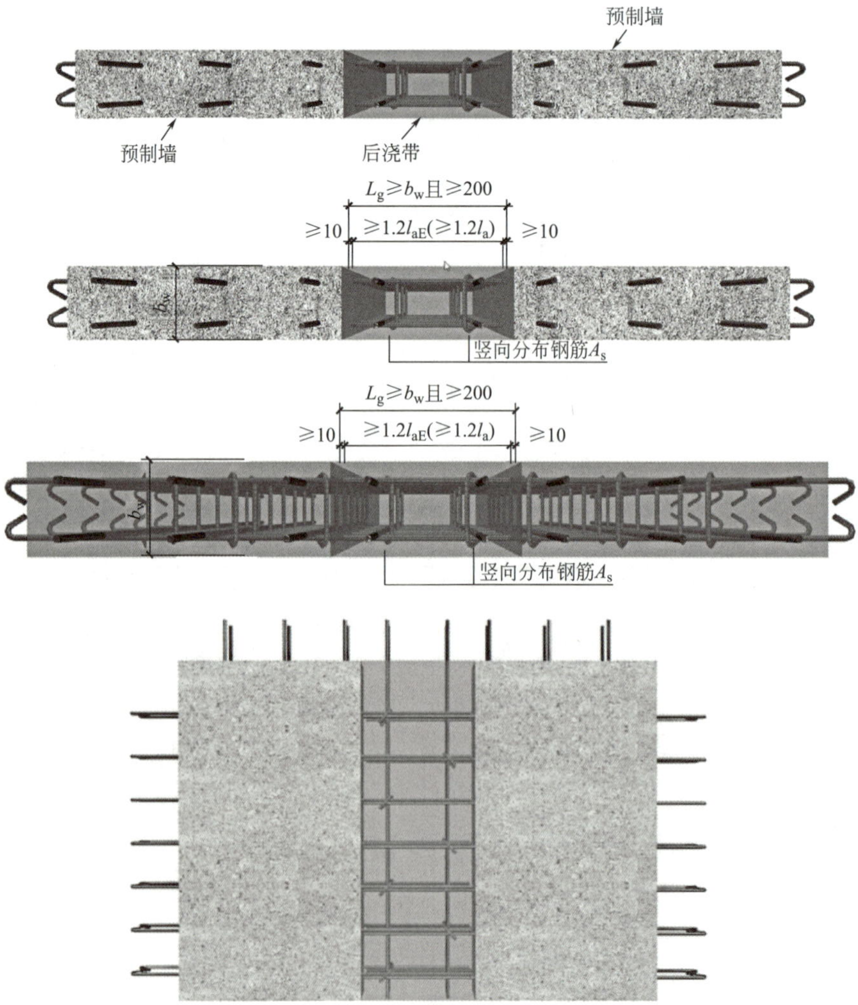

图 7-9 预制墙间的竖向接缝构造示意图（无附加连接钢筋）（二）

加连接钢筋 A_{sd} 及半圆形钢筋中心弯弧直径 D_{hp} 由设计标注。其构造要求如图 7-10 所示。

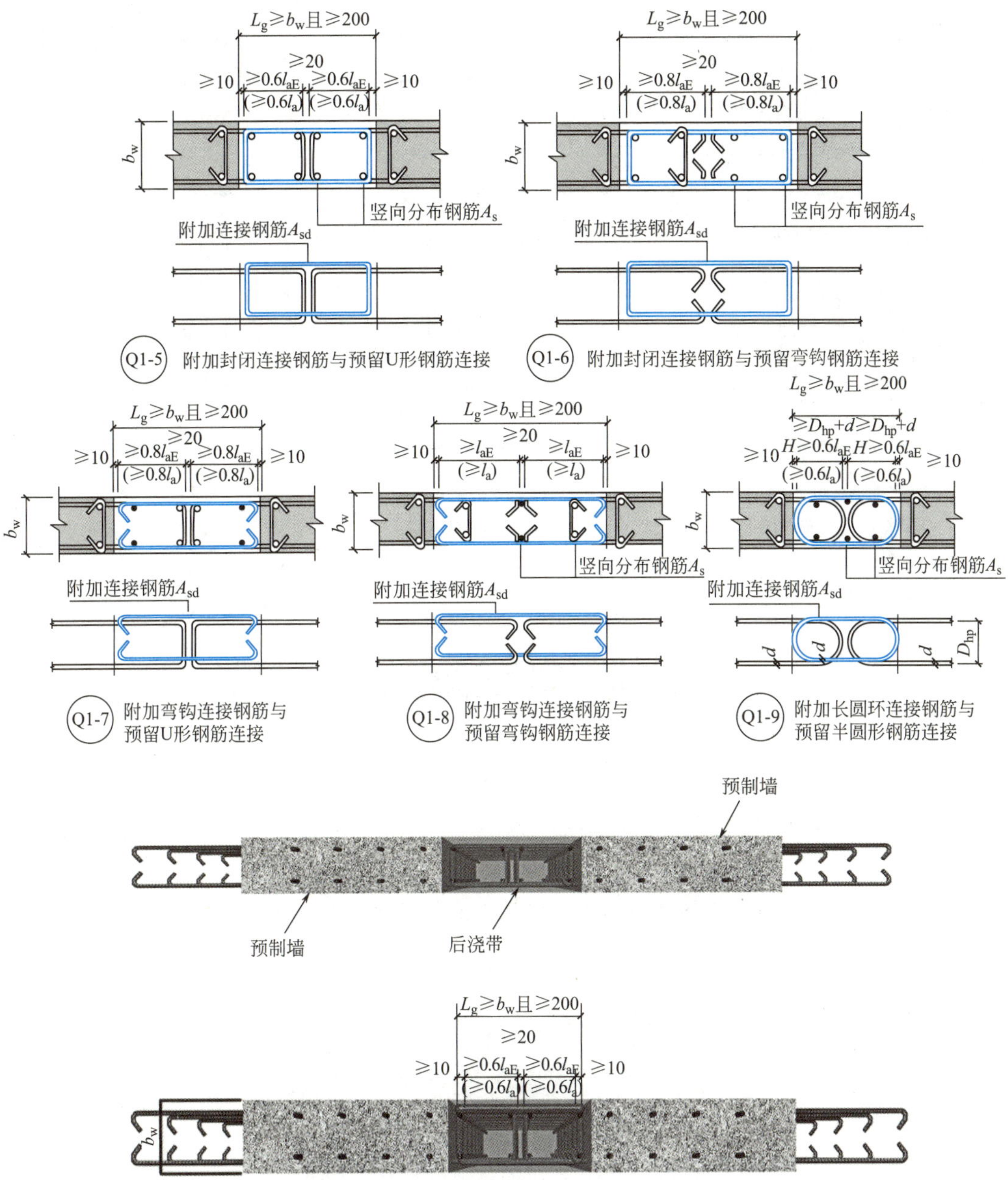

图 7-10　预制墙间的竖向接缝构造示意图（有附加连接钢筋）

3. 预制墙与现浇墙间的竖向接缝构造

预制墙与现浇墙间的竖向接缝构造适用于剪力墙非边缘构件部分。竖向接缝构造常用的连接方法有直线钢筋搭接、U 形钢筋连接、U 形钢筋与预留弯钩钢筋连接、弯钩钢筋与预留 U 形钢筋连接、弯钩钢筋连接、半圆形钢筋连接 6 种形式。其构造要求如图 7-11 所示。

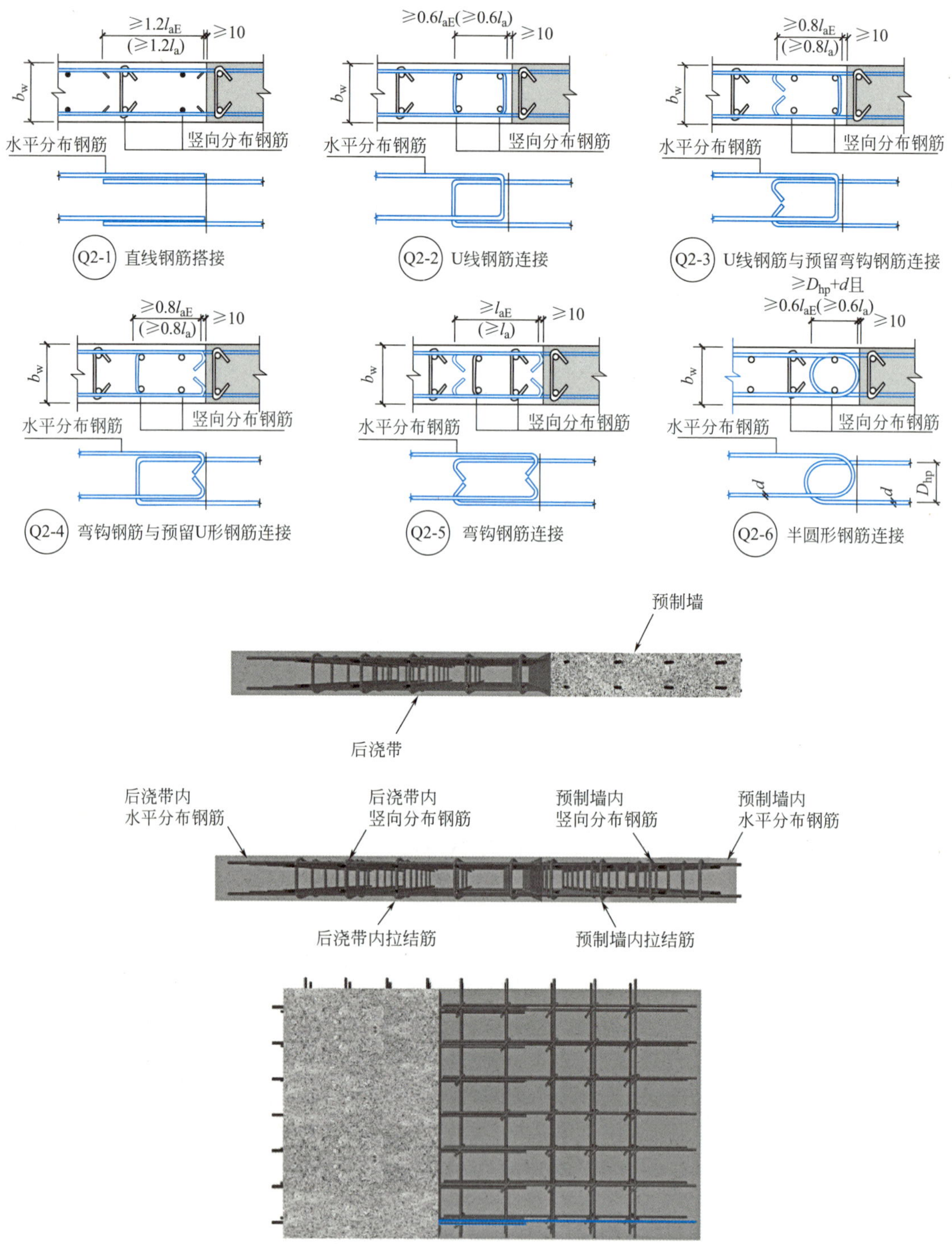

图 7-11 预制墙与现浇墙间的竖向接缝构造示意图

4. 预制墙与后浇边缘暗柱间的竖向接缝构造（图 7-12）

5. 预制墙与后浇端柱间的竖向接缝构造（构造边缘端柱）预制墙竖向接缝构造（图 7-13）

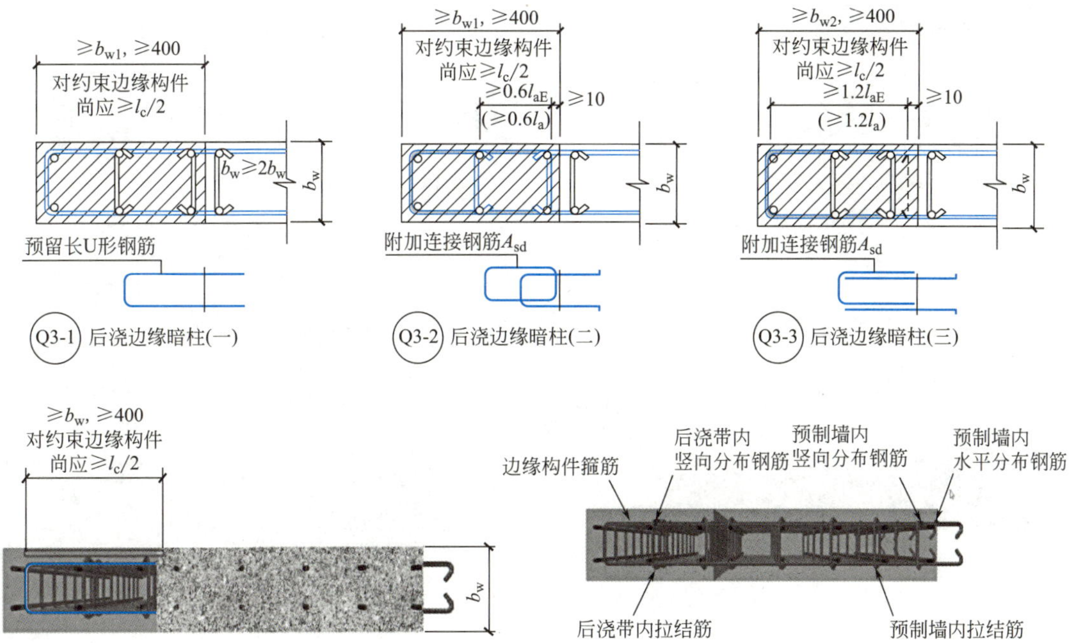

图 7-12　后浇边缘暗柱构造示意图

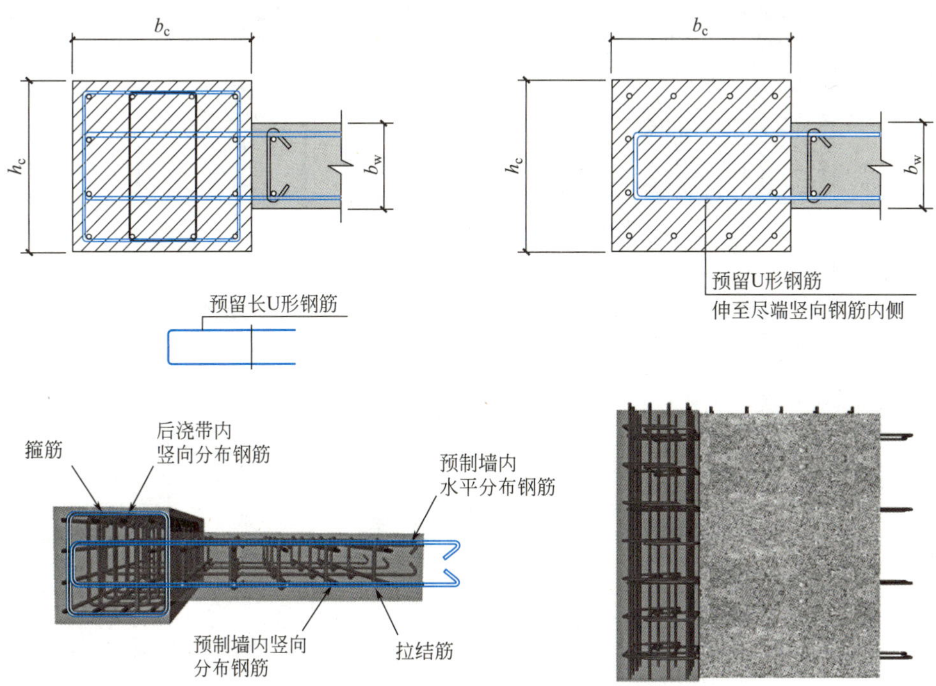

图 7-13　构造边缘端柱构造示意图

6. 预制墙与后浇端柱间的竖向接缝构造（约束边缘端柱）预制墙竖向接缝构造（图 7-14）

7. 预制墙在转角墙处的竖向接缝构造（构造边缘转角墙）（图 7-15）

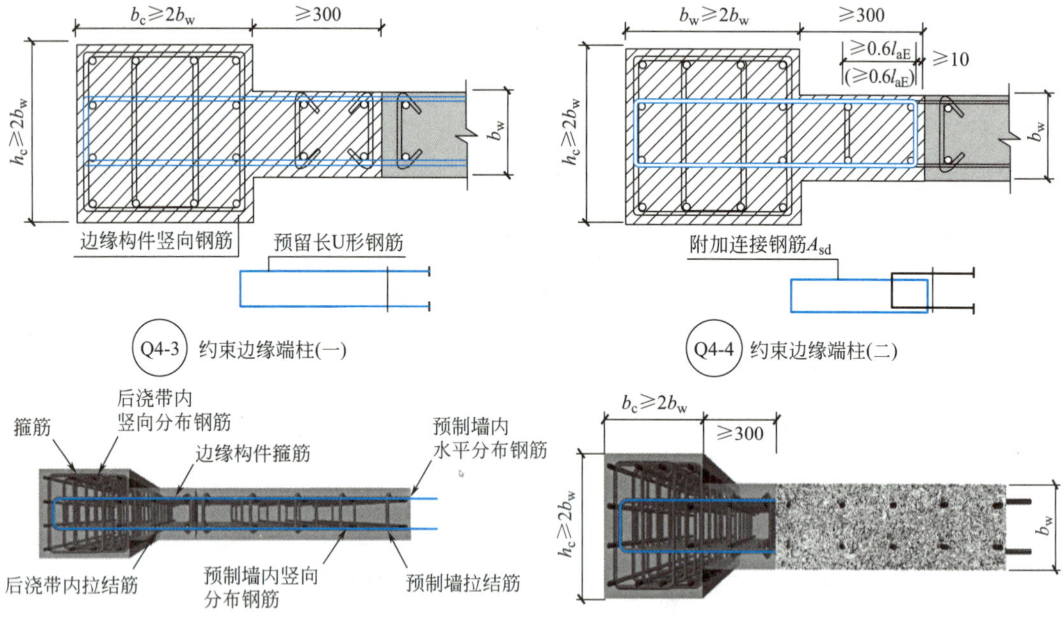

图 7-14　约束边缘端柱构造示意图

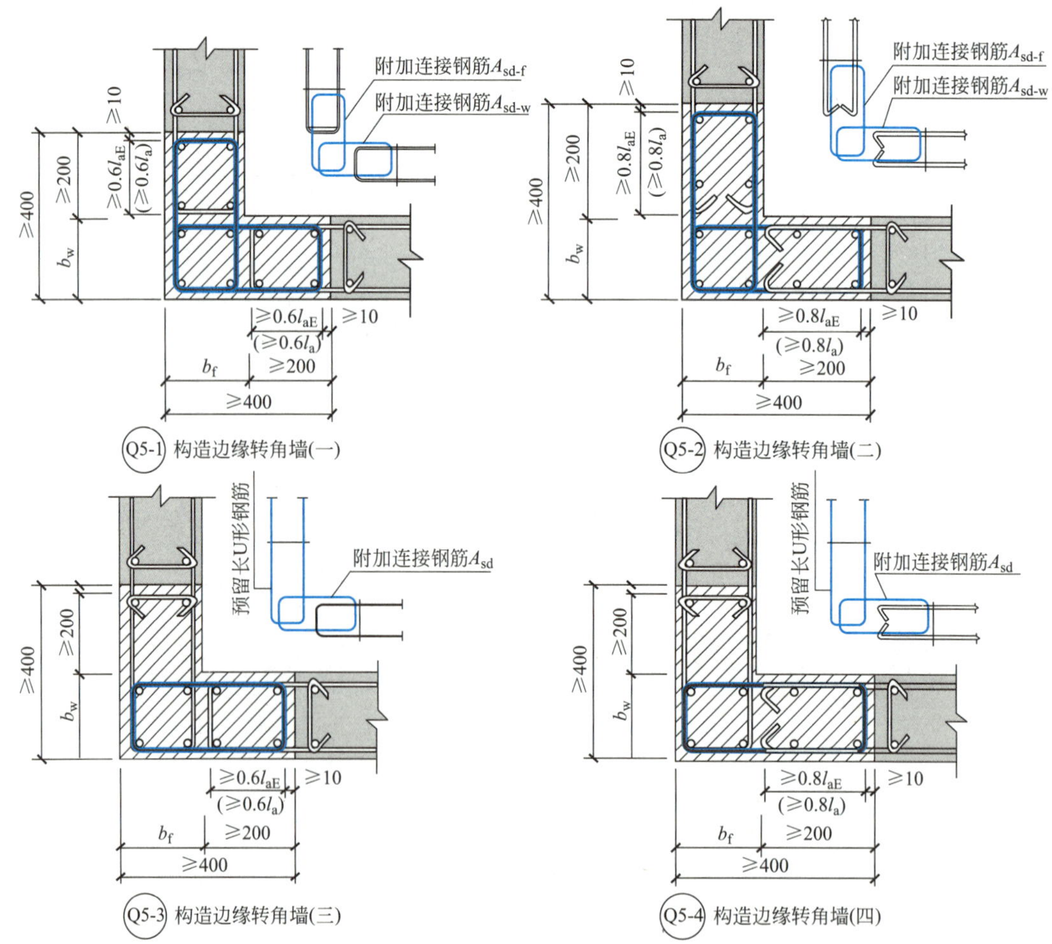

图 7-15　预制墙在转角墙处的竖向接缝构造（构造边缘转角墙）示意图（一）

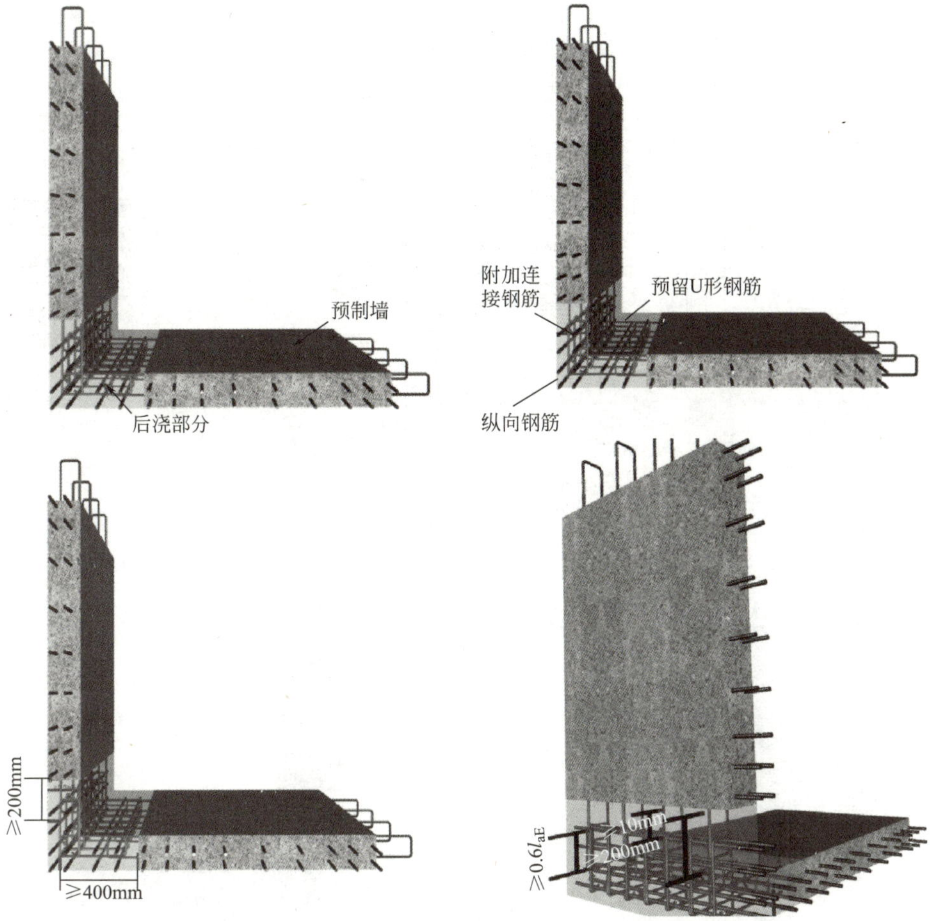

图 7-15　预制墙在转角墙处的竖向接缝构造（构造边缘转角墙）示意图（二）

8. 预制墙在转角墙处的竖向接缝构造（约束边缘转角墙）（图 7-16）

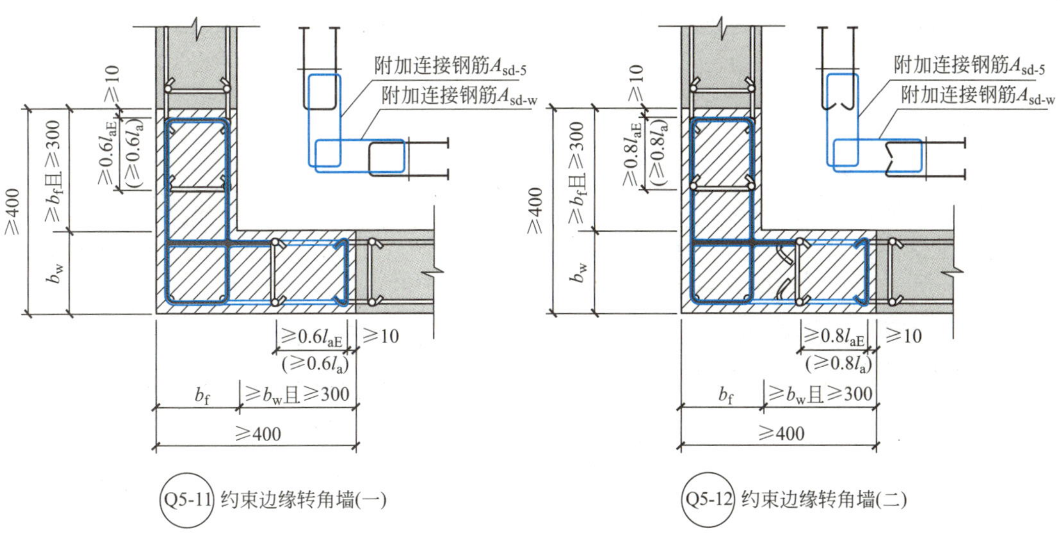

图 7-16　预制墙在转角墙处的竖向接缝构造（约束边缘转角墙）示意图（一）

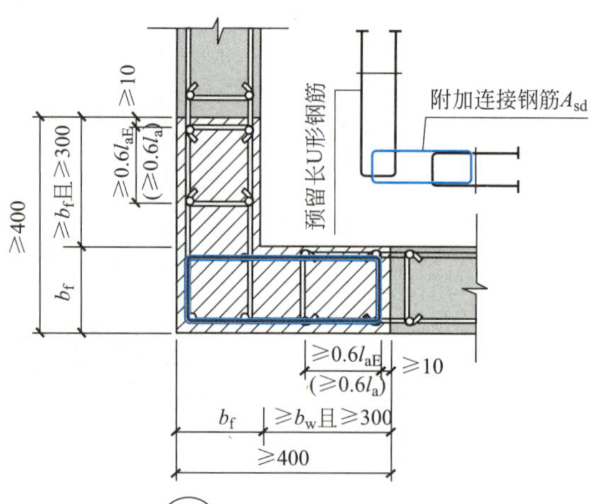

Q5-13 约束边缘转角墙(三)

（Q5-11）预制墙竖向接缝构造

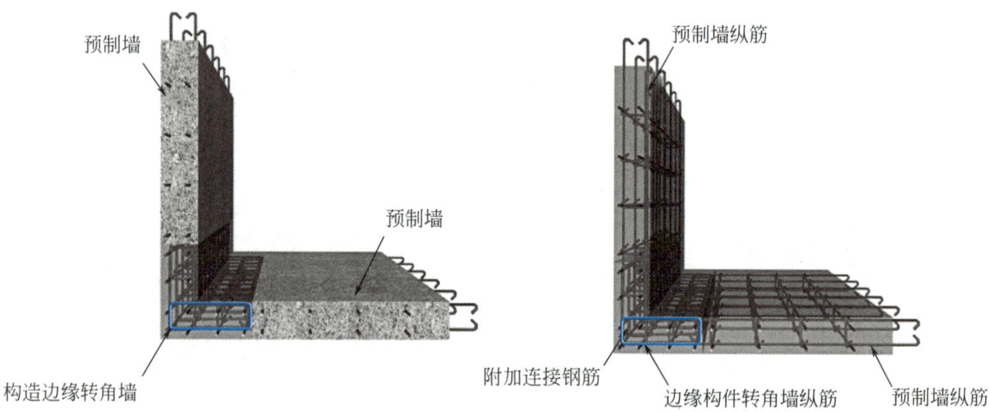

图 7-16　预制墙在转角墙处的竖向接缝构造（约束边缘转角墙）示意图（二）

9. 预制墙在有翼墙处的竖向接缝构造（构造边缘翼墙）（图 7-17）

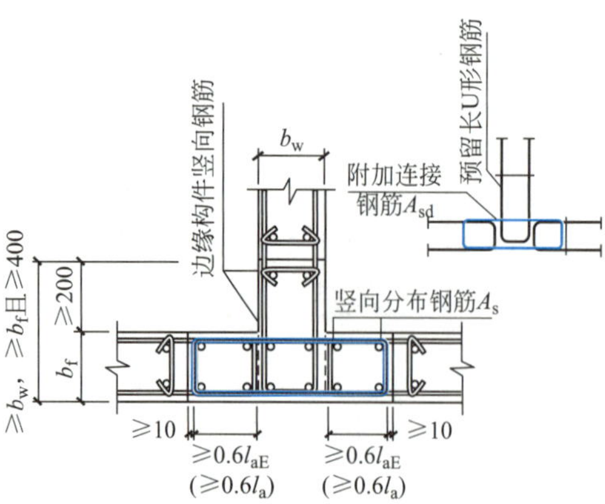

Q6-1 构造边缘翼墙(一)

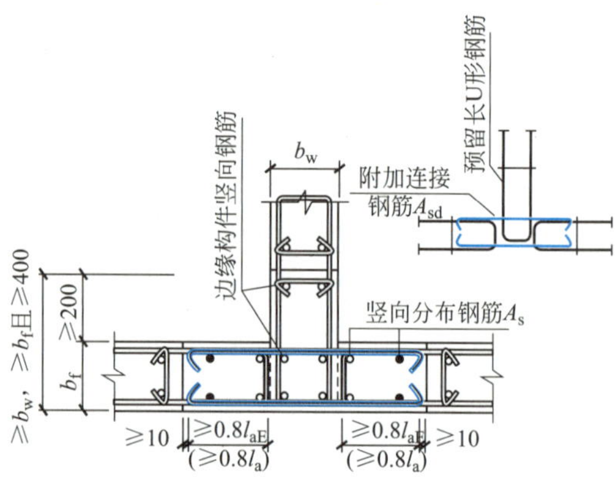

Q6-2 构造边缘翼墙(二)

图 7-17　预制墙在有翼墙处的竖向接缝构造（构造边缘翼墙）示意图（一）

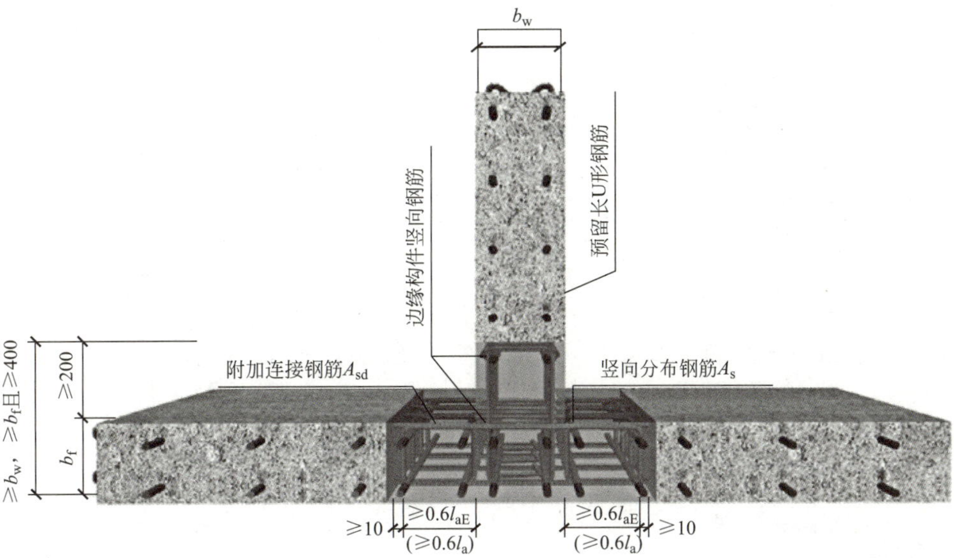

（Q6-1）预制墙竖向接缝构造

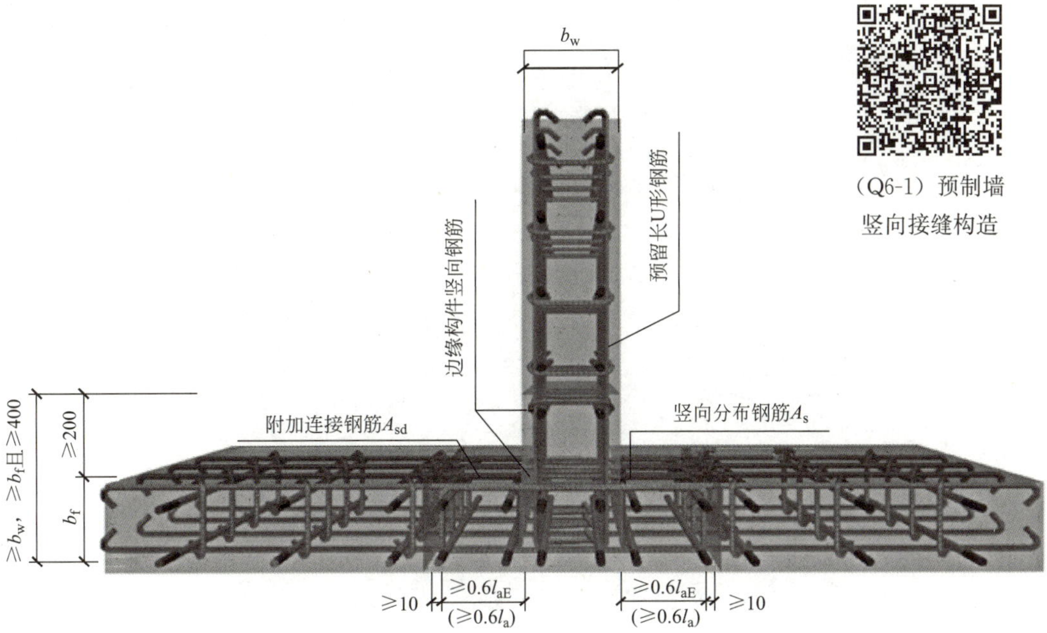

图 7-17　预制墙在有翼墙处的竖向接缝构造（构造边缘翼墙）示意图（二）

7.2.3　预制墙水平接缝连接构造

预制墙水平接缝连接构造有预制墙边缘构件的竖向钢筋连接构造（钢筋套筒灌浆连接）、预制墙竖向分布钢筋逐根连接（钢筋套筒灌浆连接）、预制墙竖向分布钢筋部分连接（钢筋套筒灌浆连接，连接的钢筋通长）和抗剪用连接钢筋构造 4 种形式，其构造要求如图 7-18 所示。其中，抗剪用连接钢筋构造做法适用于连接钢筋仅作为抗剪用，且应经设计验算后使用。灌浆料填实距楼层标高的高度为 20mm。节点 Q8-2 中，同侧灌浆套筒之间的间距不大于 300mm；节点 Q8-3 中，同侧灌浆套筒之间的间距不大于 600mm；节点 Q8-4 中，金属波纹管浆锚之间的间距不大于 600mm。

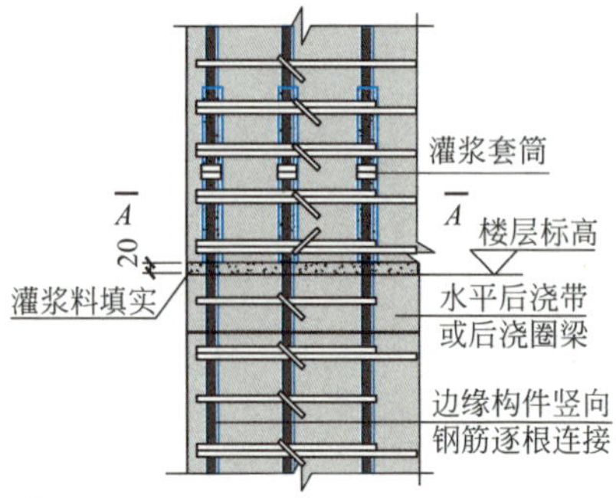

Q8-1 预制墙边缘构件的竖向钢筋连接构造
(钢筋套筒灌浆连接)

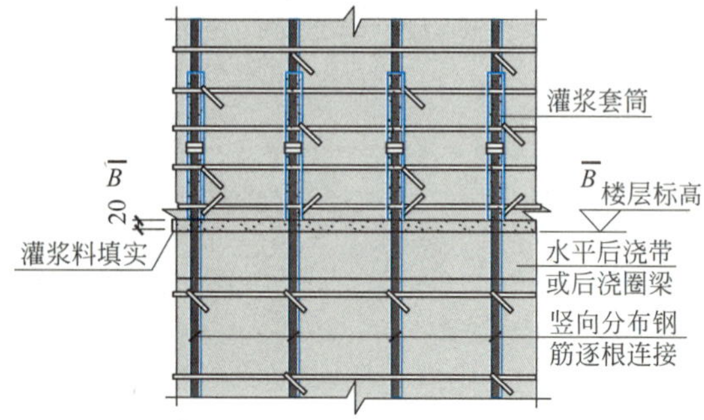

Q8-2 预制墙竖向分布钢筋逐根连接
(钢筋套筒灌浆连接)

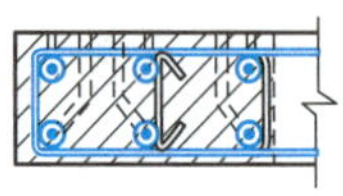

A—A

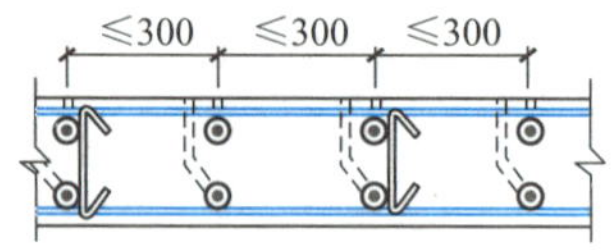

B—B

（Q8-1）预制墙水平接缝构造

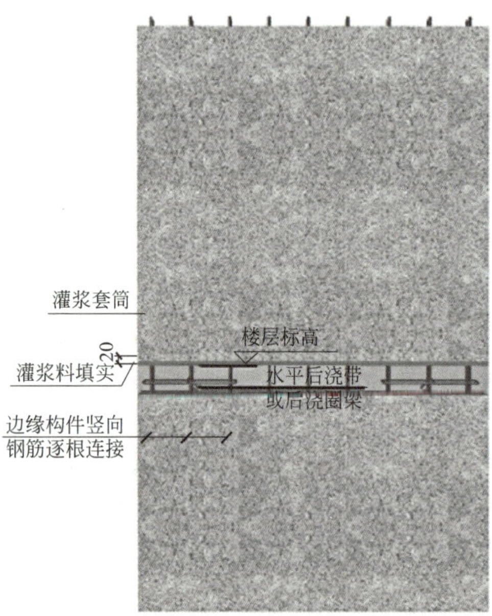

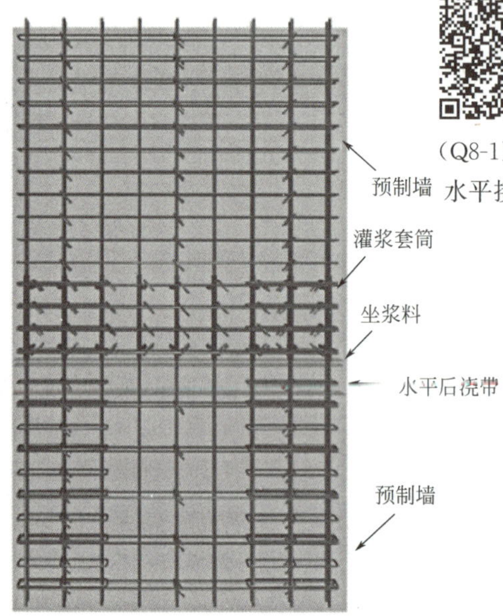

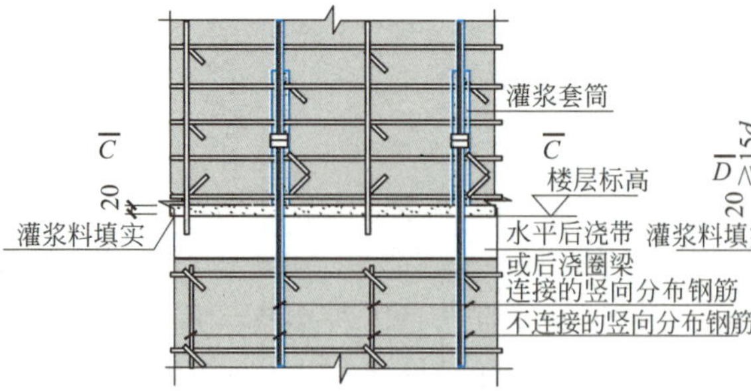

Q8-3 预制墙竖向分布钢筋部分连接
(钢筋套筒灌浆连接，连接的钢筋通长)

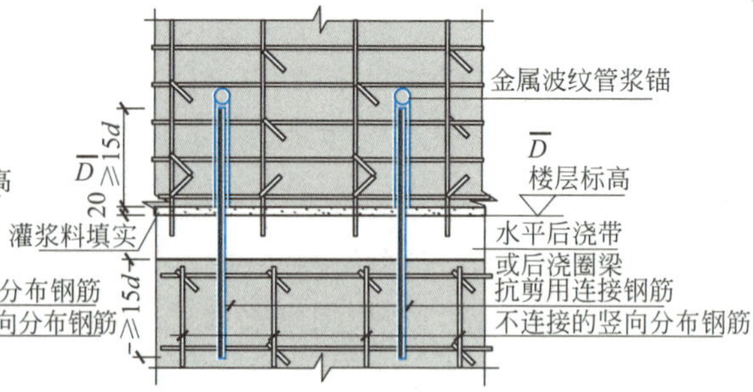

Q8-4 抗剪用连接钢筋构造

图 7-18 预制墙水平接缝连接构造示意图（一）

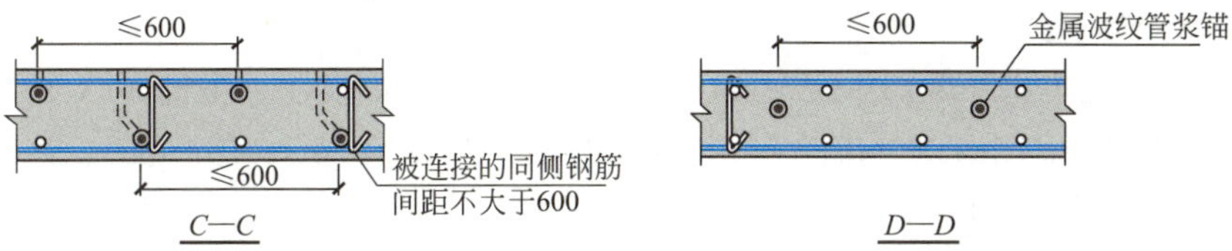

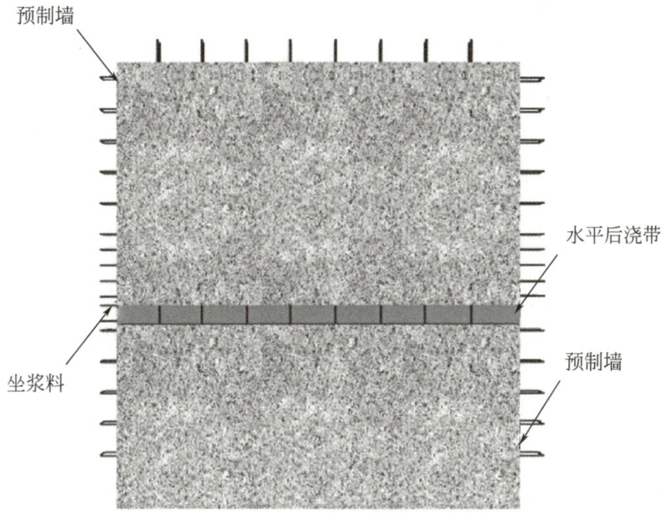

（Q8-3）预制墙水平接缝构造

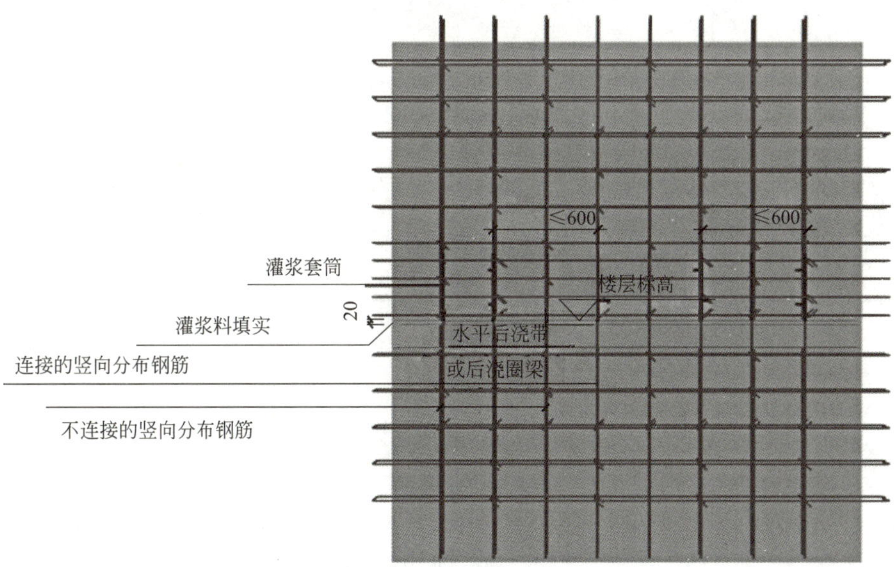

图 7-18　预制墙水平接缝连接构造示意图（二）

7.3　装配式内墙板和后浇竖向钢筋构造

7.3.1　预制混凝土内墙板基本构造要求

预制混凝土内墙板的厚度为 200mm。采用的灌浆套筒和套筒灌浆料应符合国家现行有关标准的规定。

预制混凝土内墙板与后浇混凝土的结合面按粗糙面设计，粗糙面的凹凸深度不应小于6mm，预制墙板侧面也可按图 7-19 所示设置键槽。

预制混凝土内墙板与后浇混凝土相连的部位，通常在墙板两侧预留凹槽 30mm×5mm，既保障预制混凝土与后浇混凝土接缝外观平整度，同时也能够防止后浇混凝土漏浆。

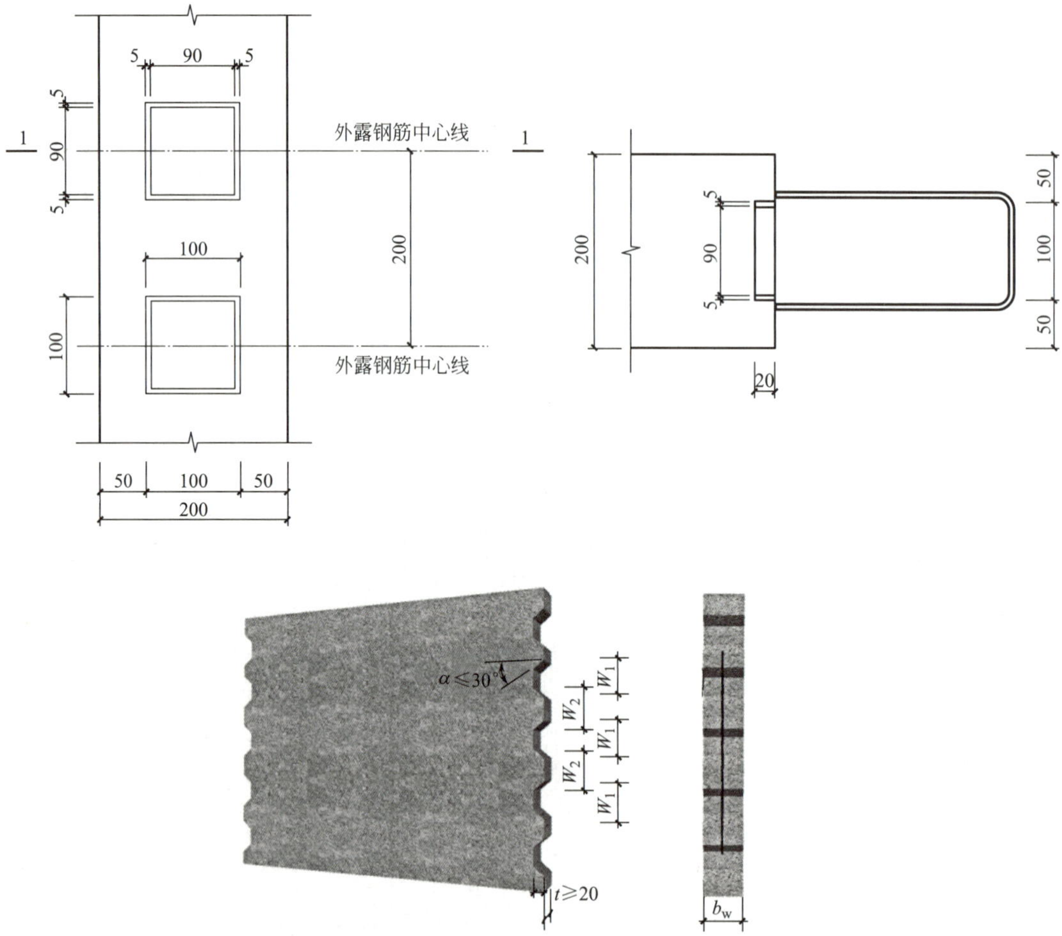

图 7-19　预制内墙板两侧键槽示意图

7.3.2　后浇剪力墙竖向钢筋连接构造

1. 预制墙竖向钢筋顶部构造

预制墙竖向钢筋顶部构造要求如图 7-20 所示。无论是中间节点还是端部节点，预制墙的竖向钢筋应伸入水平后浇带或后浇圈梁的顶部并弯折，弯折的水平长度应≥12d。

2. 预制墙变截面处竖向分布钢筋构造

预制墙变截面处竖向分布钢筋构造要求如图 7-21 所示。在变截面处，下层预制墙的竖向钢筋伸入水平后浇带或后浇圈梁的顶部并向内弯折，弯折的水平长度应≥12d；上层预制墙的竖向钢筋应垂直锚入下层预制墙内，直锚长度应≥1.2l_{aE}（≥1.2l_a）。

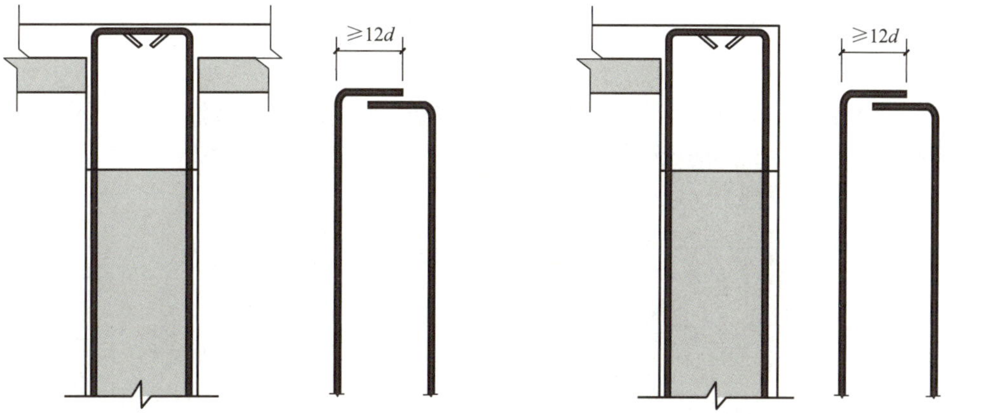

图 7-20　预制墙竖向钢筋顶部构造示意图

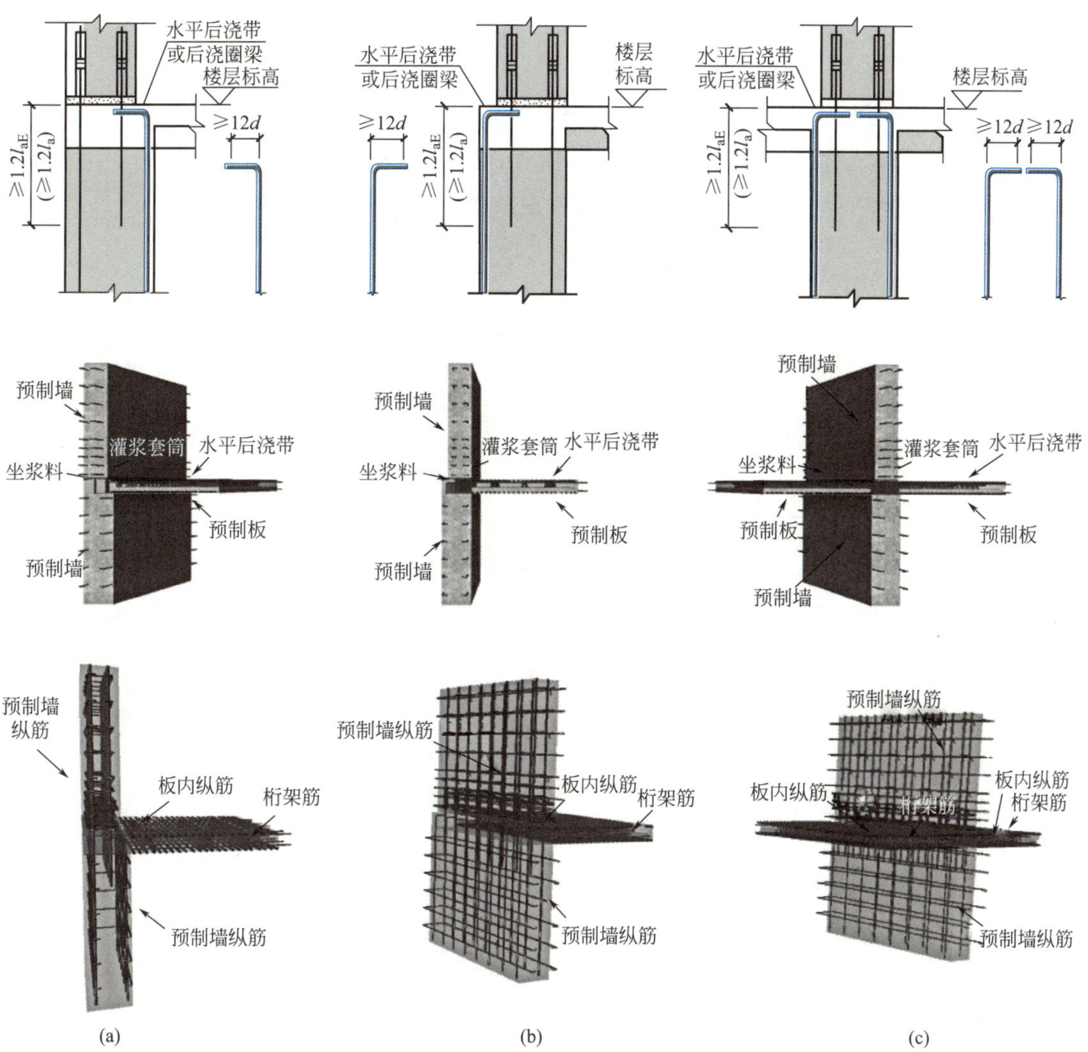

图 7-21　预制墙变截面处竖向分布钢筋构造示意图

7.3.3 连梁及楼（屋）面梁与预制墙连接构造

1. 基本构造要求

（1）预制剪力墙洞口上方的预制连梁宜与后浇圈梁或水平后浇带形成叠合连梁（图 7-22），叠合连梁的配筋及构造要求应符合现行国家标准《混凝土结构设计规范（2015 年版）》GB 50010—2010 的有关规定。

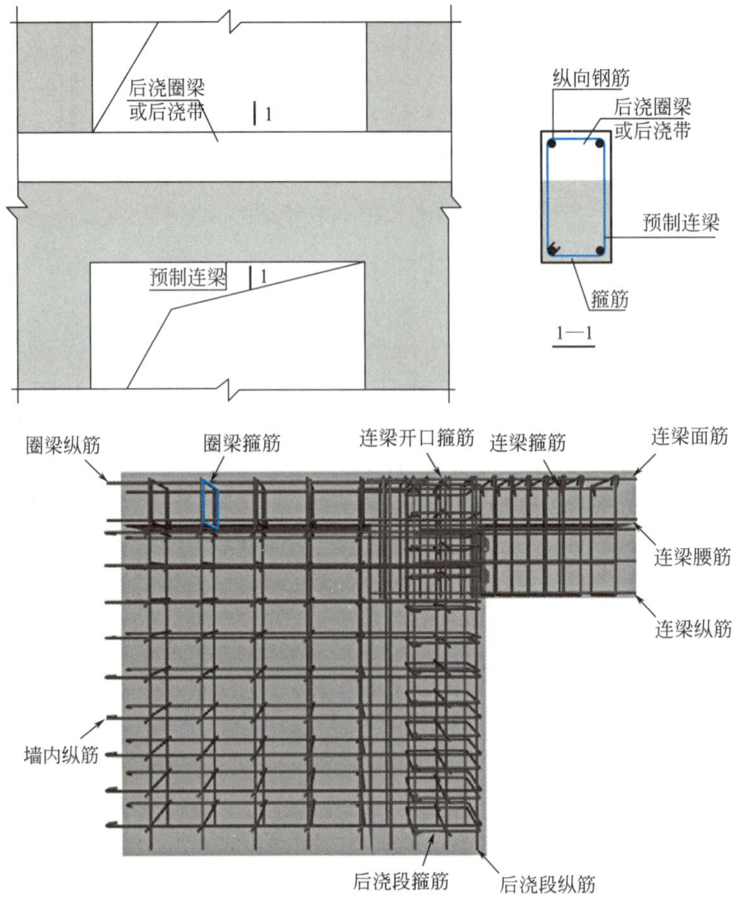

图 7-22　预制剪力墙叠合连梁构造示意图

（2）楼面梁不宜与预制剪力墙在剪力墙平面外单侧连接；当楼面梁与剪力墙在平面外单侧连接时，宜采用铰接。

（3）预制叠合连梁的预制部分宜与剪力墙整体预制，也可在跨中拼接或在端部与预制剪力墙拼接。

（4）当预制叠合连梁在跨中拼接时，可按叠合梁对接连接的规定进行接缝的构造设计。

（5）当预制叠合连梁端部与预制剪力墙在平面内拼接时，拼缝构造应符合下列规定：

1）当墙端边缘构件采用后浇混凝土时，连梁纵向钢筋应在后浇段中可靠锚固或连接，如图 7-23（a、b）所示。

2）当预制剪力墙端部上角预留局部后浇节点区时，连梁的纵向钢筋应在局部后浇节点区内可靠锚固或连接，如图 7-23（c、d）所示。

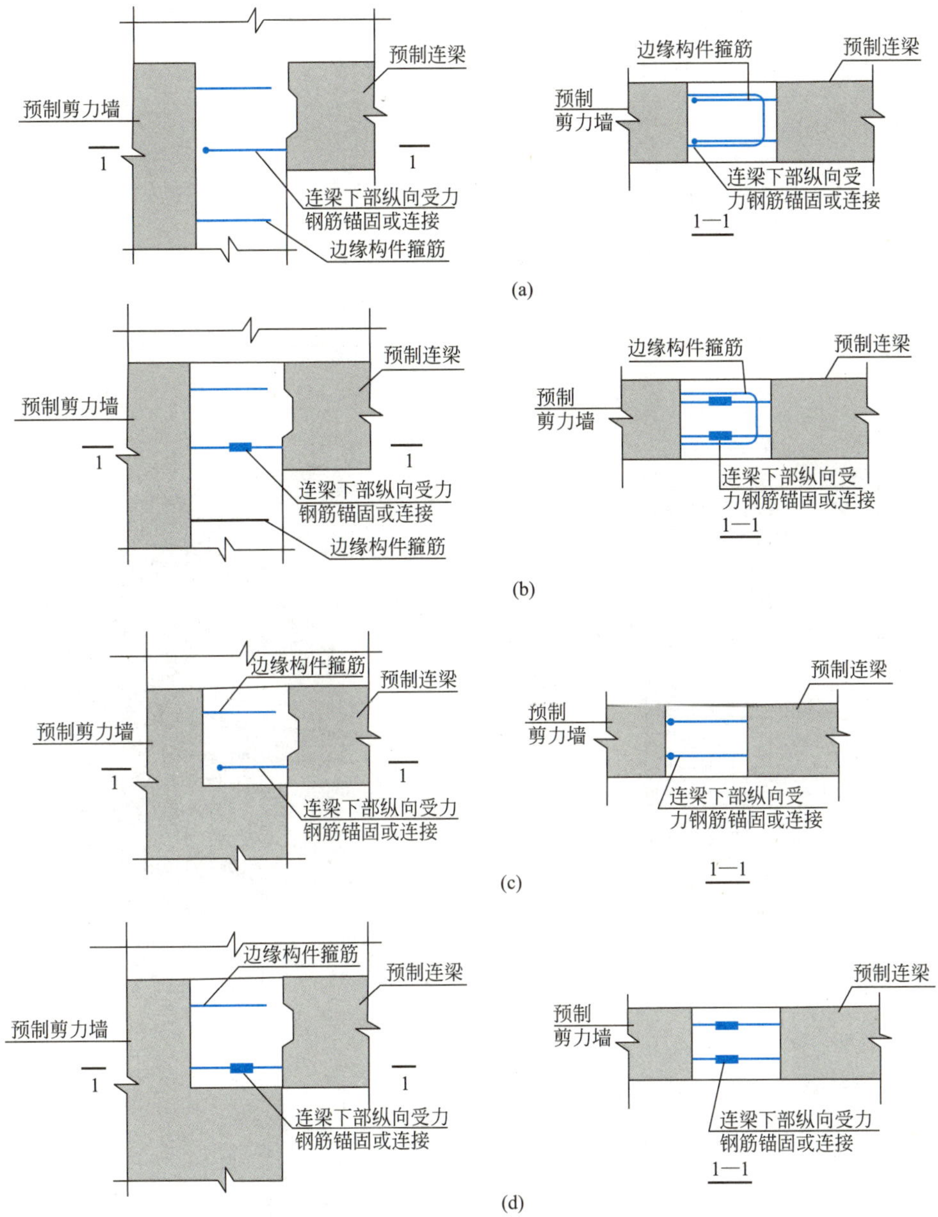

图 7-23　同一平面内预制连梁与预制剪力墙连接构造示意图

(a) 预制连梁钢筋在后浇段内锚固构造示意；(b) 预制连梁钢筋在后浇段内与预制剪力墙预留钢筋连接构造示意；
(c) 预制连梁钢筋在预制剪力墙局部后浇节点区内锚固构造示意；
(d) 预制连梁钢筋在预制剪力墙局部后浇节点区内与墙板预留钢筋连接构造示意

(6) 当采用后浇连梁时，宜在预制剪力墙端伸出预留纵向钢筋，并与后浇连梁的纵向钢筋可靠连接。如图 7-24 所示。

(7) 当预制剪力墙洞口下方有墙时，宜将洞口下墙作为单独的连梁进行设计。如图 7-25 所示。

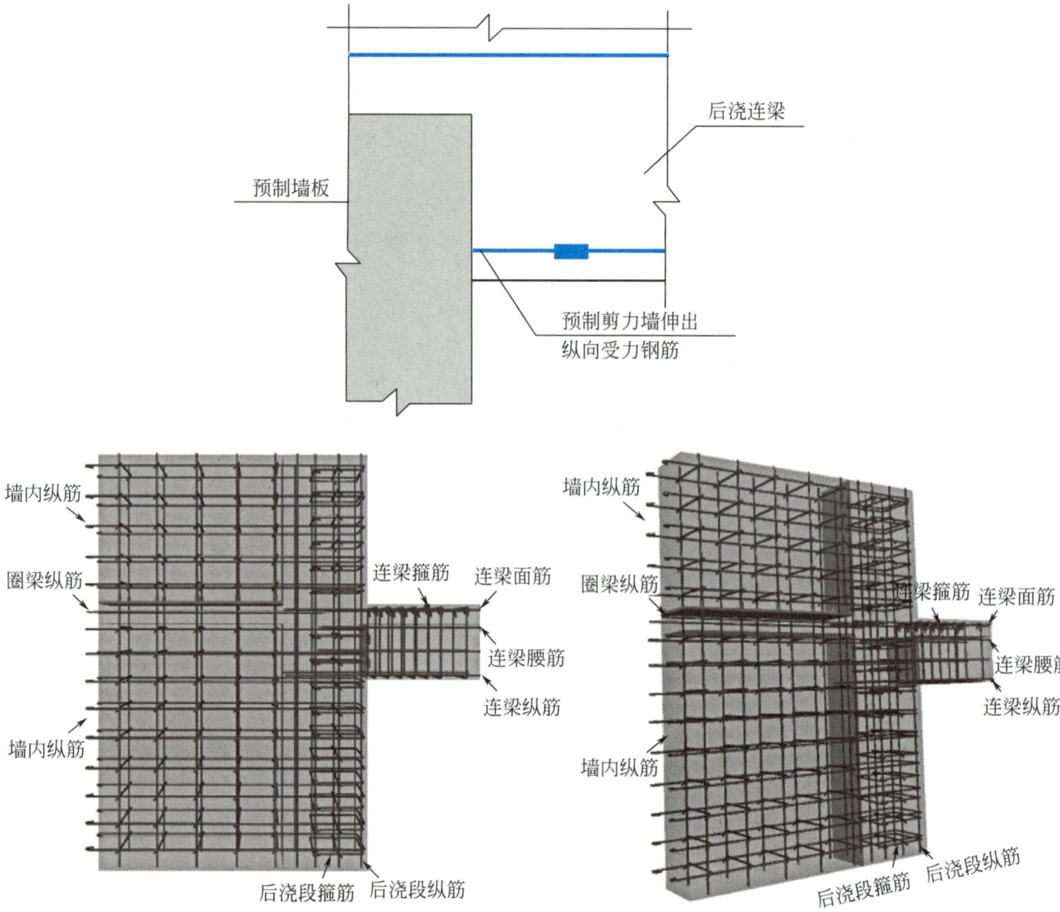

图 7-24　后浇连梁与预制剪力墙连接构造示意图

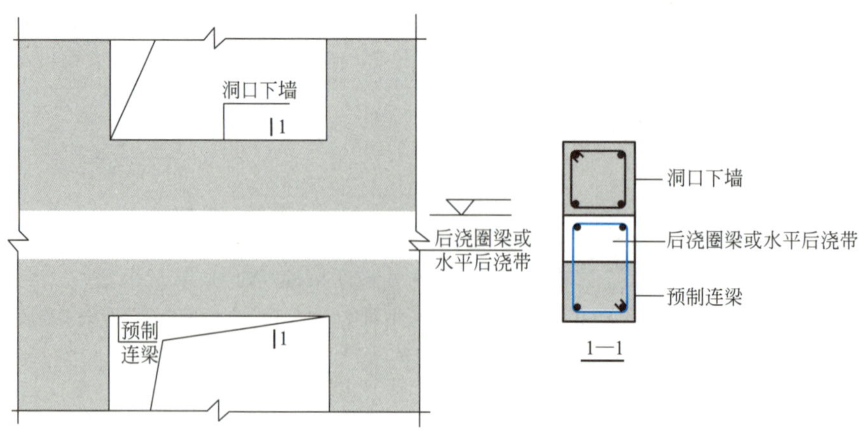

图 7-25　预制剪力墙洞口下墙与叠合连梁的关系示意图

2. 预制连梁与墙后浇段的连接构造

无论是顶层还是中间层，预制连梁与墙后浇段的连接构造常用的连接方式有：预制连梁纵筋锚固段采用机械连接、预制连梁预留纵筋在后浇段为锚固两种。其构造要求如图 7-26 所示。支座范围内连梁箍可采用Ⅱ形开口箍筋，箍筋间距不大于 150mm。

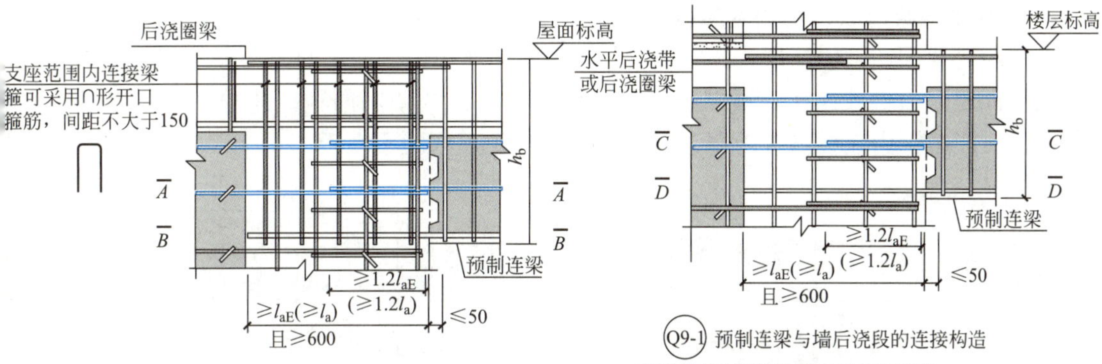

Q9-1 预制连梁与墙后浇段的连接构造

(预制连梁纵筋锚固段采用机械连接)

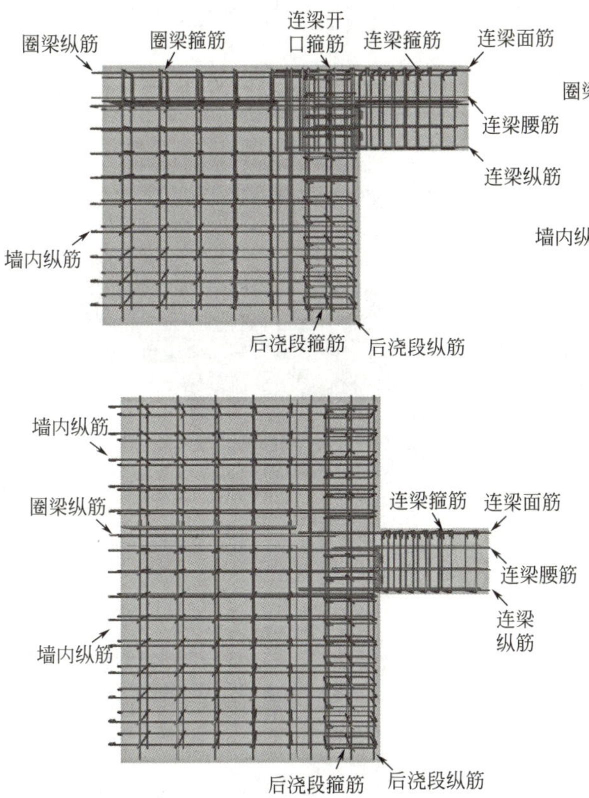

(a)

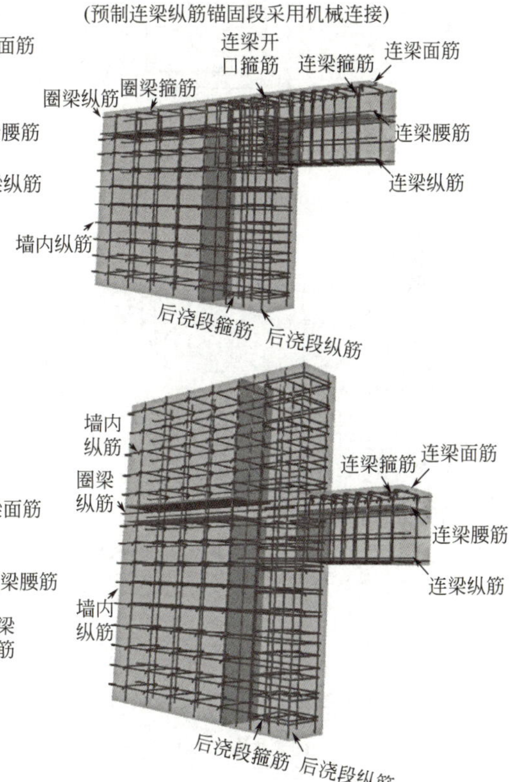

(b)

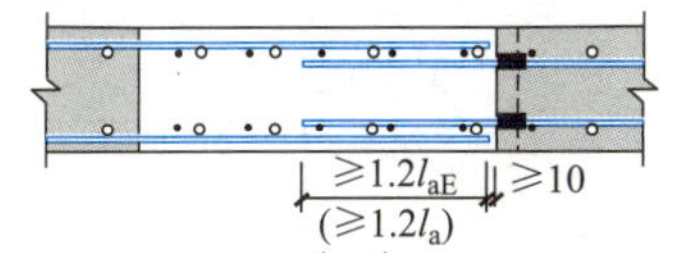

A—A

(预制连梁腰筋与墙水平分布筋搭接构造)

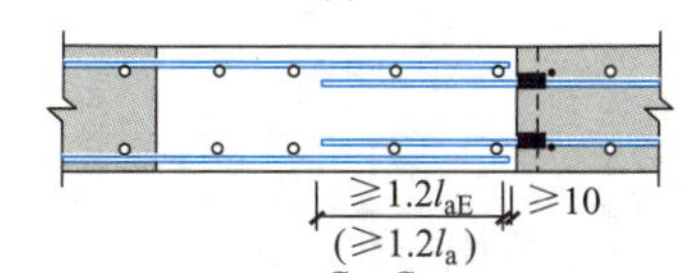

C—C

(预制连梁腰筋与墙水平分布筋搭接构造)

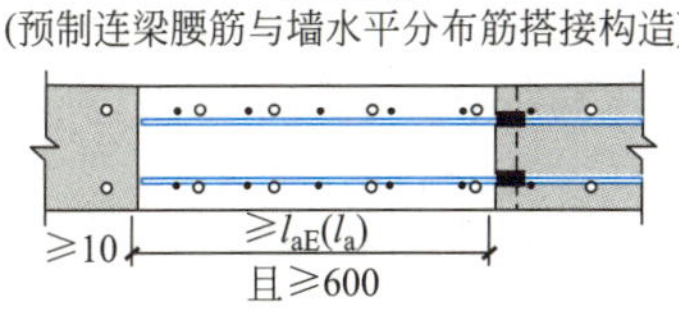

B—B

(预制连梁底筋锚固构造)

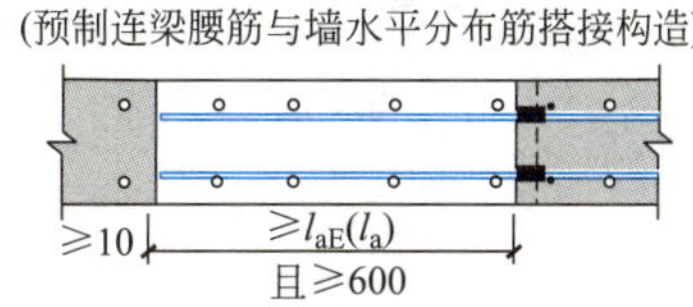

D—D

(预制连梁底筋锚固构造)

图 7-26　预制连梁与墙后浇段的连接构造示意图

（a）预制连梁纵筋锚固段采用机械连接；（b）预制连梁预留纵筋在后浇段为锚固

3. 预制连梁与缺口墙的连接构造

无论是顶层还是中间层，预制连梁与缺口墙的连接构造常用的连接方式有：预制连梁纵筋锚固段采用机械连接、预制连梁预留纵筋在缺口内锚固两种。其构造要求如图 7-27 所示。支座范围内连梁箍可采用 Π 形开口箍筋，箍筋间距不大于 150mm。

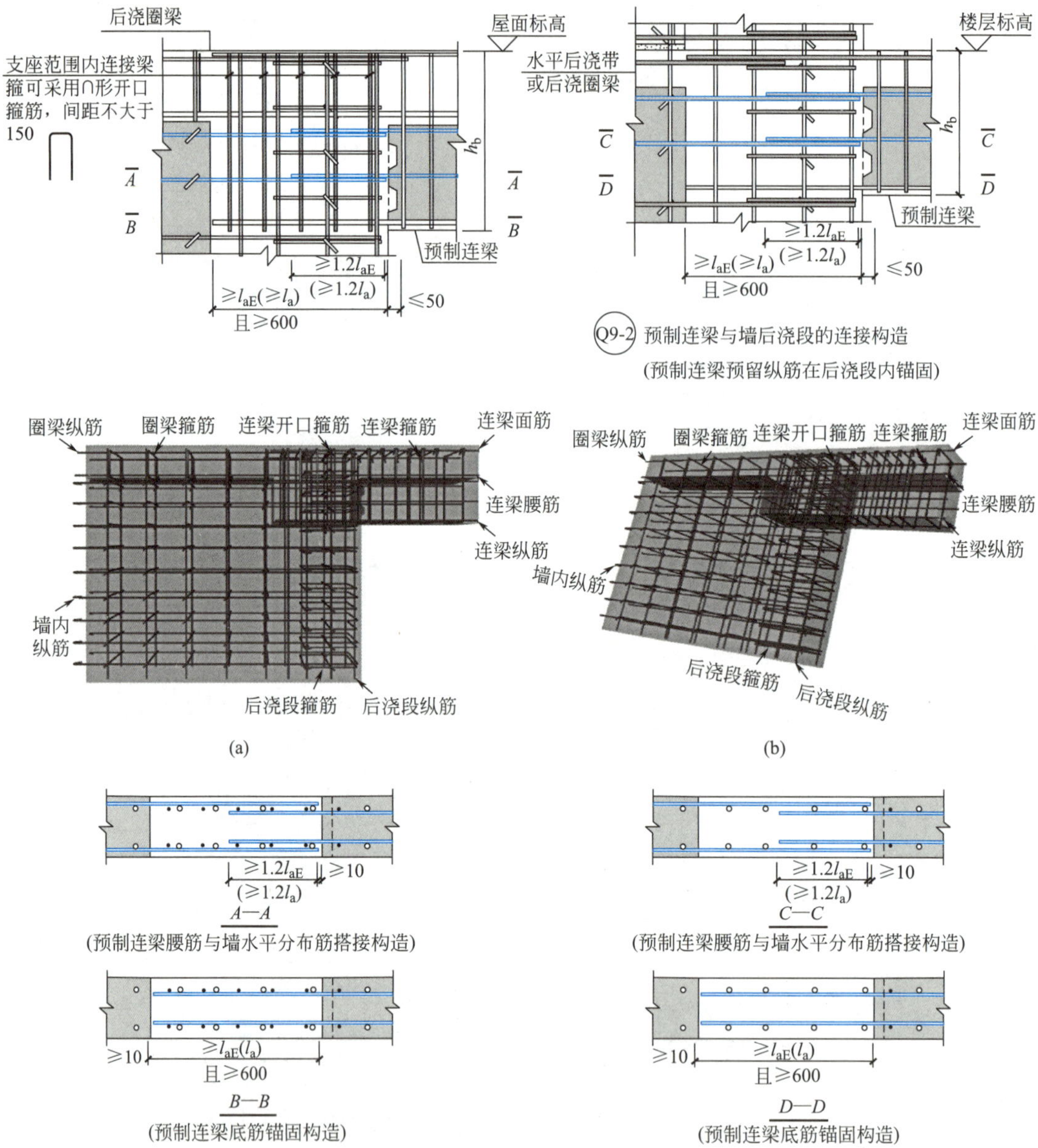

图 7-27　预制连梁与缺口墙的连接构造示意图

（a）预制连梁纵筋锚固段采用机械连接；（b）预制连梁预留纵筋在缺口内锚固

4. 后浇连梁与预制墙的连接构造

无论是顶层还是中间层，后浇连梁与预制墙的连接采用 I 级接头机械连接与墙预留钢筋连接。其构造要求如图 7-28 所示。

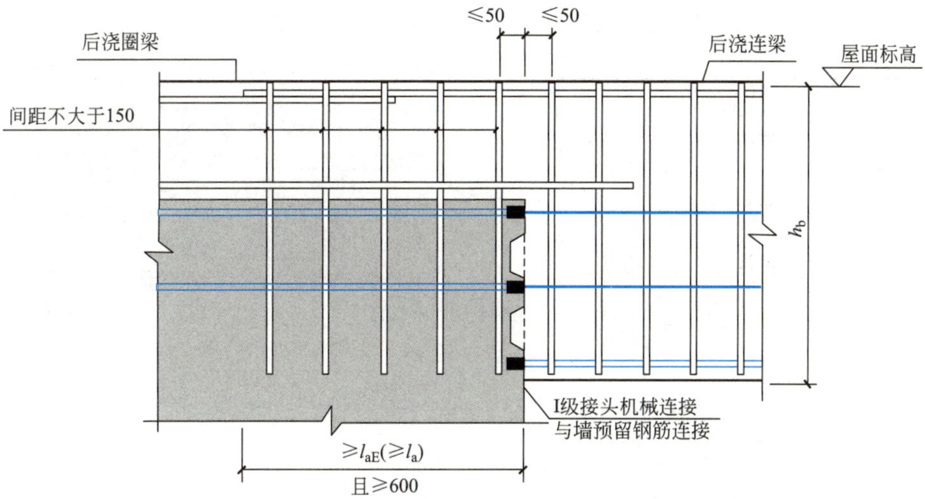

(a)

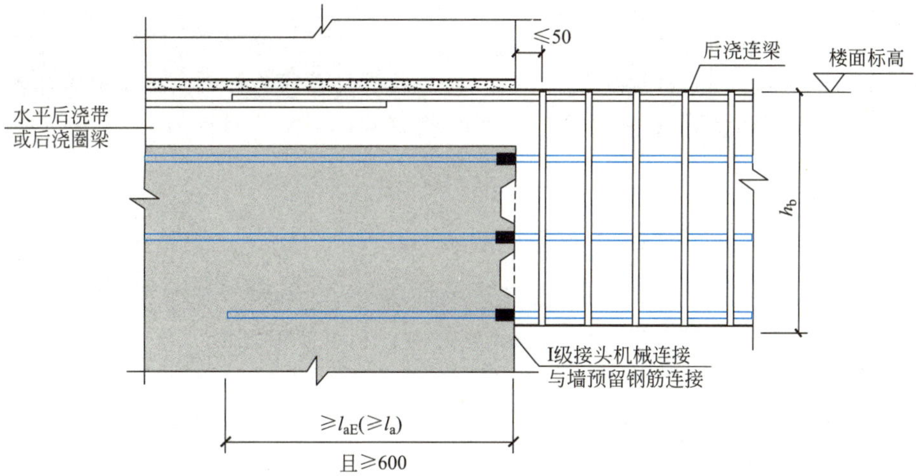

(b)

Q9-5 后浇连梁与预制墙连接构造

图 7-28 后浇连梁与预制墙的连接构造示意图

(a) 顶层；(b) 中间层

5. 预制连梁对接连接构造

预制连梁对接连接构造常用的连接方式有：钢筋机械连接或套筒灌浆连接、钢筋绑扎搭接两种。其构造要求如图 7-29 所示。后浇段的长度应满足梁下部纵向钢筋连接作业的空间要求，后浇段内箍筋 A_{sv} 的间距不应大于 $5d$（d 为梁底纵向钢筋最小直径或搭接的梁纵向钢筋的最小直径)，且不应大于 100mm。

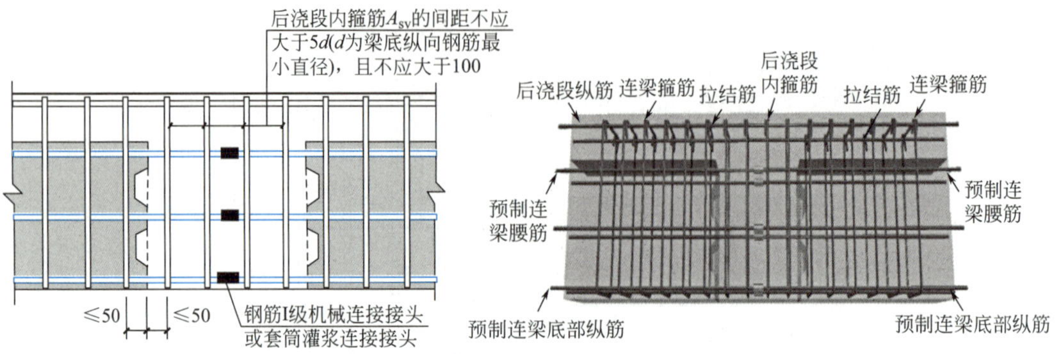

(a)

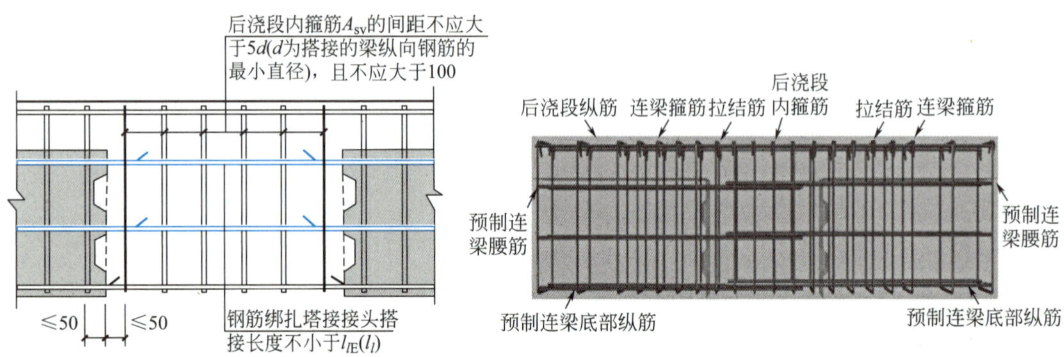

(b)

(Q9-6) 预制连梁对接连接构造

图 7-29 预制连梁对接连接构造示意图

(a) 钢筋机械连接或套筒灌浆连接；(b) 钢筋绑扎搭接

模块后测

模块 7-测试 1　　模块 7-测试 2　　模块 7-测试 3

练习题

一、单选题

1. 如图 1 所示，在剪力墙边支座板端连接构造中，附加通长构造钢筋伸入后浇带的长度为（　　）。

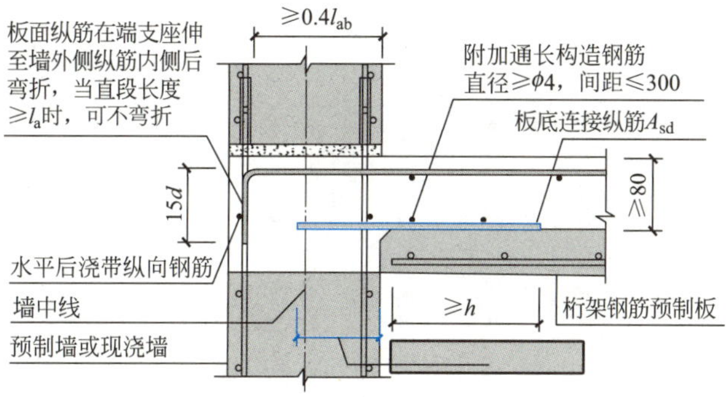

(B4-2) 中间层剪力墙边支座(二)

图 1

A. 不小于 5d，且至少到梁中线　　B. 不小于 12d，且至少到梁中线

C. 不小于 15d，且至少到梁中线　　D. 不小于 20d，且至少到梁中线

2. 如图 2 所示，预制墙竖向钢筋在后浇带的锚固长度不小于（　　）d。

A. 5　　B. 10　　C. 12　　D. 15

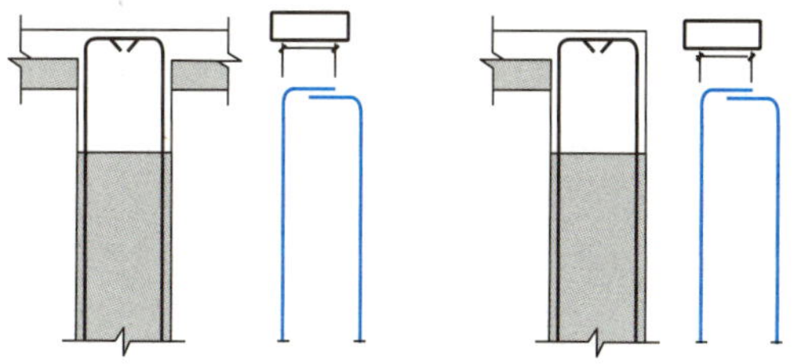

(Q8-6) 预制墙竖向钢筋顶部构造

图 2

二、判断题

1. 当采用套筒灌浆连接时，自套筒底部至套筒顶部并向上延伸 300mm 范围内，预制剪力墙的水平分布筋应加密。(　　)

2. 装配式剪力墙结构体系的特点是工业化程度高，预制比例可达 80%以上，房间空间完整，几乎无梁柱外露，施工简易，可选择局部或全部预制。(　　)

学生任务单（含课程评价）7.1

<table>
<tr><td rowspan="5">前期导入</td><td>任务名称</td><td colspan="6"></td></tr>
<tr><td>学生姓名</td><td colspan="2"></td><td colspan="2">班级学号</td><td colspan="2"></td></tr>
<tr><td>同组成员</td><td colspan="6"></td></tr>
<tr><td>负责任务</td><td colspan="6"></td></tr>
<tr><td>完成日期</td><td colspan="2"></td><td colspan="2">完成效果</td><td colspan="2">教师评价及签字</td></tr>
<tr><td rowspan="2">明确任务</td><td>任务目标</td><td colspan="6"></td></tr>
<tr><td>依据规范</td><td colspan="6">建议学生指明到条款</td></tr>
<tr><td rowspan="2">自学简述</td><td>课前布置</td><td colspan="6">主要根据老师的课前布置任务，说明自己学习了什么、浏览了什么资源、查阅了什么资料等</td></tr>
<tr><td>拓展学习</td><td colspan="6">主要说明除了老师布置的还自学了什么？查阅了什么资料等</td></tr>
<tr><td rowspan="2">任务实施</td><td rowspan="2">重点记录</td><td colspan="4" rowspan="2">主要记录完成任务过程中，用到的基本知识、公式、规范、方法和工具等</td><td colspan="2">成果提交</td></tr>
<tr><td colspan="2">可由教师提供相关二维码</td></tr>
<tr><td rowspan="3">学习反思</td><td>不足之处</td><td colspan="6"></td></tr>
<tr><td>待解问题</td><td colspan="6"></td></tr>
<tr><td>课后学习</td><td colspan="6"></td></tr>
<tr><td rowspan="5">过程评价</td><td rowspan="2">自我评价
（5分）</td><td>课前学习</td><td>时间观念</td><td>实施方法</td><td>职业素养</td><td>成果质量</td><td>分值</td></tr>
<tr><td></td><td></td><td></td><td></td><td></td><td></td></tr>
<tr><td rowspan="2">小组评价
（5分）</td><td>任务承担</td><td>时间观念</td><td>团队合作</td><td>能力素养</td><td>成果质量</td><td>分值</td></tr>
<tr><td></td><td></td><td></td><td></td><td></td><td></td></tr>
<tr><td>综合打分</td><td colspan="6">自我评价分值＋小组评价分值：</td></tr>
</table>

参考文献

[1] 吕丹，刘文方，杨智慧．平法识图与钢筋算量 [M]. 北京：中国商业出版社，2021.

[2] 李庆肖．混凝土结构平法识图 [M]. 北京：中国建筑工业出版社，2021.

[3] 曹杰，许崇华．平法识图与节点构造（含装配式节点）[M]. 北京：北京理工大学出版社，2020.

[4] 肖明和，刘振霞．装配式建筑概论 [M]. 北京：中国建筑工业出版社，2019.

[5] 马少杰，张丽，吴耘．16G101 图集—混凝土结构施工图平法识读 [M]. 天津：天津科学技术出版社，2018.

[6] 杨晓光．混凝土结构平法规则与三维视图 [M]. 北京：北京化学工业出版社，2018.

[7] 傅华夏．建筑三维平法结构图集 [M]. 北京：北京大学出版社，2018.

[8] 陈达飞．平法识图与钢筋计算 [M]. 3 版．北京：中国建筑工业出版社，2017.

[9] 胡敏．平法识图与钢筋翻样 [M]. 北京：高等教育出版社，2017.

[10] 肖明和，高玉灿，范忠波．新平法识图与钢筋计算 [M]. 2 版．北京：人民交通出版社，2017.

[11] 中国建筑标准设计研究院．22G101-1 混凝土结构施工图平面整体表示方法制图规则和构造详图（现浇混凝土框架、剪力墙、梁、板）[S]. 北京：中国标准出版社，2022.

[12] 中国建筑标准设计研究院．22G101-2 混凝土结构施工图平面整体表示方法制图规则和构造详图（现浇混凝土板式楼梯）[S]. 北京：中国标准出版社，2022.

[13] 中国建筑标准设计研究院．22G101-3 混凝土结构施工图平面整体表示方法制图规则和构造详图（独立基础、条形基础、筏形基础、桩基础）[S]. 北京：中国标准出版社，2022.

[14] 中国建筑标准设计研究院．15G107-1 装配式混凝土结构表示方法及示例（剪力墙结构）[S]. 北京：中国计划出版社，2015.

[15] 中国建筑标准设计研究院．15G310-1 装配式混凝土结构连接节点构造（楼盖和楼梯）[S]. 北京：中国计划出版社，2015.

[16] 中国建筑标准设计研究院．15G310-2 装配式混凝土结构表示方法及示例（剪力墙）[S]. 北京：中国计划出版社，2015.